8. COLLOQUIUM DER
GESELLSCHAFT FÜR PHYSIOLOGISCHE CHEMIE
AM 2./4. MAI 1957 IN MOSBACH/BADEN

NEUERE ERGEBNISSE AUS CHEMIE UND STOFFWECHSEL DER KOHLENHYDRATE

MIT 60 TEXTABBILDUNGEN

SPRINGER-VERLAG
BERLIN · GÖTTINGEN · HEIDELBERG
1958

ISBN 978-3-540-02257-2 ISBN 978-3-642-87593-9 (eBook)
DOI 10.1007/978-3-642-87593-9

BRÜHLSCHE UNIVERSITÄTSDRUCKEREI GIESSEN

Inhalt

Begrüßung und Eröffnung

Meine Damen und Herren!

Ich begrüße Sie zu unserm 8. Mosbacher Colloquium. Es ist den Kohlenhydraten gewidmet, weil in den letzten Jahren sehr viel Neues über ihren Stoffwechsel und ihren Anteil an biologisch wichtigen Substanzen bekannt geworden ist.

So nimmt die Fructose im Kohlenhydratstoffwechsel eine Sonderstellung ein, z. B. insofern, als der Diabetiker sie noch verwertet, wenn er mit der Glucose schon nichts mehr anfangen kann. Herr LEUTHARDT, dem wir die meisten neueren Erkenntnisse auf diesem Gebiet verdanken, wird uns hierüber berichten.

Weiter haben wir erfahren, daß die Glucose nicht nur nach dem Schema von EMBDEN und MEYERHOF abgebaut wird, sondern noch einen andern Weg einschlagen kann, der zuerst von WARBURG aufgefunden, von HORECKER aber weiter ausgebaut worden ist. Herr HORECKER wurde im letzten Augenblick verhindert, selbst nach Mosbach zu kommen; aber Herr DISCHE, der ebenfalls viel zu unserer Kenntnis des Kohlenhydratstoffwechsels beigetragen hat, wird sein Manuskript verlesen.

Anschließend daran werden wir kurz etwas über die Synthese der Ascorbinsäure erfahren.

Auch auf dem Gebiet des Phosphatkreislaufs und des Pasteureffekts sowie über die aerobe Gärung und ihre Beziehung zum Wachstum ist man zu neuen Ansichten gekommen, wie wir aus den Vorträgen von LYNEN und HOLZER hören werden.

Herr O. WIELAND wird uns die gegenwärtigen Ansichten über die Beziehungen des Kohlenhydrat- zum Fettstoffwechsel vortragen.

Zum Schluß berichten uns die Herren LEDERER und LAUENSTEIN über die interessanten Verbindungen von Kohlenhydraten mit Fettsäuren und Lipoiden und ihre biologische Bedeutung.

Bei der Aufstellung des Programms und der Auswahl der Redner hat mir Herr HOLZER sehr wesentlich geholfen.

Ich gebe jetzt Herrn LEUTHARDT das Wort zu seinem Vortrag über die Stellung der Fructose im Intermediärstoffwechsel.

K. FELIX

Über die Stellung der Fructose im Intermediärstoffwechsel

Von

F. LEUTHARDT

Zürich/Schweiz

Mit 6 Textabbildungen

Einleitung

Die Fructose (oder nach der älteren Bezeichnung Lävulose) gehört zu den am längsten bekannten Zuckern. Sie wurde erstmals 1847 von DUBRUNFAUT[23] aus invertierten Rohrzuckerlösungen als Ca-Verbindung isoliert, und es zeigte sich in der Folge, daß dieser Zucker im Pflanzenreich außerordentlich weit verbreitet ist. Viel später (1885) wies KILIANI[52] mit Hilfe der Cyanhydrinsynthese nach, daß es sich um einen Ketozucker handelt. Für die Tierphysiologen und Mediziner hatte die Lävulose zunächst ausschließlich als Nährstoff Interesse. Sie kann sich in Nahrungsmitteln in freier Form, als Saccharose oder Oligosaccharid vorfinden*. In unserer Nahrung dürften die künstlich mit Rohrzucker gesüßten Speisen und Getränke die wichtigste Quelle darstellen. Als erster hat wohl PFLÜGER (1908) den einwandfreien Beweis geleistet, daß im tierischen Organismus Fructose in Glucose übergeht („Über die Fähigkeit der Leber, die Circularpolarisation zugeführter Zuckerstoffe umzukehren")[78]. Er fütterte Hunde mit einer völlig kohlenhydratfreien Nahrung, der er reine Fructose zulegte. Die Hydrolyse des während der Fütterungsperiode deponierten Leberglykogens ergab polarimetrisch reine Glucose. Über den Weg, der zu dieser Umwandlung führt, konnten allerdings erst die späteren Forschungen Anhaltspunkte geben.

Die Bedeutung der Lävulose für den tierischen Stoffwechsel erschien in einem neuen Licht, als man ihr regelmäßiges Vor-

* Das Inulin wird im Darm durch die Verdauungsfermente nicht hydrolysiert. Dafür sprechen vor allem Beobachtungen bei Fällen von essentieller Fructosurie. Ein Abbau durch die Darmflora ist aber sehr wohl möglich; er führt wahrscheinlich zu niederen Fettsäuren.

kommen in tierischen Flüssigkeiten erkannte. Bereits CLAUDE BERNARD stellte 1854 fest, daß Allantois- und Amnionflüssigkeit Zucker enthalten und im Polarimeter Linksdrehung zeigen[5]. Später machten GÜRBER und GRÜNBAUM (1904) sowie PATON, WATSON und KERR (1907) die Entdeckung, daß Allantois- und Amnionflüssigkeit bei verschiedenen Tierarten (Pferd, Schwein, Schaf, Kuh) Fructose in beträchtlicher Menge enthalten[34, 76]. ORR fand (1923) im fetalen Blut beim Menschen und bei der Ziege eine Selivanoff-positive Substanz[74]. Der endgültige Beweis, daß es sich um Fructose handelt, wurde schließlich von COLE und HITCHCOCK[15] und besonders von BACON und BELL[4] erbracht. Die Fructose kann im fetalen Blut des Schafes mehr als die Hälfte der gesamten reduzierenden Zucker ausmachen. Eine weitere wichtige Entdeckung verdanken wir T. MANN, welcher (1946) zeigte, daß die Fructose als einziger reduzierender Zucker in der Samenflüssigkeit vorkommt und daß ihre Bildung in den Samenblasen von den androgenen Hormonen abhängig ist[68].

Die letztgenannten Befunde zeigen eindeutig, daß der tierische Organismus nicht nur die Fructose verwerten kann, sondern daß er auch fähig ist, sie zu synthetisieren.

Besonderheiten des Fructosestoffwechsels

Die ersten Hinweise auf die Stoffwechselreaktionen der Fructose ergaben sich aus der Analyse des glykolytischen Zuckerabbaus. Dort tritt die Fructose in Form von Phosphorsäureestern als Zwischenprodukt auf. Da die Muskel- und Gehirnhexokinase die Fructose unter Bildung des Neuberg-Esters zu phosphorylieren vermag, ging früher die allgemeine Ansicht dahin, daß es keinen besonderen Weg des Fructosestoffwechsels gibt, sondern daß die Hauptmenge unmittelbar in den allgemeinen Kohlenhydratstoffwechsel eingeschleust wird.

Andererseits aber waren sowohl den Klinikern als auch den Physiologen schon seit langem verschiedene Eigentümlichkeiten des Fructosestoffwechsels bekannt, welche sich mit der oben genannten Ansicht nur schwer vereinbaren lassen. Zu den ältesten Befunden dieser Art gehören diejenigen des Klinikers KÜLZ (1874), welcher feststellte, daß beim Diabetiker die Lävulose viel besser verwertet wird als die Dextrose[55]. Diese Beobachtung ist seither sowohl im Tierexperiment als auch am Krankenbett immer wieder bestätigt worden. Von großem Interesse ist in diesem Zusammenhang auch die sehr seltene Stoffwechselstörung der sog. *„essentiellen" Fructosurie.* Die Patienten, welche diese Störung aufweisen, sind nicht imstande, die Fructose zu verwerten; nach Belastung steigt die Fructose im Blut sofort an, und ein großer Teil des Zuckers wird im Urin ausgeschieden. Diese isolierte Störung des Fructosestoffwechsels läßt sich schwer mit der Annahme vereinbaren, daß die Fructose schon bei ihrer ersten Phosphorylierung durch eine unspezifische Kinase in den allgemeinen Kohlenhydratstoffwechsel einbezogen wird.

Für das unterschiedliche Verhalten der Fructose und der Glucose im tierischen und menschlichen Organismus gibt es eine ganze Reihe weiterer Beispiele, die hier aber nur kurz erwähnt werden können. Es existieren darüber verschiedene zusammenfassende Darstellungen (PLETSCHER[80]; LEUTHARDT[56]; LEUTHARDT und TESTA[59]; WOLF[98]; RENOLD und THORN[86]; STUHLFAUTH[91]; HERS[42]).

Oral oder parenteral zugeführte Fructose verschwindet sehr rasch aus der Blutbahn, wahrscheinlich rascher als die Glucose, denn der Anstieg der Gesamtreduktion im Blut ist immer wesentlich kleiner als bei Aufnahme der gleichen Glucosemenge. Die Fructosurie erreicht beim Menschen bei Zufuhr von 0,25—0,5 g/kg i.v. nur während kurzer Zeit (10—15 min) Werte von 50—100 mg-% und sinkt dann sehr rasch ab (PLETSCHER u. Mitarb.[81]; STUHLFAUHT [91]); bei oraler Zufuhr bleiben die Werte in der Regel unter 10 mg-%.

Für den Fructoseumsatz ist die Leber das wichtigste Organ. MENDELOFF und WEICHSELBAUM[69] haben beim Menschen das Verhalten intravenös infundierter Fructose untersucht. Durch Kathetrisierung der Lebervenen konnte gezeigt werden, daß ein ganz beträchtlicher Teil (zwischen 23% und 48% der zugeführten Fructose) im Pfortadergebiet verschwindet, also wohl von der Leber verbraucht wird. Berücksichtigt man das Verhältnis zwischen Lebermasse und Masse der übrigen Organe, so ergibt sich daraus, daß die Fructose in der Leber sehr viel rascher umgesetzt wird als im Mittel der extrahepatischen Gewebe. Wahrscheinlich ist der von der Leber umgesetzte Anteil der Fructose noch wesentlich größer, als aus den oben angegebenen Zahlen hervorgeht, weil in den Versuchen von MENDELOFF und WEICHSELBAUM ein beträchtlicher Teil der zugeführten Fructose zunächst in den Körperflüssigkeiten liegen blieb und wahrscheinlich später ebenfalls von der Leber verbraucht wurde.

Auf die zentrale Stellung der Leber im Fructosestoffwechsel deutet auch die Verteilung der spezifisch am Umsatz der Fructose beteiligten Enzyme hin; sie finden sich vorwiegend in der Leber.

Neben der Leber verfügen auch Niere und Darm über gewisse spezifische Enzyme des Fructosestoffwechsels und sind wahrscheinlich an ihrem Umsatz in merklichem Umfang beteiligt. Über den Verbrauch in diesen Organen geben vergleichende Versuche an hepatektomierten und nephrektomierten eviscerierten Tieren einigen Aufschluß (BOLLMAN und MANN[8]; GRIFFITHS und WATERS[33]). Bei der eviscerierten Ratte, welche die Nieren noch besitzt, verschwindet die injizierte Fructose rascher als nach zusätzlicher Nephrektomie (REINECKE[84]). Man kann daraus schließen, daß die Niere Fructose verbraucht, was auch mit der Gewebschnittmethode festgestellt wurde (GODA[29]; STEWART und THOMPSON[90]). Doch sind die Resultate derartiger Untersuchungen in Anbetracht der Schwere des Eingriffs mit Vorsicht zu bewerten. Daß die Fructose in der Darmschleimhaut umgesetzt werden kann, geht aus Versuchen hervor, bei denen der $C(^{14})$-markierte Zucker bei Ratten und Meerschweinchen in eine Dünndarmschlinge eingeführt wurde. Im abfließenden Blut waren radioaktive Glucose, Milchsäure und eine nicht identifizierte Verbindung nachzuweisen (KIYASU und CHAIKOFF[53]).

Im Muskel wird die Fructose jedenfalls nur langsam umgesetzt, insbesondere in Gegenwart von Glucose. Dies ergibt sich aus Versuchen am Rattenzwerchfell, sowie am eviscerierten und nephrektomierten Tier. Im Diaphragma der Ratte wird in Gegenwart beider Zucker (der eine durch C^{14} markiert, Konzentration 20 mMol/l) 6,5mal mehr Glucose als Fructose in Glykogen eingebaut und 3,5mal mehr oxydiert (RENOLD und THORN[86]), wobei zu beachten ist, daß unter physiologischen Bedingungen die Fructosämie auch nach starker Belastung mit Fructose stets unter 1 mMol/l bleibt. Beim eviscerierten und nephrektomierten Kaninchen wird nach Infusion von $C(^{14})$-Zuckern aus Fructose 20mal weniger CO_2 gebildet als aus der gleichen Menge Glucose (WICK[97]). Man kann daher annehmen, daß die Muskulatur die Fructose nicht in größerem Umfang direkt verwertet, sondern erst nach ihrer Überführung in Glucose oder C_3-Verbindungen.

Zahlreiche Autoren haben sich mit der Frage der Glykogenbildung aus Fructose befaßt. Als erste haben wohl C. F. und G. T. CORI[18] festgestellt, daß bei der Ratte die Leber nach Zufuhr von Fructose wesentlich mehr Glykogen enthält als nach Glucose (38% bzw. 18% des resorbierten Zuckers). Dieser Befund ist vielfach bestätigt worden. Die Glykogenbildung läßt sich besonders gut bei Verwendung von C^{14}-Zuckern verfolgen. Die Versuche mit markierten Hexosen haben aber gezeigt, daß die Fructose die Glykogenbildung auch indirekt beeinflußt: Bei Gegenwart von nicht markierter Fructose neben markierter Glucose wird in Gewebsschnitten aus Kaninchenleber sehr viel mehr Glucose in das Glykogen eingebaut als ohne Fructosezusatz (BERTHET u. Mitarb.)[6]. Bei der Ratte läßt sich ein solcher Effekt anscheinend nicht beobachten (RENOLD u. Mitarb.[85]). Die Frage ist in einem früheren Kolloquium im Anschluß an einen Vortrag von DE DUVE diskutiert worden, so daß es sich hier erübrigt, näher darauf einzugehen[22].

Ein Teil der assimilierten Fructose kann auch als freie Glucose in Erscheinung treten, so z. B. bei der Inkubation von Gewebeschnitten mit Fructose (STEWART und THOMPSON[90]; CORI u. Mitarb.[19]; RENOLD u. Mitarb.[85]). Auch die leichte Erhöhung der Blutglucose, die gelegentlich beim Diabetiker nach Verabreichung größerer Mengen Lävulose beobachtet wird (PLETSCHER u. Mitarb.[82]) beruht auf einer Umwandlung der Ketose in die Aldose. Wir werden später zeigen, auf welchem Weg diese Umwandlung zustande kommt.

Die Fructose wird in der Leber viel rascher bis zur Stufe der C_3-Körper abgebaut als die Glucose. Der Anstieg der Milchsäure und der Brenztraubensäure im Blut ist nach Fructose wesentlich höher als nach Glucose (DUNKER und HALBACH[24]; PLETSCHER[82] und andere). Dies erklärt eine alte Beobachtung von JOHANSSON[50], wonach die Aufnahme von Fructose von einer viel stärkeren Kohlensäureausscheidung in der Atemluft gefolgt ist als Glucosezufuhr. Die Kohlensäure wird durch die entstehenden C_3-Carbonsäuren aus den Körperflüssigkeiten ausgetrieben.

Auf einen raschen Abbau in der Leber deuten auch die Versuche von HELMREICH u. Mitarb.[36] hin, welche bei der Ratte die Acetylierung von Sulfanilamid nach Eingabe verschiedener Zucker untersuchten und für Fructose die höchsten Werte fanden.

Alle diese Tatsachen, denen sich leicht noch zahlreiche andere klinische und physiologische Beobachtungen anfügen ließen, deuten darauf hin, daß die ersten Umsetzungen der Fructose im tierischen Organismus sich auf einem vom Glucosestoffwechsel unabhängigen Weg vollziehen. Diese Reaktionen konnten in letzter Zeit zum größten Teil aufgeklärt werden. Wir werden im folgenden zeigen, daß der Hauptweg des Fructosestoffwechsels unmittelbar zu den Dreikohlenstoffzuckern führt; die Glucose muß aus diesen sekundär wieder aufgebaut werden.

Die speziellen Reaktionen des Fructosestoffwechsels

Im Muskel, besonders aber in der Leber, kommt eine Hexokinase vor, welche Fructose, nicht aber Glucose, phosphoryliert. Als erste haben CORI und SLEIN[20] aus Muskelextrakten eine spezifisch auf Fructose wirksame Proteinfraktion erhalten („Fructokinase"). Sie wiesen auf das Vorkommen eines ähnlichen Enzyms in der Leber hin. Das Leberenzym phosphoryliert auch andere Ketosen (L-Sorbose, D-Tagotose) (LEUTHARDT und TESTA[57] (s. Abb. 1). Es handelt sich also um eine Keto-Hexokinase („Ketokinase"). HERS hat das Enzym aus Ochsenleber etwa 20fach angereichert[37]. Die Ketokinase scheint die wirksamste Hexokinase der Leber zu sein.

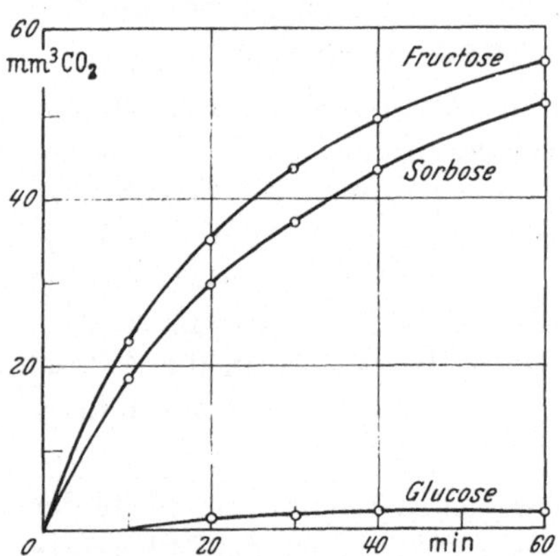

Abb. 1. Spezifität der Ketosekinase (Fructokinase) manometrisch bestimmt (LEUTHARDT und TESTA[57])

Glucose wird in Leberschnitten oder -homogenaten nur langsam phosphoryliert; nach Untersuchungen von VESTLING und Mitarb.[96] verläuft die Phosphorylierung der Fructose etwa 10mal schneller. Die Affinität der Leber-Ketokinase zur Fructose ist sehr groß; nach HERS hat die Michaelis-Konstante den Wert $5 \cdot 10^{-4}$ Mol/l[37]. Das Enzym wird durch K^+-Ionen aktiviert, während die Gluco-hexokinase der Leber im Gegenteil durch K^+-Ionen fast völlig gehemmt wird[37]. Das Leberenzym ist vom Muskelenzym sicher verschieden.

Bei der Phosphorylierung der Fructose durch die Keto-hexokinase der Leber wird Fructose-l-phosphat gebildet. Dieses Zuckerphosphat wurde (1935) von TANKO und ROBISON durch partielle Hydrolyse von Fructosediphosphat gewonnen[94]. Auf seine Entstehung in Leberextrakten hat erstmals C. F. CORI (1941) hingewiesen[17]. KJERULF-JENSEN (1942) isolierte aus der Darmschleimhaut und der Leber von Ratten und Kaninchen, welche Fructose erhalten hatten, einen Phosphorsäureester mit den Eigenschaften des Fructose-l-phosphats[54]. PANY (1942) fand einen ähnlichen Ester unter den Produkten der Glykogenolyse im Leberbrei[75]. Wir haben schließlich den endgültigen Beweis für die Bildung des Fructose-1-phosphats erbracht, indem wir den Ester durch enzymatische Synthese mittels gereinigter Keto-hexokinase darstellten und das Ba-Salz in analysenreicher Form isolierten (LEUTHARDT und TESTA[58]).

HERS hat gezeigt, daß auch in Muskelextrakten bei hoher Fructosekonzentration ein Ester mit den Eigenschaften des 1-Phosphats entsteht[43]. Sehr wahrscheinlich liefert also auch die Muskel-Ketokinase dasselbe primäre Phosphorylierungsprodukt wie das Leberenzym.

Die unspezifischen Hexokinasen aus Hefe und aus Gehirn vermögen ebenfalls mit Fructose zu reagieren. Hier ist Fructose-6-phosphat das primäre Phosphorylierungsprodukt. Diese Enzyme besitzen aber zur Fructose eine sehr viel geringere Affinität als zur Glucose; daher wird die Reaktion mit der Fructose durch Glucose stark gehemmt. In Anbetracht der großen Bedeutung der Muskulatur für den Kohlenhydratstoffwechsel ist das Verhalten der Muskelenzyme gegen die Fructose von wesentlichem Interesse. Die Muskel-Hexokinase scheint ebenfalls ein unspezifisches Enzym zu sein, das sowohl Glucose als auch Fructose phosphoryliert (COLOWICK[16]). Sie ist aber nie in gereinigtem Zustand dargestellt worden und man ist daher auf Beobachtungen an mehr oder weniger weitgehend fraktionierten Extrakten angewiesen. Nach COLOWICK[16] ist die Affinität zur Fructose ebenfalls sehr klein (bei $2{,}8 \cdot 10^{-4}$ Mol/l ist das Enzym zu 50% mit Glucose oder Mannose, aber nur zu 5% mit Fructose gesättigt), so daß auch hier eine starke Hemmung der Fructosephosphorylierung durch Glucose anzunehmen ist. Wahrscheinlich erklärt sich daraus die früher erwähnte Tatsache, daß die Umsetzung der Fructose in der Muskulatur nur sehr langsam verläuft. Die Enzyme, welche die Fructose angreifen können, sind vorhanden, aber sie werden durch die immer gegenwärtige Glucose blockiert. CORI und Mitarb.[19] haben darauf hingewiesen, daß diese Verhältnisse die Existenz einer spezifischen, durch Glucose nicht hemmbaren Fructokinase in der Leber verständlich machen; denn würde die Leber nur eine Hexokinase vom Typus des Hefe- oder Muskelenzyms besitzen, so wäre wahrscheinlich wegen der beträchtlichen Konzentration an freier Glucose die Phosphorylierung der Fructose, und damit deren Verwertung, überhaupt in Frage gestellt.

Die Eigenschaften der Hexokinase, welche in der Leber für die Phosphorylierung der Glucose verantwortlich sind, sind noch ungenügend bekannt. Nach Angaben von SLEIN, CORI und CORI[88] läßt sich aus Rattenleber eine Proteinfraktion abtrennen, welche nur Glucose phosphoryliert. Dieses Enzym ist aber noch ungenügend charakterisiert, und es bleibt die Frage offen, ob in der Leber auch eine unspezifische Hexokinase existiert.

Das Vorkommen einer sehr aktiven, spezifisch auf Fructose eingestellten Hexokinase erklärt die rasche Umsetzung dieses Zuckers in der Leber. Es stellt sich nun die Frage nach den weiteren Umsetzungen des Fructose-1-phosphats.

Man hat eine direkte Umwandlung in das 6-Phosphat durch eine spezielle Mutase angenommen, doch hat sich diese Annahme nicht bestätigt*. Dagegen scheint im Muskel eine besondere Kinase vorzukommen, welche Fructose-1-phosphat direkt zu Hexosediphosphat phosphoryliert. In der Leber führt der Hauptweg durch eine unmittelbare Aldolasespaltung des Fructose-1-phosphat direkt zu C_3-Verbindungen: Phosphodioxyaceton und D-Glycerinaldehyd. Die Hexosephosphate entstehen erst sekundär durch Rekondensation der C_3-Fragmente, wie das nebenstehende Schema zeigt.

Dieser Reaktionsverlauf wurde zuerst (1952) von HERS und KUSAKA[37] vorgeschlagen. Die direkte Spaltung des Fructose-1-phosphats liefert als nicht phosphoryliertes Bruchstück den

* Die von MEYERHOF u. Mitarb.[79, 71] mitgeteilten Werte für die freie Energie der Hydrolyse der beiden Fructose-monophosphate ergeben für das Gleichgewichtsverhältnis Fructose-6-phosphat: Fructose-1-phosphat den Wert 0,7. Bei Inkubation des 6-Phosphats mit einer die Mutase enthaltenden Enzymlösung müßte säurelabiles Phosphat in gut meßbarer Menge entstehen. Dies ist aber nicht der Fall (LEUTHARDT, TESTA und WOLF[61]).

D-Glycerinaldehyd. Die genannten Autoren nahmen an, daß derselbe durch eine Triose-Kinase direkt in 3-Phosphoglycerinaldehyd übergeführt wird; doch ist die Existenz eines solchen Enzyms nicht sichergestellt (vgl. unten). Sie waren ursprünglich auch der Meinung, daß die Spaltung des Fructose-l-phosphats und

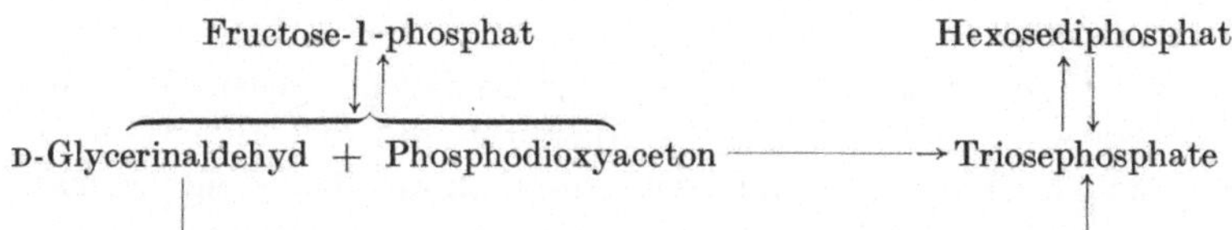

die Kondensation der Triosen, durch das gleiche Enzym, die „klassische" Meyerhofsche Aldolase, bewirkt wird. Um die gleiche Zeit waren LEUTHARDT, TESTA und WOLF (1952) zu ähnlichen Resultaten gelangt, die den oben angegebenen Reaktionsverlauf

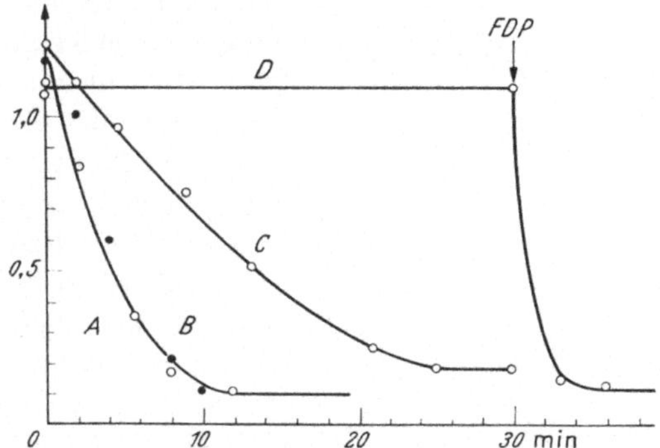

Abb. 2. Spezifität der Leber- und Muskelaldolase im optischen Test (Bestimmung des gebildeten Phosphodioxyacetons durch Baranowskiferment und DPNH). Kurven A und B (identisch): Spaltung von Hexosediphosphat durch Leber- und Muskelferment. Kurve C: Spaltung von Fructose-1-phosphat durch Leberaldolase. Kurve D: Substrat Fructose-1-phosphat, Enzym kristallisierte Muskelaldolase. Beim Pfeil Zusatz von Hexosediphosphat (LEUTHARDT, TESTA und WOLF[61])

im wesentlichen bestätigen[60]. Sie isolierten als C_3-Spaltstück zuerst die D-Glycerinsäure, welche durch eine Dismutation zwischen Glycerinaldehyd und Phosphodioxyaceton entsteht. Das zweite Produkt dieser Dismutation, das α-Glycerophosphat, konnte ebenfalls gefaßt und identifiziert werden. Sie erkannten aber gleichzeitig auch, daß die Aldolase der Leber, welche die Spaltung des Fructose-1-phosphats bewirkt, von der „klassischen" Aldolase verschieden ist (s. Abb. 2). Reine, mehrfach umkristallisierte

Muskelaldolase, die nach allen Kriterien (Konstanz der Wirkung beim Umkristallisieren, einheitlich bei Elektrophorese und Ultrazentrifugation) als reines Protein angesehen werden kann, ist gegen Fructose-1-phosphat (auch bei Sättigung mit dem Substrat) nur sehr schwach aktiv. Die Michaeliskonstante für das 1-Phosphat ist etwa 1000 mal größer als für das Diphosphat (WOLF und LEUTHARDT[100]).

Die Fermentlösungen aus Leber zeigen dagegen gegen die beiden Substrate ungefähr die gleiche Aktivität, die sich außerdem bei mehrfacher Fraktionierung mit Ammoniumsulfat nicht wesentlich zugunsten des einen oder andern Substrats verschiebt, so daß an der Verschiedenheit des Leber- und des Muskelenzyms nicht gezweifelt werden kann. (Auch HERS und JACQUES[43] schlossen sich später dieser Ansicht an.) Wir haben das Enzym der Leber, um es von der Muskelaldolase zu unterscheiden, als „1-Phosphofructaldolase" bezeichnet. Es blieb allerdings die Frage offen, ob die Leber eine einzige unspezifische Aldolase enthält, welche beide Phosphate spaltet oder ob, trotzdem eine Trennung nicht gelungen war, in der Leber ein Gemisch zweier spezifischer Enzyme vorhanden ist, von denen das eine Fructosediphosphat, das andere Fructose-1-phosphat spaltet.

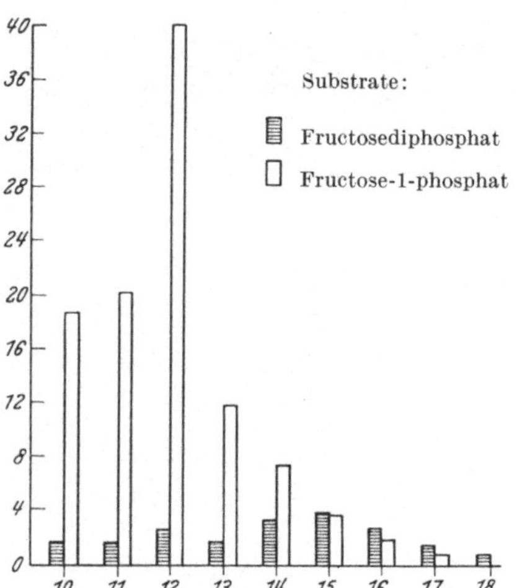

Abb. 3. Chromatographische Trennung von 1-Phosphofructaldolase und 1,6-Diphosphofructaldolase aus Kaninchenleber. Abszisse: Nummer der Fraktionen. Ordinate: Spezifische Aktivität (Einheiten/mg Protein). Weiße Säulen: Aktivität gegen Fructose-1-phosphat. Schraffierte Säulen: Aktivität gegen Hexosediphosphat (KALETTA-GMÜNDER, WOLF und LEUTHARDT[51])

Tatsächlich haben wir kürzlich (mit WOLF und KALETTA-GMÜNDER[51]) durch Chromatographie an Säulen von Diaethylaminoäthylcellulose (DEAE-Cellulose nach PETERSON und SOBER[77]) eine Fraktion abtrennen können, welche gegen Hexosediphosphat nur noch eine sehr geringe Aktivität besitzt (Abb. 3). Damit dürfte die Existenz der 1-Phosphofructaldolase endgültig gesichert sein. Die Michaeliskonstante für Fructose-1-phosphat scheint kleiner zu sein als diejenige der Muskelaldolase. Ob die 1,6-Diphosphofructaldolase der Leber mit dem Muskelenzym identisch ist, läßt sich noch nicht sagen.

Bei Zerstörung von Leberparenchym tritt die 1-Phosphofructaldolase ins Blut über. Man kann darauf einen klinischen Test gründen, der für Parenchymeinschmelzung sehr spezifisch zu sein scheint (Wolf, Forster und Leuthardt[102]).

Das Gleichgewicht der durch die l-Phosphofructaldolase katalysierten Spaltung liegt völlig auf Seite des Fructose-l-phosphats. Sie läßt sich daher nur nachweisen, wenn eines der Spaltprodukte entfernt wird. Für die Untersuchung der Spezifität des Ferments ist die umgekehrte Reaktion, die Kondensation des Phosphodioxyacetons mit nicht phosphorylierten Aldehyden sehr gut geeignet. Leuthardt und Wolf[64] haben auf diese Weise aus Glykolaldehyd, D, L-Glycerinaldehyd und D-Erythrose die entsprechenden Pentulose-, Ketose- und Heptulose-l-phosphate erhalten. Die Kondensation verläuft mit dem Leberferment in allen Fällen wesentlich rascher als mit der reinen Muskelaldolase, die nur geringe Aktivität zeigt. Nach diesen Kondensationsversuchen zu schließen, besitzt die l-Phosphofructaldolase innerhalb der Gruppe der l-Phosphoketosen einen ziemlich weiten Spezifitätsbereich. Ob das Enzym, das von Charalampous und Mueller[13] in Leberextrakten nachgewiesen worden ist, und das Formaldehyd mit Triosephosphat zu Erythrulose kondensiert, mit der l-Phosphofructaldolase identisch ist, läßt sich z. Z. nicht angeben. Es ist jedenfalls von der Muskelaldolase verschieden. Es ist auch nicht bekannt, wie weit die verschiedenen andern in tierischen und pflanzlichen Geweben gefundenen Aldolasen[11, 27, 28, 66] dem Leberenzym vergleichbar sind.

In der Niere scheint eine Aldolase vorzukommen, welche die gleiche Spezifität besitzt wie die Leberaldolase; die rohe Enzymfraktion spaltet die beiden Substrate ungefähr gleich schnell (Wolf[101]). Wir vermuten, daß zwei spezifische Enzyme vorhanden sind wie in der Leber.

Das bei der Spaltung des Fructose-l-phosphats entstehende Triosephosphat wird in den allgemeinen ,,pool" der intermediären Dreikohlenstoffverbindungen einbezogen. Was uns hier vor allem interessiert, ist das weitere Schicksal des D-Glycerinaldehyds.

Wir haben oben die Bildung der Glycerinsäure durch Oxydation des Aldehyds erwähnt. Es handelt sich um eine DPN-abhängige Reaktion. Die Natur des Enzyms, welches den Glycerinaldehyd dehydriert, ist nicht genau bekannt; möglicherweise ist es mit der „Aldehydmutase" von GREEN, NEEDHAM und DEWAN[32] identisch. Der Wasserstoff des reduzierten DPN wird durch das Baranowskiferment auf das Phosphodioxyaceton übertragen, so daß die Gesamtreaktion in der folgenden Dismutation besteht:

Glycerinaldehyd + Phosphodioxyaceton ⟶
Glycerinsäure + α-Glycerophosphat.

Die obige Reaktion ist in Fermentansätzen in vitro beobachtet worden. Wir wissen nicht, in welcher Weise sie unter physiologischen Bedingungen weiter umgesetzt werden kann; es wäre denkbar, daß oxydative Reaktionen von der Glycerinsäure aus weiterführen (Bildung von Oxybrenztraubensäure ?)*. Wahrscheinlich stellt in der Leberzelle die Reduktion zum Glycerin den Hauptweg dar, auf dem der Glycerinaldehyd weiter reagiert. Das DPN-abhängige Enzym ist von WOLF und LEUTHARDT[99] als Glycerindehydrase beschrieben worden. Nach den Untersuchungen von HOLZER und SCHNEIDER[46] ist es identisch mit der seit langem bekannten Alkoholdehydrase der Leber. (Die Alkoholdehydrase der Hefe reagiert nicht mit dem Glycerinaldehyd.) Man kann also annehmen, daß der Glycerinaldehyd, bzw. das Glycerin, die natürlichen Substrate des Leberenzyms sind, und daher würde der Name „Glycerindehydrase" seinen physiologischen Funktionen besser entsprechen**.

Fructose hat die merkwürdige Eigenschaft, die Verbrennung des Alkohols zu beschleunigen (STUHLFAUTH und NEUMAIER[93]; PLETSCHER u.

---

* ICHIHARA und GREENBERG[48] haben Versuche mitgeteilt, nach welchen Enzympräparate aus Rattenleber Glycerinsäure und 3-Phosphoglycerinsäure über 3-Phospho-Oxydbrenztraubensäure in Serin überführen können. Über eine Glycerinsäurekinase, welche unmittelbar 3-phosphoglycerinsäure liefert, vgl. die Diskussionsbemerkungen von HOLZER (S. 24) sowie HOLZER und HOLLDORF [45a]. Eine solche Kinase ist kürzlich auch von ICHIHARA und GREENBERG[48a] beschrieben worden. Es wäre also möglich, daß der Glycerinaldehyd über die Phosphoglycerinsäure in den glycolytischen Abbauweg einbezogen wird.

** Nach unseren Untersuchungen[64] wird der aus Fructose-1-phosphat entstehende D-Glycerinaldehyd durch das Enzym angegriffen, wahrscheinlich etwas langsamer als der L-Glycerinaldehyd. Die Behauptung von HERS[42], S. 50, wir hätten die sterische Spezifität des Enzyms nicht untersucht, ist daher unrichtig.

Mitarb.[81]; Literatur vgl. PLETSCHER[80]). Es liegt nahe, die Erklärung dafür in der Bildung des Glycerinaldehyds zu suchen, welcher bei der Dehydrierung des Alkohols als Wasserstoffacceptor dienen kann (LEUTHARDT und WOLF[63]). Diese Theorie ermöglicht, wie HOLZER und SCHNEIDER gezeigt haben, eine Schwierigkeit der bisherigen Vorstellungen über Beschleunigung des Alkoholabbaus durch gleichzeitig zugeführte Wasserstoffacceptoren zu umgehen[46]. Die geschwindigkeitsbestimmende Reaktion bei der Alkoholdehydrierung ist nämlich die Dissoziation des Alkoholdehydrase-DPN Komplexes. Bei der Reduktion des Glycerinaldehyds durch den Alkohol kann aber die Reoxydation des DPNH am gleichen Fermentprotein erfolgen wie seine Hydrierung, so daß die Abdissoziation des DPNH vom Ferment als geschwindigkeitsbestimmende Stufe wegfällt.

Die weiteren Reaktionen des nicht phosphorylierten Spaltstücks führen schließlich zu den Phosphotriosen. Wie schon erwähnt, soll der Glycerinaldehyd nach HERS und KUSAKA[44] bei Gegenwart von ATP durch eine Proteinfraktion der Leber direkt phosphoryliert werden können. Nach neueren Untersuchungen scheint aber das Triosephosphat nicht auf diesem direkten Weg zu entstehen. BUBLITZ und KENNEDY[10] haben aus der Leber eine Kinase dargestellt, welche Glycerin in α-Glycerophosphat überführt. Dieses Ferment ist zwar imstande, den D,L-Glycerinaldehyd zu phosphorylieren. Das Reaktionsprodukt scheint aber L-Glycerinaldehyd-3-phosphat zu sein; der aus dem Fructose-1-phosphat entstehende D-Glycerinaldehyd wird demnach gar nicht phosphoryliert. Man muß also annehmen, daß die Phosphorylierung des C_3-Spaltstücks (soweit dasselbe auf dem reduktiven Weg weiterreagiert) erst auf der Stufe des Glycerins erfolgt. Das entstehende α-Glycerinphosphat kann dann zum Phosphodioxyaceton oxydiert werden*. Wie man leicht sieht, verläuft die Verwandlung des Glycerinaldehyds in Triosephosphat bilanzmäßig nach der Gleichung

$$\text{D-Glycerinaldehyd} + \text{ATP} \longrightarrow \text{Phosphodioxyaceton} + \text{ADP}$$

Die Reaktion führt bei Gegenwart dér Trioseisomerase zu denselben Endprodukten wie die direkte Phosphorylierung des Glycerinaldehyds. Das intermediär gebildete α-Glycerophosphat kann als Ausgangsprodukt für die Synthese von Phosphatiden dienen[19].

* Vgl. die Diskussionsbemerkung von BÜCHER (S. 25). Wir haben unterdessen in den Lebermitochondrien eine strukturgebundene α-Glycerophosphatdehydrase gefunden, die DPN-unabhängig ist und wahrscheinlich dem von GREEN entdeckten Muskelenzym entspricht[31].

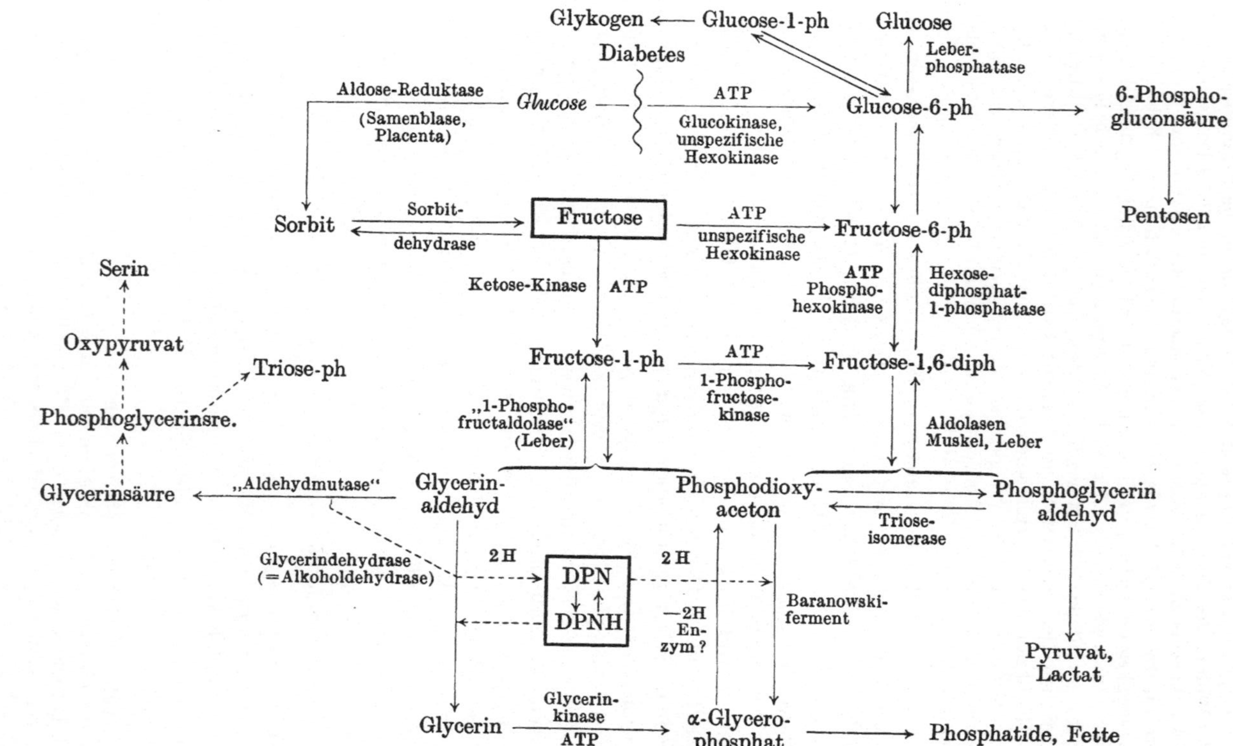

Abb. 4. Schema des Fructosestoffwechsels

Die bisher besprochenen Reaktionen sind im Schema Abb. 4 zusammengefaßt.

Die wesentliche im obigen Schema dargestellte Tatsache ist darin zu sehen, *daß die Fructose erst auf der Stufe der C_3-Verbindungen in die glycolytische Reaktionsreihe einbezogen wird.* Die meisten Besonderheiten des Fructosestoffwechsels lassen sich daraus ohne weiteres erklären. Im Muskel scheint zwar eine direkte Phosphorylierung des 1-Phosphats zum Hexosediphosphat möglich zu sein, doch spielt diese Reaktion wahrscheinlich keine große Rolle, weil die Hauptmenge der Fructose in der Leber umgesetzt wird. Die Bildung der Glucose geht hier von den Triosephosphaten aus, welche durch die vorangehende Spaltung des Fructose-1-phosphats gebildet worden sind und führt auf diesem indirekten Weg zuerst zum Fructosediphosphat und dann in bekannter Weise weiter zu den Glucoseestern. Nachdem die Existenz einer besonderen 1-Phosphofructaldolase in der Leber sichergestellt ist, die, wenn überhaupt, mit dem Hexosediphosphat nur sehr langsam reagiert, kann man annehmen, daß die Rekondensation des Triosephosphats in erster Linie durch die 1,6-Diphosphofructaldolase der Leber bewirkt wird.

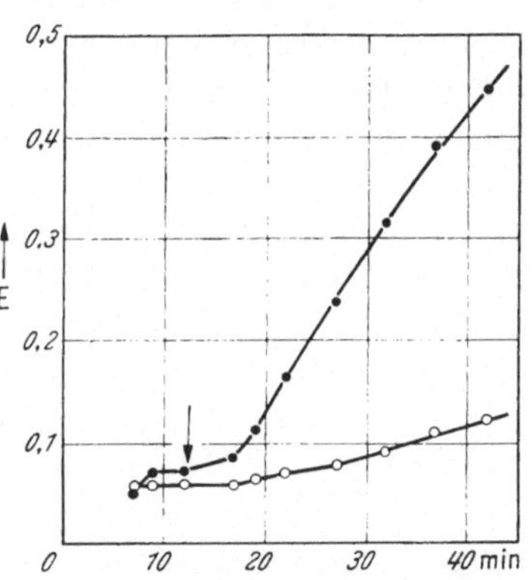

Abb. 5. Bildung von Hexose-6-phosphat durch ein kombiniertes Enzymsystem. Optischer Test mit Zwischenferment und TPN. Test durch 1-Phosphofructaldolase ausgelöst. —●— Kompletter Ansatz. —○— Ansatz ohne Diphosphofructaldolase und Phosphatase (LEUTHARDT, TESTA und WOLF[61])

Die Leber enthält eine Phosphatase, welche aus dem Fructosediphosphat den Phosphorsäurerest in Stellung 1 abspaltet(„Diphosphofructose-1-phosphatase"[61]). Ein ähnliches Enzym findet sich im Muskel (LOHMANN[65]). Das Leberenzym ist neuerdings von POGELL und MCGILVERY weitgehend gereinigt worden[83]. Diese Phosphatase benötigt zu ihrer Aktivierung zweiwertige Kationen (unter physiologischen Bedingungen wohl Mg^{++}); dies erklärt die von CORI u. Mitarb.[19] beobachtete Mg^{++}-Abhängigkeit der Umwandlung Fructose-1-phosphat ⟶ Glucose-6-phosphat in Leberextrakten.

Abb. 5 zeigt, daß man durch die Kombination der verschiedenen gereinigten Enzyme (1-Phosphofructaldolase, Trioseisomerase, 1,6-Diphosphofructaldolase, Phosphatase, Hexoseisomerase) in vitro das Fructose-1-phosphat in Glucose-6-phosphat überführen kann, wobei das letztere durch einen optischen Test bestimmt wird. (Oxydation zu 6-Phosphogluconsäure durch das Warburgsche Zwischenferment und TPN.)

Das angegebene Reaktionsschema ist durch weitere Untersuchungen bestätigt worden. HERS[39] hat nach Verabreichung von 1-C(^{14})-Fructose und 1-C(^{14})-Sorbit an Ratten das Leber- und Muskelglykogen isoliert und die Lokalisation des Isotops in der Glucose untersucht. 30% des Leitisotops fand sich in Stellung 6, was nur möglich ist, wenn der Hauptweg zur Glucose über die C_3-Stufe führt. In Kontrollversuchen mit 1-C(^{14})-Glucose war im Glykogen nur Stellung 1 der Glucose markiert. Sorbit verhält sich gleich wie die Fructose; er wird durch die Sorbitdehydrase der Leber zur Ketose oxydiert.

ASHMORE u. Mitarb.[2] haben die Mengen Glykogen und freie Glucose verglichen, die in der Rattenleber aus C(^{14})-Fructose und C(^{14})-Glycerin gebildet werden. Beide Substrate zeigen im Stoffwechsel ein völlig analoges Verhalten. Beim diabetischen Tier treten die gleichen Veränderungen des Umsatzes ein. Dies ist wiederum nur dann verständlich, wenn die Hexose zuerst in eine C_3-Verbindung übergeht.

Der Fructosestoffwechsel im Diabetes

Wir müssen nun kurz auf die eingangs schon erwähnte Frage des Fructosestoffwechsels im diabetischen Organismus zu sprechen kommen. Seit den ersten Versuchen von KÜLZ beim Diabetiker haben alle Untersuchungen zum Resultat geführt, daß die Fructose auch beim Fehlen des Inselhormons in normaler Weise verwertet werden kann. Nach Fructosebelastung tritt kein Extrazucker in den Urin über, der Respirationsquotient wird erhöht, Lactat- und Pyruvatspiegel im Blut steigen an, wie dies im normalen Organismus der Fall ist. Diese Tatsachen sind sowohl experimentell beim pankreatektomierten Tier, als auch beim diabetischen Patienten festgestellt worden. (Die Fructosemenge, die vom dialetischen Organismus ohne Bildung von Extraglucose verarbeitet werden kann, ist beschränkt; s. unten.)

Organschnitte aus der Leber diabetischer Tiere vermögen Fructose zu verwerten. Weder die Aufnahme des C(14)-Zuckers aus der Lösung noch seine Veratmung sind gegenüber dem normalen Organ verändert (CHERNIK und CHAIKOFF[14]; RENOLD u. Mitarb.[85]). Man kann daraus schließen, daß die Enzymsysteme, welche für die Aufnahme und die ersten Abbaustufen der Fructose verantwortlich sind, von der diabetischen Stoffwechselstörung nicht betroffen werden. Allerdings scheint die Art der Verwertung etwas verschieden zu sein; es wird in der diabetischen Leber mehr Fructose in freie Glucose und weniger Glykogen übergeführt als in der normalen. Möglicherweise hängt dies mit der erhöhten Aktivität der Glucose-6-Phosphatase zusammen (ASHMORE und Mitarb.[3]).

Die an der Leber gewonnenen Resultate dürfen aber nicht verallgemeinert werden. Im Rattenzwerchfell werden die Aufnahme der Fructose und die Glykogenbildung durch Insulin in gleicher Weise gesteigert, wie dies bei der Glucose der Fall ist (MACKLER und GUEST[67]; v. PLANTA u. PLETSCHER[79a]; LEUTHARDT und WEGMANN[62]. Es scheint allerdings, daß bei Gegenwart von Glucose das Insulin keinen Einfluß auf den Fructoseverbrauch hat (MACKLER und GUEST). In Abb. 6 sind eine Reihe von Versuchen über den Einfluß des Insulins auf die Fructoseverwertung zusammengestellt. Möglicherweise existieren im Muskel zwei Mechanismen der Fructosepenetration ein insulinabhängiger, der durch Glucose hemmbar ist und ein nicht vom Insulin abhängiger (einfache Diffusion durch solche Gebiete der Zelloberfläche, deren Zuckerpermeabilität durch die endokrinen Faktoren nicht beeinflußt wird); doch sind dies vorläufig rein hypothetische Vorstellungen. Die Frage bedarf einer weiteren Abklärung.

Auf alle Fälle ist die Fähigkeit des diabetischen Organismus, die Fructose weiter zu verwerten, in erster Linie dem Umstand zuzuschreiben, daß der Fructoseumsatz in der Leber nicht gestört ist. Eine verminderte Verwertung in andern Geweben, z. B. in der Muskulatur, kann in der Bilanz sehr wohl durch den dominierenden Leberstoffwechsel verdeckt werden.

Die mehrfach von klinischer Seite beschriebene gute Wirkung der Fructose bei diabetischer Acidose[21] ist leicht verständlich, weil die Fructose sehr rasch die antiketogen wirkenden C_3-Verbindungen liefert. Bei Beurteilung der Verwertung im diabetischen Organismus ist der Umstand zu berücksichtigen, daß die Fructose, die nicht oxydiert oder als polymere Glucose im Leberglykogen fixiert werden kann, in freie Glucose übergeht. Es scheint, daß der Diabetiker ohne Erhöhung der Glykämie und der Glucosurie gerade mit soviel Fructose belastet werden kann, als seine Leber zu ver-

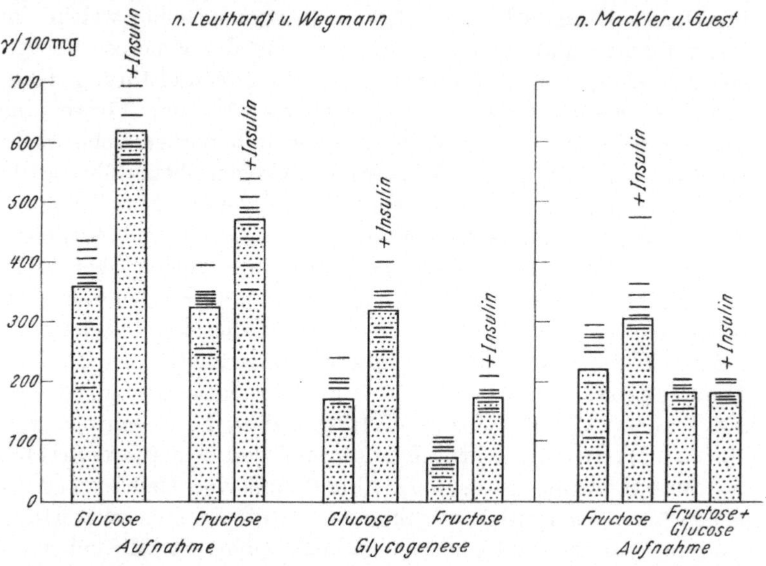

Abb. 6. Einfluß des Insulins auf Zuckeraufnahme und Glykogenbildung im Rattenzwerchfell. Säulen: Mittelwerte; horizontale Striche: experimentelle Einzelwerte (nach LEUTHARDT und WEGMANN[62]; MACKLER und GUEST[67])

arbeiten imstande ist (STUHLFAUTH[92]; PLANCHEREL und MOESCHLIN[79]; VOSS[96a]).

Es sei in diesem Zusammenhang noch darauf hingewiesen, daß auch bei toxischen Leberschädigungen die Fructoseverwertung weniger betroffen wird als die Glucoseverwertung[49, 73]. Dasselbe gilt für die Strahlenschädigung. In der Leber von Ratten, welche hohen Dosen von Röntgenstrahlen ausgesetzt waren, bleibt CO_2-Bildung, Glykogen- und Fettsäuresynthese aus Fructose unverändert, währenddem die entsprechenden Reaktionen der Glucose stark vermindert sind (HILL u. Mitarb.[45]).

Die Bildung der Fructose in der Samenblase und der Placenta

Wir wollen anschließend noch auf eine weitere Reaktion zu sprechen kommen, die im Zusammenhang mit dem Vorkommen der

Fructose in der Samenflüssigkeit und im fetalen Blut von Bedeutung ist, nämlich die Bildung der Fructose aus Sorbit durch die Sorbitdehydrase. Die Bildung von reduzierendem Zucker aus D-Sorbit bei Leberperfusion wurde schon 1914 von EMBDEN und GRIESBACH[26] beobachtet. Das Enzym wurde später von BREUSCH[9] und von BLACKLEY[7] genauer untersucht. Es ist DPN-abhängig. Die Reaktion ist reversibel.

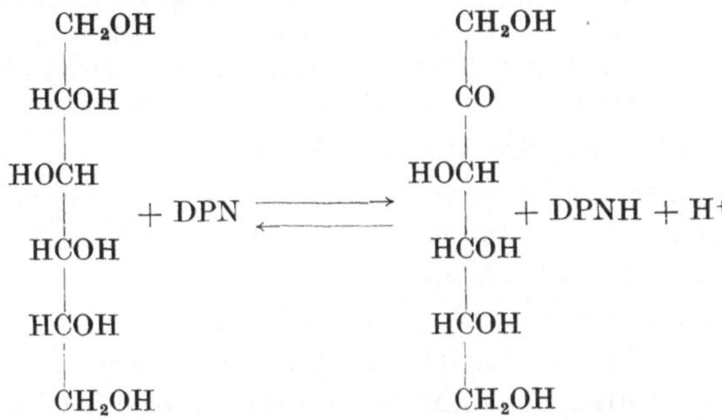

Alle Beobachtungen über das Verhalten des Sorbits im Stoffwechsel (STETTEN und STETTEN[89]) lassen sich auf Grund seiner Umwandlung in Fructose erklären. Bekanntlich ist Sorbit auch als Kohlenhydratersatz beim Diabetiker vorgeschlagen worden (THANNHAUSER und MEYER[95]); auch hier dürfte die Substanz deshalb als Nährstoff brauchbar sein, weil sie unmittelbar in Fructose und nicht in Glucose übergeht.

Die im Sperma auftretende Fructose wird nach MANN im wesentlichen in den Samenblasen gebildet[68]. Ihre Synthese erfolgt, wie schon früher erwähnt, unter dem Einfluß der männlichen Hormone.

HERS[40] hat kürzlich in den Samenblasen des Widders ein Enzym nachgewiesen (Aldose-Reduktase), welches bei Gegenwart von reduziertem TPN Glucose zu Sorbit reduziert. (Es reagiert auch mit einer Reihe anderer Aldosen.) Schnitte oder Homogenate aus Samenblasen bilden aus Glucose ein Gemisch von Fructose und Sorbit. Da die Samenblasen auch die Sorbitdehydrase enthalten, nimmt HERS für die Umwandlung der Glucose in die Fructose die nachstehende Reaktionsfolge an:

Glucose + TPNH + H^+ ⟶ Sorbit + TPN^+ (Aldose-Reduktase)
Sorbit + DPN ⟶ Fructose + DPNH + H^+ (Ketose-Reduktase)

Bilanz: Glucose + TPNH + DPN^+ ⟶ Fructose + TPN^+ + DPNH

Im Gewebe verläuft die obige Reaktion ganz einseitig. Man muß also postulieren, daß die Konzentration des TPNH durch andere Reaktionen hochgehalten wird (Glucose-6-phosphat-Dehydrase ?).

Ein Fructosegehalt des fetalen Blutes zum Zeitpunkt der Geburt oder kurz vorher ist nur bei Huftieren mit Sicherheit nachgewiesen worden; beim Hund und bei der Katze, wie auch bei den Nagern scheint zu diesem Zeitpunkt keine Fructose vorhanden zu sein (GOODWIN[30]). Die Verhältnisse beim Menschen sind noch nicht völlig abgeklärt. Es ist sehr wohl möglich, daß Fructose in den frühen Stadien der intrauterinen Entwicklung stets vorhanden ist, bei verschiedenen Arten aber schon vor der Geburt verschwindet.

Die im fetalen Blut auftretende Fructose wird in der Placenta gebildet, oder jedenfalls ist die Placenta an ihrer Bildung beteiligt. Die Placenta scheint für Fructose in der Richtung vom Fetus zur Mutter nicht durchlässig zu sein. Wenn in den mütterlichen Kreislauf Glucose eingebracht wird, so kommt es zu einem scharfen Anstieg der Glucose im fetalen Blut, der von einer allmählichen und andauernden Zunahme der Fructosekonzentration gefolgt ist (HUGGELT, WARREN und WARREN[47]). Injektion von Sorbit in das mütterliche Blut bewirkt dagegen keinen Anstieg der Fructose im Fetus (NEIL, WALKER und WARREN[72]). Wie HERS[41] kürzlich mitgeteilt hat, sind dialysierte Extrakte aus Schafplacenta bei Zusatz von TPN und Glucose-6-phosphat imstande, Glucose zu Sorbit zu reduzieren; Sorbit läßt sich auch im fetalen Blut des Schafes nachweisen. HERS kommt daher zur Vorstellung, daß in der Placenta Glucose in Sorbit umgewandelt wird, welcher dann in der fetalen Leber durch die Sorbitdehydrase zur Fructose oxydiert wird.

Die essentielle Fructosurie

Zum Schluß sei noch auf eine sehr seltene angeborene Störung des Fructosestoffwechsels hingewiesen, die sog. *essentielle Fructosurie.* Es handelt sich um eine isolierte Verwertungsstörung. Die Patienten, welche anscheinend keine weiteren krankhaften Symptome zeigen, insbesondere auch keine solchen diabetischer Natur, scheiden zugeführte Fructose im Urin aus. Im Blut steigt die Fructosekonzentration stark an (bei gleichzeitiger Senkung des Glucosespiegels); die für Fructosebelastung charakteristische Erhöhung der Milchsäure im Blut tritt nicht ein. Die Glucoseverwertung ist in keiner Weise gestört. Über die Natur der zugrundeliegenden Stoffwechselstörung ist nichts Sicheres bekannt. Möglicherweise betrifft sie eines der speziellen Enzyme des Fructoseumsatzes: Ketohexokinase oder 1-Phosphofructaldolase (Literatur vgl. HEERES und VOS[35]; ANSCHEL[1]; SILVER und REINER[87]; EDHEM[25].

Wir hatten kürzlich Gelegenheit, in Zürich einen Fall zu beobachten (Dr. PRADER, Kinderklinik der Universität), welcher die Besonderheit einer Fructoseüberempfindlichkeit zeigt. Der Patient (Mädchen 6jähr.) verträgt keine Speisen, die Saccharose oder Fructose enthalten. Von zwei Geschwistern zeigt ein Bruder die gleichen Erscheinungen; ebenso sollen zwei männliche Verwandte gegen Zucker empfindlich sein. An der hereditären Natur der Störung dürfte also kaum zu zweifeln sein.

Bei einer in der Klinik durchgeführten peroralen Belastung mit Fructose zeigten sich schwere Erscheinungen: Schweißausbruch, blutiges Erbrechen, Albuminurie, Zeichen einer Leberschädigung, Benommenheit und Müdigkeit während längerer Zeit. Die von Dr. FROESCH aufgenommenen Blutzuckerkurven lassen den typischen Anstieg des Lävulosespiegels und einen gleichzeitigen Sturz der Glucose zu stark hypoglykämischen Werten erkennen, die während Stunden bestehen bleiben. Wahrscheinlich sind die schweren Symptome z. T. eine Folge der Hypoglykämie. Die Ursache für den die Fructosurie begleitenden Glucoseabfall läßt sich nicht angegeben. Ob es sich beim Fall PRADER um ein neues Krankheitsbild oder eine besonders starke Ausprägung der klassischen Fructosurie handelt, läßt sich z. Z. noch nicht angeben (FROESCH u. Mitarb.[27a]). Ein ähnlicher Fall ist kürzlich von CHAMBERS und PRATT[12] beschrieben worden.

Wenn auch die Natur der Fructosurie noch sehr wenig aufgeklärt ist, so bietet diese Stoffwechselstörung doch großes Interesse. Als isolierter kongenitaler Defekt der Fructoseverwertung hebt sie die selbständige Stellung der Fructose im Intermediärstoffwechsel in besonders eindrücklicher Weise hervor.

Literatur

1 ANSCHEL, N.: Klin. Wschr. **1930 II**, 1400.

2 ASHMORE, J., A. E. RENOLD, F. B. NESBETT and B. HASTINGS: J. of Biol. Chem. **215**, 153 (1955).

3 ASHMORE, J., A. B. HASTINGS, F. B. NESBETT and A. E. RENOLD: J. of Biol. Chem. **218**, 77 (1956).

4 BACON, J. S. D. and D. J. BELL: Biochemic. J. **42**, 397 (1948).

5 BERNARD, CL.: Leçons sur la physiologie expérimentale, p. 250, Paris 1854.

6 BERTHET, J., P. JACQUES, G. HENNEMANN et CH. DE DUVE: Arch. internat. Physiol. **62**, 282 (1954).

7 BLACKLEY, R. L.: Biochemic. J. **49**, 257 (1951).

8 BOLLMAN, J. L., and F. C. MANN: Amer. J. Physiol. **96**, 683 (1931).

9 BREUSCH, F. L.: Enzymologia **10**, 165 (1942); **11**, 87 (1943).

[10] BUBLITZ, C., and E. P. KENNEDY: J. of Biol. Chem. **211**, 951 (1954).
[11] CARDINI, C. E.: Enzymologia **15**, 303 (1952).
[12] CHAMBERS, R. A., and R. T. C. PRATT: Lancet **1956 II**, 340.
[13] CHARALAMPOUS, and G. C. MUELLER: J. of Biol. Chem. **201**, 161 (1953).
[14] CHERNIK, S. S., and I. L. CHAIKOFF: J. of Biol. Chem. **188**, 389 (1951).
[15] COLE, S. W.,u. M. W. S. HITCHCOCK: Biochemic. J. **40**, 51 (1946).
[16] COLOWICK, S. P.: In J. B. SUMNER and K. MYRBÄCK, The Enzymes, Vol. II, p. 130, New York 1951.
[17] CORI, C. F.: Biol. Symp. **5**, 131 (1941).
[18] CORI, C. F., and G. T. CORI: J. of Biol. Chem. **70**, 557, 577 (1926); **76**, 755 (1927).
[19] CORI, G. T., S. OCHOA, M. W. SLEIN and C. F. Cori: Biochim. et Biophysica Acta **7**, 304 (1951).
[20] CORI, G. T., and M. W. SLEIN: Federat. Proc. **6**, 245 (1947).
[21] DAUGHADAY, W. H., and T. E. WEICHSELBAUM: Metabolism **2**, 453 (1953).
[22] DE DUVE, CH.: 5. Coll. Ges. Physiol. Chem. in Mosbach/Baden. S. 108. Berlin, Göttingen, Heidelberg 1955.
[23] DUBRUNFAUT: Ann. de Chim. et de Physique (3) **21**, 161 (1847); C. r. Acad. Sci. (Paris) **29**, 51; **42**, 803, 901 (1856).
[24] DUNKER, E., u. H. HALBACH: Z. klin. Med. **145**, 477 (1949).
[25] EDHEM, F. ERDEN et K. STEINITZ: Acta med. scand. (Stockh.) **97**, 455 (1938).
[26] EMBDEN, G. H u. W. GRIESBACH: Z. physiol. Chem. **91**, 251 (1914).
[27] FORREST, R. S., L. HOUGH and J. K. N. JONES: Chem. a. Ind. **1951**, 1093.
[27a] FROESCH, E. R., A. PRADER, A. LABHART, H. W. STUBER u. H. P. WOLF: Schweiz. Med. Wochenschr. **87**, 1168 (1957).
[28] GLOCK, G. E.: Biochemic. J. **52**, 575 (1952).
[29] GODA, T.: Biochem. Z. **297**, 134 (1938).
[30] GOODWIN, R. F. W.: Nature (London) **170**, 750 (1952).
[31] GREEN, D. E.: Biochemic. J. **30**, 629 (1936); DEWAN, J. G., and D. E. GREEN: Biochemic. J. **31**, 1074 (1937); Vgl. auch TA-CHENG TUNG, L. ANDERSON and H. A. LARDY: Arch. of Biochem. a. Biophysics **40**. 194 (1952).
[32] GREEN, D. E., D. M. NEEDHAM and J. G. DEWAN: Biochemic. J. **31**, 2327, (1937).
[33] GRIFFITH, J. P. and E. T. WATERS: Amer. J. Physiol. **117**, 34 (1936).
[34] GÜRBER, A., u. D. GRÜNBAUM: Münch. med. Wschr. **1904**, 377.
[35] HEERES, P. A. and H. VOS: Arch. Int. Med. **44**, 47 (1929).
[36] HELMREICH, E., ST. GOLDSCHMIDT, W. LAMPRECHT u. F. RITZL: Z. physiol. Chem. **292**, 184 (1953).
[37] HERS, H. G.: Biochim. et Biophysica Acta 8, 416 (1952).
[38] HERS, H. G.: Arch. internat. Physiol. **61**, 426 (1953).
[39] HERS, H. G.: J. of Biol. Chem. **214**, 375 (1955).
[40] HERS, H. G.: Biochim. et Biophysica Acta **22**, 202 (1956).
[41] HERS, H. G.: Biochemic. J. **66**, 30 p (1957).
[42] HERS, H. G.: Le métabolisme du fructose. Bruxelles 1957.
[43] HERS, H. G., et P. JACQUES: Arch. internat. Physiol. **61**, 260 (1953).

[44] HERS, H. G., et I. KUSAKA: IIme Congrès internat. de Biochimie Paris 1952. — Résumés d. communications p. 281, Biochim. et Biophysica Acta **11**, 427 (1953).
[45] HILL, R., J. KIYASU and I. L. CHAIKOFF: Amer. J. Physiol **187**, 417 (1956).
[45a] HOLZER, H., u. A. HOLLDORF: Biochem. Zschr. **329**, 283 (1957).
[46] HOLZER, H., u. S. SCHNEIDER: Klin. Wschr. **1955** 1006.
[47] HUGGELT, A. ST. G., F. L. WARREN and N. V. WARREN: J. of Physiol. **113**, 258 (1951); vgl. auch DP. ALEXANDER, A. ST. G. HUGGELT, W. F. WIDDOS: J. of Physiol. **115**, 36 (1951).
[48] ICHIHARA, A., and D. M. GREENBERG: J. of Biol. Chem. **224**, 331 (1957).
[48a] ICHIHARA, A., and D. M. GREENBERG: J. of biol. Chem. **225**, 949 (1957).
[49] ISAAC, A.: Erg. inn. Med. **27**, 493 (1929).
[50] JOHANSSON, J. E.: Skand. Arch. Physiol. **16**, 263 (1904); **21**, 1 (1909).
[51] KALETTA-GMÜNDER, U., H. P. WOLF u. F. LEUTHARDT: Helvet. chim. Acta **40**, 1027 (1957).
[52] KILIANI, H.: Ber. Physiol. **18**, 3070 (1885); **19**, 221 (1886).
[53] KIYASU, J. Y., and I. L. CHAIKOFF: J. of Biol. Chem. **224**, 935 (1957).
[54] KJERULF-JENSEN, K.: Acta physiol. scand. (Stockh.) **4**, **225**, 249 (1942).
[55] KÜLZ, E.: Beiträge z. Pathologie u. Therapie d. Diabetes mellitus. Marburg 1874.
[56] LEUTHARDT, F.: Therapiewoche **1955/56**, 343.
[57] LEUTHARDT, F., u. E. TESTA: Helvet. physiol. Acta **8**, C 67 (1950).
[58] LEUTHARDT, F., u. E. TESTA: Helvet. chim. Acta **34**, 931 (1951).
[59] LEUTHARDT, F., u. E. TESTA: Exposés annuels de Biochimie médicale **14**, 33 (1952).
[60] LEUTHARDT, F., E. TESTA u. H. P. WOLF: Helvet. physiol. Acta **10**, C 57 (1952).
[61] LEUTHARDT, F., E. TESTA u. H. P. WOLF: Helvet. chim. Acta **36**, 227 (1953).
[62] LEUTHARDT, F., u. F. WEGMANN: Unveröffentlichte Versuche.
[63] LEUTHARDT, F., u. H. P. WOLF: Helvet. chim. Acta **37**, 1732 (1954).
[64] LEUTHARDT, F., u. H. P. WOLF: Helvet. chim. Acta **37**, 1734 (1954).
[65] LOHMANN, K.: Biochem. Z. **262**, 137 (1933).
[66] McGEOWN, M. G., and F. H. MALPRESS: Nature (London) **173**, 212 (1954).
[67] MACKLER, B., and G. M. GUEST: Proc. Soc. Exper. Biol. a. Med. **83**, 327 (1953).
[68] MANN, T.: Biochemic. J. **40**, 481 (1946); Adv. Enzymol. **9**, 329 (1949).
[69] MENDELOFF, A. I., and TH. E. WEICHSELBAUM: Metabolism **2**, 450 (1953).
[70] MEYERHOF, O., and H. GREEN: J. of Biol. Chem. **178**, 655 (1949).
[71] MEYERHOF, O., and P. OESPER: J. of Biol. Chem. **179**, 1371 (1949).
[72] NEIL, M. W., D. G. WARREN and F. L. WARREN: Biochemic. J. **65**, 35P (1957).
[73] NEUBAUER, O.: Arch. exper. Path. u. Pharmakol. **61**, 174 (1909).
[74] ORR, A. P.: Biochemic. J. **18**, 171 (1924).
[75] PANY, J.: Z. physiol. Chem. **272**, 273 (1942).
[76] PATON, D. N., B. P. WATSON and J. Kerr: Trans. Roy. Soc. Edinburgh **46**, 71 (1907).
[77] PETERSON, E. A., and H. A. SOBER: J. Amer. Chem. Soc. **78**, 751 (1956).

78 PFLÜGER, E.: Arch. ges. Physiol. **121**, 559 (1907).
79 PLANCHEREL, P., u. S. MOESCHLIN: Schweiz. med. Wschr. **1954**, 2.
79a PLANTA, P. v., u. A. PLETSCHER: Experientia **9**, 304 (1953).
80 PLETSCHER, A.: Helvet. med. Acta **20**, 100 (1953).
81 PLETSCHER, A., A. BERNSTEIN u. H. STAUB: Helvet. physiol. Acta **10**, 74 (1952).
82 PLETSCHER, A., H. FAHRLÄNDER u. H. STAUB: Helvet. physiol. Acta **9**, 46 (1951).
83 POGELL, B. M., and R. W. MCGILVERY: J. of Biol. Chem. **208**, 149 (1954). Vgl. auch J. ROCHE et S. BOUCHILLOUX: Bull. Soc. Chim. biol. **32**, 739 (1950).
84 REINECKE, R. M.: Amer. J. Physiol. **141**, 669 (1944).
85 RENOLD, A. E., A. B. HASTINGS and F. B. NESBETT: J. of Biol. Chem. **209**, 687 (1954).
86 RENOLD, A. E., u. G. W. THORN: Amer. J. Med. **19**, 163 (1955).
87 SILVER, S., and M. REINER: Arch. Int. Med. **54**, 412 (1934).
88 SLEIN, M. W., G. T. GORI and C. F. CORI: J. of Biol. Chem. **186**, 763 (1950).
89 STETTEN, M. R., and D. STETTEN: J. of Biol. Chem. **193**, 157 (1951).
90 STEWART, C. P., and J. C. THOMPSON: Biochemic. J. **35**, 245 (1941).
91 STUHLFAUTH, K.: Ärztl. Forsch. **5**, 414 (1951).
92 STUHLFAUTH, K.: Ernährungsumschau **3**, H. 2, 40 (1956).
93 STUHLFAUTH, K., u. H. NEUMAIER: Med. Klin. **1951**, 591.
94 TANKÓ, B., and R. ROBISON: Biochemic. J. **29**, 961 (1935).
95 THANNHAUSER, S. J., u. K. H. MEYER: Münch. med. Wschr. **1929**, 356.
96 VESTLING, C. S., A. K. MYLROIE, V. IRISH and N. H. GRANT: J. of Biol. Chem. **185**, 789 (1950).
96a VOSS, G.: Ärztl. Wochenschr. **12**, 637 (1957).
97 WICK, A. N., J. W. SHERRILL and D. R. DRURY: Diabetes **2**, 465 (1953).
98 WOLF, H. P.: Diss. Zürich 1956.
99 WOLF, H. P., u. F. LEUTHARDT: Helvet. chim. Acta **36**, 1463 (1953).
100 WOLF, H. P., u. F. LEUTHARDT: Helvet. chim. Acta **40**, 237 (1957).
101 WOLF, H. P., u. F. LEUTHARDT: Helvet. chim. Acta **40**, 33 (1957).
102 WOLF, H. P., G. FORSTER u. F. LEUTHARDT: Gastroenterologia **87**, 172 (1957).

Diskussion

HOLZER (Hamburg): Wahrscheinlich muß man die Umwandlung der D-Glycerinsäure in die 3-Phosphoglycerinsäure ebenfalls in das Schema einsetzen. Wir haben diese Kinase aus Leber etwa 20fach angereichert. Sie hat mit dem Hydroxybrenztraubensäurestoffwechsel wahrscheinlich nichts zu tun; aber da Sie in Ihren früheren Versuchen das Auftreten von Glycerinsäure tatsächlich beobachtet haben, könnte doch der Glycerinaldehyd über die Phosphoglycerinsäure in den normalen Glykolyseweg eingeschleust werden. Die Kinase bietet keine Besonderheiten; sie ist Mg-abhängig. Ich möchte fragen, ob Sie eine ins Gewicht fallende Oxydation des Glycerinaldehyds zur Glycerinsäure unter physiologischen Bedingungen für möglich halten. Die letztere könnte, da die Kinase sehr aktiv ist, sehr rasch phosphoryliert werden.

Leuthardt: Dies ist sehr wohl möglich. Wir haben diesen Weg weiter nicht in Erwägung gezogen, weil über die Umsetzung der Glycerinsäure nichts bekannt war. Wir haben theoretisch auch an die Möglichkeit einer Oxydation der letzteren zur Hydroxybrenztraubensäure gedacht.

Decker (Hannover): Ist der Fructosegehalt des Spermas bei den verschiedenen Tierarten bekannt? Im Sperma des Ebers sollen (n. Mann) große Mengen Inosit vorkommen. Interessant ist, daß gerade beim Schwein das reduzierende Enzym nicht vorkommt.

Leuthardt: Der Fructosegehalt des Spermas zeigt bei den verschiedenen Tierarten beträchtliche Unterschiede. Beim Schwein dürfte er, wegen des großen Volumens des Ejaculats, wie die Spermatozoendichte eher gering sein.

Wieland (München): Das Schicksal des bei der Spaltung von Fructose-l-phosphat auftretenden Glycerinaldehyds im Organismus ist ein Problem, das oft etwas stiefmütterlich behandelt wird. Die von Hers beschriebene direkte Phosphorylierung des Aldehyds kommt wohl deshalb nicht in Frage, weil, wie Bublitz u. Kennedy gezeigt haben, diese Kinase nur mit dem L-Glycerinaldehyd reagiert. Andererseits ist auch die Annahme einer Reduktion durch die Alkoholdehydrase der Leber nicht recht befriedigend, wenn man die kleine Umsatzzahl und die geringe Substrataffinität dieses Enzyms berücksichtigt. Ich würde deshalb auch glauben, daß der Umwandlung in Glycerinsäure mit anschließender Phosphorylierung, wie Holzer dies postuliert, eine größere Bedeutung zukommt, als man bisher angenommen hat, besonders auch für die Bildung des Oxypyruvats, aus welchem durch Transaminierung Serin entstehen kann.

Bücher (Marburg): Ich möchte das gezeigte Schema an einem an sich unwesentlichen Punkt etwas modifizieren. Es betrifft dies die Umwandlung des Glycerophosphats in Phosphodioxyaceton. Sie haben für diese Reaktion das Baranowskiferment verantwortlich gemacht. Ich glaube, daß dafür eher die Greensche an die Mitochondrien gebundene Glycerophosphatoxydase in Frage kommt, und zwar aus folgenden Gründen. Man muß, wenn man den Weg des Wasserstoffs in der Zelle verfolgt, verschiedene Räume unterscheiden. Der Raum, um den es sich hier handelt, ist derjenige des Glykolysesystems, der also außerhalb der Mitochondrien liegt. In diesem Raum ist das Redoxsystem DPN — DPNH im steady state in einem Zustand, in dem das DPN 500 mal höher konzentriert ist als das DPNH. Das Redoxpotential der Reaktion liegt aber dergestalt, daß unter diesen Verhältnissen das DPN-System des α-Glycerophosphat immer noch 20 mal mehr begünstigt als das Phosphodioxyaceton. Es ist also das System der DPN-abhängigen Dehydrogenasen eigentlich nur darauf eingerichtet, das entstehende DPNH immer wegzuschaffen. Die einzige Methode, die m. W. heute zur Verfügung steht, um überhaupt den Quotienten DPN/DPNH zu messen, besteht darin, daß man den Quotienten von Milchsäure zu Brenztraubensäure und von α-Glycerophosphat zu Dioxyacetonphosphat bestimmt. In der Leber entsprechen sich diese beiden, d. h. die beiden Systeme Milchsäure—Brenztraubensäure und α-Glycerophosphat — Dioxyacetonphosphat haben das gleiche Redoxpotential (nicht Normalpotential!). Dies alles führt zu dem Schluß, daß eine Oxydation des Glycerophosphats zur Ketoverbindung nur dort stattfinden kann, wo eine Verbindung zum Sauerstoff besteht und nicht dort, wo sie durch DPN vermittelt werden müßte.

WALLENFELS (Freiburg): Zur Frage von Herrn DECKER möchte ich noch bemerken, daß Fructose im Sperma aller Säugetiere gefunden wurde, daß sie dagegen bei Vögeln und Reptilien fehlt.

KLINGMÜLLER (Hamburg): Nach Ihren Angaben kondensiert die Leberaldolase das Phosphodioxyaceton mit verschiedenen Aldehyden. Wir haben Versuche über die Aldolkondensation mit Propylaldehyd und andern Aldehyden der Fettsäurereihe durchgeführt, und ich kann mir sehr gut vorstellen, daß auch eine Kondensation mit dem D-Glycerinaldehyd erfolgt. Haben Sie noch andere Aldehyde untersucht?

LEUTHARDT: Glycolaldehyd, d, l-Glycerinaldehyd und D-Erythrose waren die einzigen. Tatsächlich liefert der racemische Glycerinaldehyd das Gemisch zweier Ketohexosen. CHARALAMPOUS und MUELLER haben, wie erwähnt, mit einem Leberferment auch Formaldehyd mit Phosphodioxyaceton kondensiert. Es ist sehr wohl möglich, daß dafür das gleiche Enzym (1-Phosphofructaldolase) verantwortlich ist.

KÜHNAU (Hamburg): Im J. biol. Chem. ist eben eine Arbeit veröffentlicht worden, nach welcher in Bakterien, vor allem im Escherichia coli, Enzyme vorhanden sind, welche je nach Art des Coenzyms Sorbit auf verschiedene Weise oxydieren, mit DPN zu Sorbose, mit TPN zur Fructose. Ist etwas darüber bekannt, ob im Säugetierorganismus auch solche, je nach Art des Coenzyms verschieden verlaufende Dehydrierungen vorkommen, etwa derart, daß im Sperma aus der Glucose sowohl L-Sorbose als auch D-Fructose gebildet werden könnte?

LEUTHARDT: Mir ist darüber nichts bekannt.

KÜHNAU: In den Zwanziger Jahren haben MENDEL u. Mitarb. mitgeteilt, daß Glycerinaldehyd ein starker Hemmstoff der Glycolyse sei. Nehmen wir einmal an, daß es ein „metabolic inhibition" für Phosphoglycerinaldehyd ist. Halten Sie es für möglich, daß dadurch der Fructosestoffwechsel einen regulierenden Einfluß auf den Umsatz der Zucker durch das Glykolysesystem ausübt? Könnte man so vielleicht erklären, daß die Fructose, wenn sie mit Glucose zusammen gegeben wird, den Blutzucker stärker ansteigen läßt, als wenn Glucose allein zugeführt wird? Es würde dann die Glykolyse gedrosselt und die Retention der Glucose im Blut vermehrt werden.

LEUTHARDT: Ich kann im Augenblick auf diese Frage keine bestimmte Antwort geben. Die Möglichkeit eines derartigen Mechanismus sollte aber in Erwägung gezogen und genauer untersucht werden.

BIELIG (Heidelberg): Was weiß man über die Funktion der Fructose im Sperma? Wenn sie fehlt, sinkt die Aktivität der Spermien praktisch bis auf Null.

LEUTHARDT: Es sind verschiedene Ansichten darüber geäußert worden. Tatsächlich handelt es sich aber um rein hypothetische Annahmen, die nicht genügend fundiert sind.

BIELIG: Bei den Spermatozoen niedriger Organismen, wie den Seeigeln, führen Zusätze irgendwelcher Zucker zu keiner Aktivierung, wohl aber Zusatz von Aminosäuren. Diese sind aber hier nicht Energielieferanten, sondern wirken als Komplexbildner für Metallionen.

Menne (Münster): Ich möchte auf einen eigenartigen Befund von klinischer Seite aufmerksam machen. Jahn hat bei Diabetikern einen starken Abfall des Blutzuckers beobachtet, wenn Fructose gleichzeitig mit Kreatin zugeführt wird. Ich habe versucht, diese Reaktion bei nicht-diabetischen Menschen nachzuprüfen, und es hat sich gezeigt, daß hier nicht ein Abfall des Zuckerspiegels erfolgt, sondern im Gegenteil ein kleiner Anstieg.

Leuthardt: Es stellt sich hier das allgemeine Problem der Beeinflussung des Glucosespiegels durch Fructose. Ich habe bei der Erwähnung des Falles von Fructosurie darauf hingewiesen. Bekannt ist vor allem der sog. „Mitnahmeeffekt", auf den ich im Vortrag nicht näher eingegangen bin. Bei intravenöser Zufuhr von Fructose kommt es immer zu einem kurzdauernden Abfall des Glucosespiegels. Wallenfels erklärt dies durch die rasche Phosphorylierung der Fructose und die gesteigerte ATP-Synthese in der Leber, durch welche das intracelluläre Phosphat vermindert wird, was zu einer Hemmung der Glykogenolyse und damit zu einer transitorischen Hypoglucosämie führen könnte. Es erhebt sich allerdings die Frage, ob die Drosselung der Glykogenolyse das Auftreten der Hypoglucosämie ausreichend erklärt, da normalerweise der meiste Blutzucker aus der Gluconeogenese stammt. Im Hinblick auf die oben erwähnte außerordentlich tiefe und lange andauernde Hypoglykämie, die Prader und Frösch, bei ihrem Fall von Fructosurie beobachtet haben, stellt sich die Frage, ob nicht die Fructose in ähnlicher Weise wie die Glucose die Insulinausschüttung stimulieren kann. Nach unsern gegenwärtigen Kenntnissen scheint dies allerdings nicht der Fall zu sein. Die Kliniker haben schon lange darauf hingewiesen, daß bei der Staubschen Doppelbelastung die Reaktion auf Fructose negativ bleibt. Kürzlich haben Foà u. Mitarb. [Federat. Proc. **15**, 64 (1956)] gezeigt, daß sowohl beim Parabioseversuch wie auch bei direkter Injektion von Zucker in die Art. pancreatica beim Hund Fructose im Gegensatz zur Glucose und Galactose keine vermehrte Insulinausschüttung bewirkt. Die Frage nach dem Mechanismus der hypoglykämischen Reaktion muß also vorläufig offen bleiben. Worin nun der Einfluß des Kreatins bestehen könnte, läßt sich schwer sagen. Da er beim Normalen und beim Diabetiker verschieden ist, scheint es sich um eine sehr komplexe Erscheinung zu handeln, für die eine Erklärung schwierig sein dürfte.

Hollmann (Göttingen): Ich möchte auf die eine Frage von Prof. Kühnau kurz eingehen. Ich habe zusammen mit Tauster [J. biol. Chem. **225**, 87 (1957)] derartige Enzyme, nach denen er fragte, in Mitochondrien aus Meerschweinchenleber nachgewiesen: eine Dehydrogenase, die mit TPN die Reaktion Xylit-L-Xylose und eine zweite, die mit DPN die Reaktion Xylit-D-Xylulose katalysiert. Ich möchte überhaupt zur Diskussion stellen, ob diese Umwandlung von zwei Zuckern ineinander über einen Polyalkohol nicht ein allgemeines Prinzip ist, nach dem Zucker im Organismus ineinander umgewandelt werden, denn Polyalkoholdehydrogenasen, die auf nicht phosphorylierte Zucker einwirken, sind nicht nur in Pflanzen und Bakterien sehr verbreitet, sondern auch in Säugetierorganen nachgewiesen worden. Die bei der Pentosurie ausgeschiedene Xylulose ist die L-Xylulose.

Felix (Frankfurt/M.): Sie wird dann über Xylit in D-Xylulose umgewandelt.

WALLENFELS: Ich möchte noch etwas über die Bedeutung der Fructose in der Spermaflüssigkeit sagen. Das Gewebe der Samenblase kann sehr gut Glucose, aber nicht Fructose abbauen. Andererseits besitzt es eine hohe Phosphataseaktivität, so daß beide phosphorylierte Zucker rasch dephosphoryliert werden. Dann aber wird nur die Glucose abgebaut; die Fructose bleibt übrig. Ferner hat JAHN festgestellt, daß die Kohlenhydratreserve, also die Energiereserve der Spermien, äußerst gering ist, weil der größte Teil ihres Volumens durch Kernsubstanz erfüllt ist. Dadurch, daß die Samenblase die Fructose übrig läßt, stellt sie den Spermien eine Energiereserve zur Verfügung. Noch eine Bemerkung zur Frage, die von Herrn HOLLMANN diskutiert wurde: Die Überführung der Zuckeralkohole in die Ketosen und ihre Umkehrung, die einmal mit DPN und einmal mit TPN arbeitet, stellt sicher eine wichtige Funktion im Hinblick auf die Wasserstoffverschiebung zwischen DPN und TPN dar, die regulatorisch von großer Bedeutung sein kann.

HEYNS (Hamburg): Zu den Ausführungen über die Stellung der Fructose sollte ergänzend beigefügt werden, daß sie in Beziehung zu den Aminozuckern steht. Fructose und Ammoniak reagieren unter Bildung von Isoglucosamin, Glucose reagiert nicht. Die Glucose gibt zwar eine Ammoniakverbindung, die aber sehr leicht wieder gespalten wird. Es sind hier noch neuere Versuche zu erwähnen, phosphorylierte Zucker mit Ammoniak oder Glutamin umzusetzen, in Gegenwart von Acetyl-CoA zum Abfangen des gebildeten Glucosamins.

PETUELY (Graz): Bezüglich der Rolle der Fructose im Sperma möchte ich zu bedenken geben, daß die Spermien in den Uterus einwandern und also die Fructose nicht mitnehmen können. Sie kann also unmöglich auf dem langen Weg die energieliefernde Substanz sein.

WIELAND: Können die Spermien überhaupt mit der Fructose etwas anfangen? Enthalten sie Fructokinase und die übrigen Enzyme, welche für den Fructosestoffwechsel nötig sind?

LEUTHARDT: Die Spermien vermögen Fructose gleich rasch umzusetzen wie die Glucose, verfügen also jedenfalls über die nötigen Enzyme.

Pentosephosphate und Heptulosephosphat im Kohlenhydratstoffwechsel

Von

B. L. Horecker*

Bethesda, Maryland, USA

Mit 19 Textabbildungen

Die ersten Bemühungen, die für die lebenden Organismen charakteristischen chemischen Prozesse aufzuklären, richteten sich hauptsächlich auf die alkoholische Gärung der Hefe und die Milchsäurebildung im Muskel. Als Ergebnis dieser Untersuchungen wurde für die erste Phase des Kohlenhydratstoffwechsels beim anaeroben Glucoseabbau die heute allgemein als Embden-Meyerhof- oder Glykolyseschema bekannte Reaktionsfolge entdeckt (Abb. 1). In tierischen Geweben wird Hexosemonophosphat nach diesem Schema abgebaut und führt unter anaeroben Bedingungen zur Anhäufung von Milchsäure. Unter aeroben Bedingungen jedoch wird Brenztraubensäure nicht reduziert, sondern statt dessen über den Tricarbonsäurecyclus zu CO_2 und Wasser verbrannt (Abb. 2). Dieses ist der bedeutendste energieliefernde Prozeß der tierischen Zelle, durch den obendrein die essentiellen Ausgangsprodukte für die Synthese von Aminosäuren, Fettsäuren und auch Purinen und Pyrimidinen bereitgestellt werden.

Glucose-6-phosphat kann auch direkt oxydiert werden zu Pentosephosphat (Abb. 3), das dann durch eine Reihe nichtoxydativer Reaktionen in Hexosemonophosphat zurückverwandelt werden kann. Umgekehrt kann auf diesem Weg Pentosephosphat unter anaeroben Bedingungen gebildet werden. In gewissen tierischen und pflanzlichen Geweben ist diese nichtoxydative Reaktionsfolge ein bedeutender Weg im Kohlenhydrat-

* Da Herr Prof. Horecker im letzten Augenblick verhindert war zu kommen, wurde sein Vortrag von Herrn Prof. Dische verlesen.

stoffwechsel. Mein heutiges Referat beschäftigt sich mit diesen und verwandten Reaktionen, die mit Pentosephosphat zusammenhängen.

1931 fanden Warburg und Mitarbeiter[1] die Oxydation von Glucose-6-phosphat durch ein in Hefe und Erythrocyten vorkommendes Ferment mit Triphosphopyridinnucleotid als Coenzym.

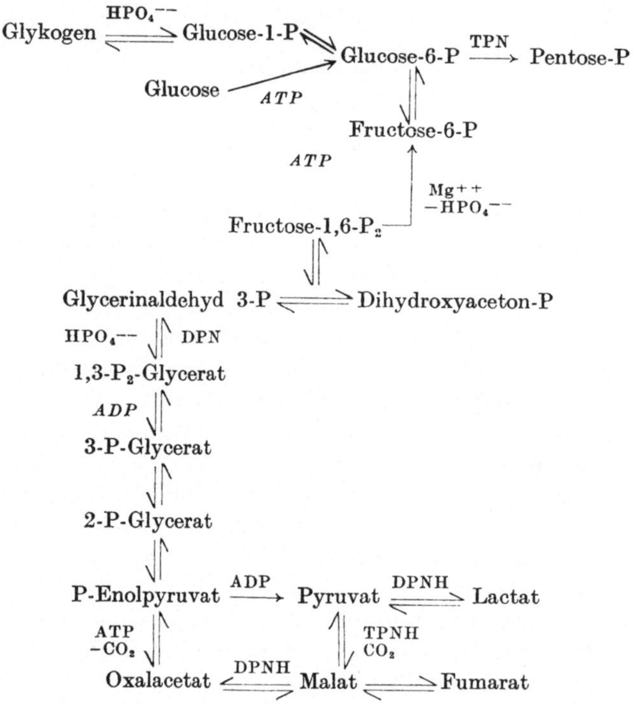

HPO_4^{--}
Glykogen ⇌ Glucose-1-P ⇌ Glucose-6-P —TPN→ Pentose-P
Glucose —ATP→ Glucose-6-P
Glucose-6-P ⇌ Fructose-6-P
ATP
Fructose-6-P ← Fructose-1,6-P_2 (Mg++, $-HPO_4^{--}$)
Fructose-1,6-P_2 ⇌
Glycerinaldehyd 3-P ⇌ Dihydroxyaceton-P
HPO_4^{--} ⇌ DPN
1,3-P_2-Glycerat
ADP ⇌
3-P-Glycerat
⇌
2-P-Glycerat
⇌
P-Enolpyruvat —ADP→ Pyruvat ⇌ DPNH ⇌ Lactat
ATP, $-CO_2$ ⇌ (P-Enolpyruvat / Oxalacetat); TPNH, CO_2 ⇌ (Pyruvat / Malat)
Oxalacetat ⇌ DPNH ⇌ Malat ⇌ Fumarat

Abb. 1. Glykolyseschema für den Abbau der Kohlenhydrate

(Abb. 4). Inzwischen ist diese Dehydrogenase, von Warburg Zwischenferment genannt, in den meisten tierischen und pflanzlichen Geweben gefunden worden. Warburg und Christian identifizierten das Reaktionsprodukt als 6-Phosphogluconsäure, doch einige Jahre später zeigten Cori und Lipmann[2], daß die Pyranose-Ringform die aktive Form des Zuckers und das δ-Lakton der 6-Phosphogluconsäure das primäre Reaktionsprodukt ist. Später wurde dann eine Laktonase gefunden[3], die die Hydrolyse des

Laktons katalysiert, was ein notwendiger Schritt für den weiteren Stoffwechsel des Produktes ist.

In tierischen Geweben ist Glucose-6-phosphat-Dehydrogenase gewöhnlich mit einem anderen Ferment vergesellschaftet, das die

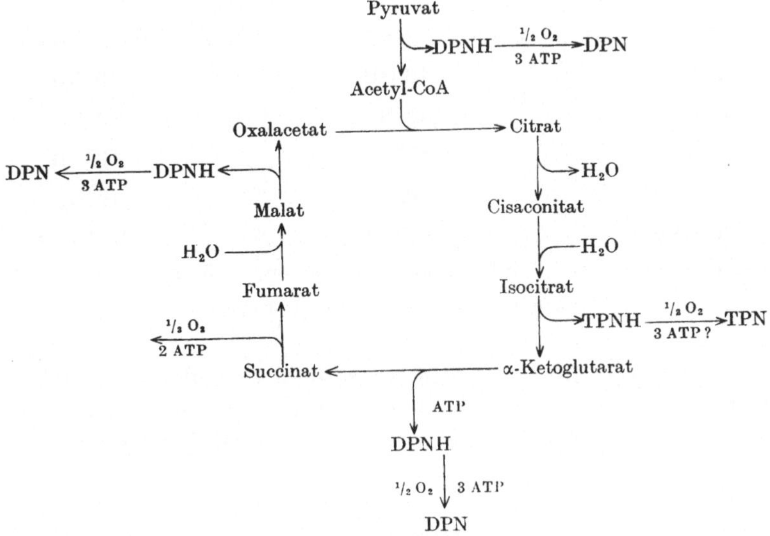

Abb. 2. Der Citronensäurecyclus

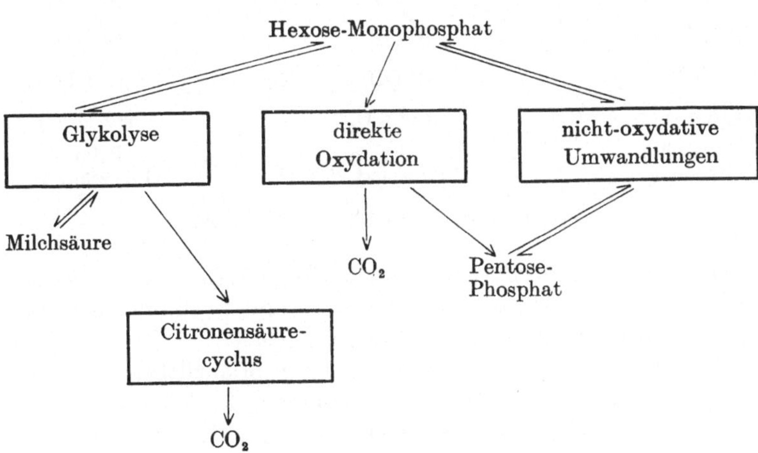

Abb. 3. Hauptwege im Kohlenhydratstoffwechsel

weitere Oxydation des 6-Phosphogluconats katalysiert (Abb. 5). Dieses Ferment wurde durch WARBURG und CHRISTIAN[4] in Erythrocyten und Hefe gefunden, wiederum wie in der ersten Oxydationsreaktion mit Triphosphopyridinnucleotid als spezifischem

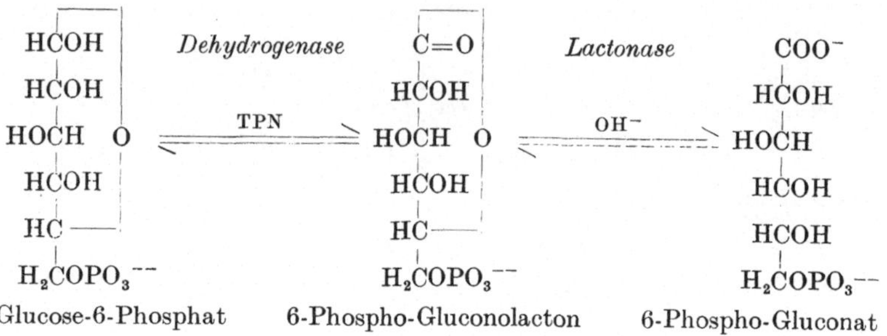

Abb. 4. Oxydation von Glucose-6-phosphat

Coenzym. Das Reaktionsprodukt wurde als Ribulose-5-phosphat identifiziert[5], entstanden durch Decarboxylierung und Oxydation am C-Atom 3. Anscheinend werden beide Reaktionen durch ein

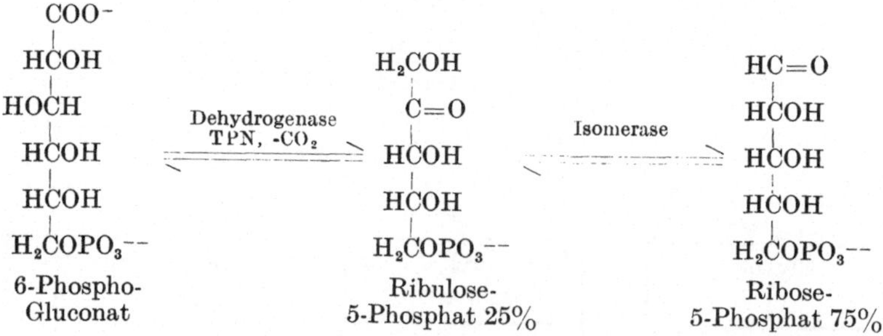

Abb. 5. Oxydation von 6-Phosphogluconsäure

einziges Ferment katalysiert, denn das hypothetische Intermediärprodukt — 3-Ketogluconsäure, in C-3-Stellung oxydiert, aber noch nicht decarboxyliert — ist nie isoliert worden.

In allen untersuchten tierischen und pflanzlichen Geweben wurde eine sehr aktive Isomerase gefunden, die Ribulose-5-phosphat in ein Reaktionsgleichgewicht mit 75% Ribose-5-phosphat überführt[5,6,7]. So führt die oxydative Reaktionsfolge direkt zu

Ribosephosphat, das durch die von KALCKAR[8], KORNBERG[9], GREENBERG[10] und BUCHANAN[11] und ihren Mitarbeitern aufgeklärte Mechanismen in Nucleinsäuren eingebaut wird.

Zu Gewebeextrakten zugesetztes Ribosephosphat wird schnell in Hexosemonophosphat zurückverwandelt. Diese Umwandlung wurde 1938 von DISCHE[12] in Erythrocyten-hämolysaten gefunden. Der erste Schritt hierbei ist die Bildung von Xylulose-5-phosphat (Abb. 6); ASHWELL und HICKMAN[13] fanden diese Reaktion in mit

H_2COH		H_2COH
$C{=}O$		$C{=}O$
$HCOH$	Epimerase ⇌	$HOCH$
$HCOH$		$HCOH$
$H_2COPO_3^-$		$H_2COPO_3^-$
Ribulose-5-Phosphat 40%		Xylulose-5-Phosphat 60%

Abb. 6. Bildung von Xylulose-5-phosphat

Ribose-5-phosphat inkubierten Milzextrakten. Das diese Reaktion katalysierende Ferment Epimerase wurde gleichzeitig in mehreren Laboratorien in Extrakten aus Tier-[13, 14, 15] und Bakterienmaterial[16] gefunden. HURWITZ und HORECKER[17] erhielten es hochgradig gereinigt aus Extrakten von *Lactobacillus pentosus*, ASHWELL und HICKMAN[18] reicherten es aus Milzextrakten an. Das Reaktionsgleichgewicht liegt mit beiden Enzympräparaten bei 40% Ribulosephosphat und 60% Xylulosephosphat. Einzelheiten über den Reaktionsablauf sind nicht bekannt, wahrscheinlich wird ein 2,3-Endiol als Intermediärprodukt gebildet.

Als im Anschluß an diese Arbeiten Xylulose-5-phosphat verfügbar war, stellte es sich heraus, daß dieser Ester das Substrat des Fermentes Transketolase darstellt[19], und nicht, wie bisher angenommen, Ribulose-5-phosphat (Abb. 7). Dieses Enzym katalysiert die Bildung von Sedoheptulosephosphat und Triosephosphat aus 2 Molekülen Pentosephosphat. RACKER und Mitarb.[15] hatten den ersten Anhalt dafür, daß kristalline Hefetransketolase mit Ribulose-5-phosphat inaktiv war, aber reagierte, wenn das Reaktionsgemisch Xylulose-5-phosphat enthielt. Endgültig geklärt wurde diese Frage durch die in unserem Laboratorium ausgeführten Versuche mit Transketolase aus Rattenleber und Spinat. Durch

Bestimmung des sich bildenden Triosephosphats konnte gezeigt werden, daß weder mit Xylulose-5-phosphat noch mit Ribulose-5-phosphat allein Aktivität erhalten wird; bei Zusatz beider Ester jedoch erfolgt sofort die schnelle Bildung von Triosephosphat, gemessen mit DPN und Glyceraldehyd-3-Phosphat-Dehydrogenase. Ribulose-5-phosphat konnte in diesen Experimenten Xylulosephosphat nicht ersetzen. Das in Abb. 7 gezeigte Experiment wurde mit Rattenleber-Transketolase ausgeführt; Versuche mit dem gereinigten Spinatenzym ergaben denselben Befund.

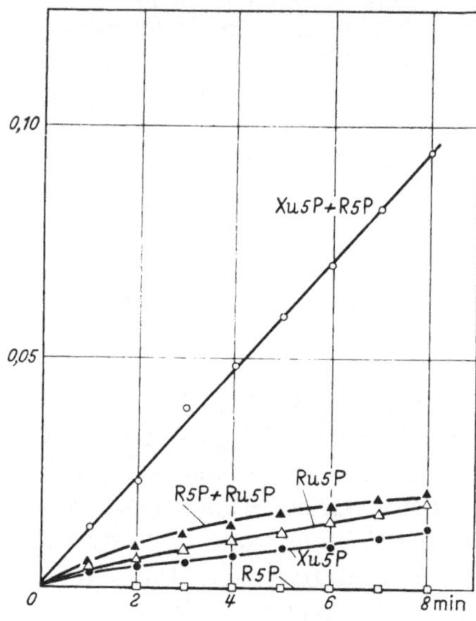

Abb. 7. Aktivität der Transketolase mit Pentosephosphaten

So erfolgt also die Bildung von Sedoheptulose-7-phosphat nach dem in Abb. 8 gezeigten Schema. Ribulose-5-phosphat wird in Xylulose-5-phosphat überführt, und dieses in Triosephosphat und ein C_2-Fragment gespalten. Thiaminpyrophosphat dient als Coenzym; das C_2-Fragment ist wahrscheinlich an den Enzym-Coenzym-Komplex gebunden und wird im folgenden als „aktiver Glykolaldehyd" bezeichnet. Ribulose-5-phosphat wird z. T. auch in Ribose-5-phosphat überführt, das dann als Acceptor für das C_2-Fragment dient unter Bildung von Sedoheptulose-7-phosphat. Dieser Mechanismus erklärt, warum Triosephosphatanhäufung nicht beobachtet werden kann, solange nicht Xylulose-phosphat und auch Ribosephosphat gleichzeitig vorhanden sind; ersteres dient als Donator für „aktiven Glykolaldehyd", das letztere ist nötig als C_2-Acceptor und regeneriert damit das Enzym. Die Reversibilität dieser Reaktion konnte demonstriert werden durch Spaltung von Sedoheptulosephosphat, wobei Glycerinaldehyd-3-phosphat als Acceptor dient. In dieser Reaktion werden 2 Mole Pentosephosphat gebildet.

Ribulose-5-P		Xylulose-5-P		„Aktiver Glykolaldehyd“		Glycerinaldehyd-3-P
H_2COH $C{=}O$ $HCOH$ $HCOH$ $H_2COPO_3^{--}$	$\xrightleftharpoons{\text{Epimerase}}$	H_2COH $C{=}O$ $HOCH$ $HCOH$ $H_2COPO_3^{--}$	$\xrightleftharpoons{\text{ThPP·Enz}}$	[H_2COH $HC{=}O$ ThPP · ENZ]	+	$HC{=}O$ $HCOH$ $H_2COPO_3^{--}$

Ribulose-5-P $\rightleftharpoons$ *Isomerase* $\rightleftharpoons$ Ribose-5-P

Ribose-5-P		„Aktiver Glykolaldehyd“		Sedoheptulose-7-P	
$HC{=}O$ $HCOH$ $HCOH$ $HCOH$ $H_2COPO_3^{--}$	+	[H_2COH $HC{=}O$ ThPP · ENZ]	$\rightleftharpoons$	H_2COH $C{=}O$ $HOCH$ $HCOH$ $HCOH$ $HCOH$ $H_2COPO_3^{--}$	+ ThPP . ENZ

Abb. 8. Schema der Umlagerung des Pentosephosphats in Sedoheptulosephosphat

Ein weiteres Substrat für die Transketolase ist Fruktose-6-phosphat; RACKER und Mitarb.[20] zeigten zum ersten Male die Bildung „aktiven Glykolaldehyds“ in dieser Reaktion (Abb. 9). Früher hatte man geglaubt, daß der in dieser Reaktion gebildete Ester Ribulosephosphat sei, doch mit dem Leberenzym wurde jetzt gezeigt[19], daß Xylulosephosphat die einzige gebildete Pentose ist;

Fructose-6-P		Glycerin-aldehyd-3-P		Xylulose-5-P		Erythrose-4-P
H_2COH $C{=}O$ $HOCH$ $HCOH$ $HCOH$ $H_2COPO_3^{--}$	+	$HC{=}O$ $HCOH$ $H_2COPO_3^{--}$	$\rightleftharpoons$	H_2COH $C{=}O$ $HOCH$ $HCOH$ $H_2COPO_3^{--}$	+	$HC{=}O$ $HCOH$ $HCOH$ $H_2COPO_3^{--}$

Abb. 9 Transketolase-Spaltung des Fructosephosphats

in einem epimerasefreien Reaktionsgemisch kann keine Ribulose nachgewiesen werden. Erythrose-4-phosphat war früher von SMYRNIOTIS und HORECKER[21] als weiteres Reaktionsprodukt erkannt worden. Auch diese Reaktion ist völlig reversibel.

Bezüglich der Substratspezifität der Transketolase können wir jetzt einige endgültige Schlußfolgerungen ziehen (Abb. 10). Die drei oben betrachteten Substrate haben dieselbe Konfiguration an den Kohlenstoffatomen 3 und 4, wie aus der Abbildung 10 ersichtlich ist. Im Falle $n = 0$ ist der Zucker D-Xylulose-5-phosphat,

H_2COH
|
$C{=}O$
|
HOCH
|
HCOH
|
(HCOH)n
|
$H_2COPO_3^{--}$

n	Substrat	Produkt
0	D-Xylulose-5-P	D-Glycerinaldehyd-3-P
1	D-Fructose-6-P	D-Erythrose-4-P
2	D-Sedoheptulose-7-P	D-Ribose-5-P

Abb. 10. Substratspezifität der Transketolase

dessen Spaltung D-Glyceraldehyd-3-phosphat ergibt; mit $n = 1$ haben wir die Struktur des Fructose-6-phosphats, dessen Spaltung D-Erythrose-4-phosphat ergibt, und mit $n = 2$ liegt Sedoheptulose-7-phosphat vor, das in „aktiven Glykolaldehyd" und Ribose-5-phosphat gespalten wird. Änderung der Konfiguration am C-Atom 3 oder 4 hat völligen Aktivitätsverlust zur Folge. Dementsprechend sind D-Ribulose-5-phosphat und L-Ribulose-5-phosphat[22], die am C-Atom 3 bzw. 4 entgegengesetzte Konfiguration haben, beide inaktiv. Das gleiche gilt für Tagatose-6-phosphat[23], das sich vom Fructose-6-phosphat nur durch entgegengesetzte Konfiguration am C-Atom 4 unterscheidet. Es ist unbekannt, ob allein die Transkonfiguration an den C-Atomen 3 und 4, wie z. B. im L-Xylulosephosphat, ausreichend ist für die Enzymaktivität; Substrate dieser Konfiguration sind nicht bekannt. Bei den C_6 und C_7-Zuckern bleibt schließlich noch zu prüfen, wie sich Konfigurationsänderungen an den Kohlenstoffatomen 5 und 6 auswirken. L-Sorbose-6-phosphat wäre ein Beispiel für eine derartige Struktur, doch sind auch in diesem Fall wieder entsprechende Verbindungen nicht verfügbar.

Der abschließende Schritt in der Regenerierung des Hexosemonophosphats wird durch das Enzym Transaldolase katalysiert[24]. Dieses Ferment katalysiert die in Abb. 11 gezeigte reversible Reaktion. In diesem Fall wird ein 3 Kohlenstoffatome enthaltendes Fragment von Sedoheptulose-7-phosphat auf Glyceraldehyd-3-phosphat übertragen. Die entstehenden Produkte sind Fructose-6-phosphat und D-Erythrose-4-phosphat[25]. RACKER und SCHROEDER[26] haben eine Transaldolase-katalysierte Reaktion gefunden,

CH_2OH						
$C{=}O$						CH_2OH
$HOCH$						$C{=}O$
$HCOH$				$HC{=}O$		$HOCH$
$HCOH$		$H\overset{*}{C}{=}O$		$HCOH$		$H\overset{*}{C}OH$
$HCOH$	+	$H\overset{*}{C}OH$	$\rightleftharpoons$	$HCOH$	+	$H\overset{*}{C}OH$
$CH_2OPO_3H_2$		$\overset{*}{C}H_2OPO_3H_2$		$CH_2OPO_3H_2$		$\overset{*}{C}H_2OPO_3H_2$
Sedoheptulose-7-Phosphat		Glycerinaldehyd 3-Phosphat		Erythrose-4-Phosphat		Fructose-6-Phosphat

Abb. 11. Transaldolase-Reaktion

bei der Octulosephosphat gebildet wird aus Fructose-6-phosphat und Ribose-5-phosphat. Es ist eine relativ langsam verlaufende Reaktion, deren Bedeutung noch nicht geklärt ist. Das Ferment konnte hochgradig gereinigt werden, aber Cofactoren wurden nicht gefunden, und Einzelheiten über den Wirkungsmechanismus sind nicht bekannt. Anscheinend wird eine enzymgebundene Form des Dioxyacetons gebildet, da zugesetzte freie Triose nicht in die Reaktion einbezogen wird, und auch keine Isotopenverdünnung beobachtet wird bei Ausführung des Experiments mit radioaktivem Sedoheptulosephosphat. Die eben beschriebene Reaktion ist wiederum reversibel, mit einer Gleichgewichtskonstanten von etwa 1.

Der sich bei der Transaldolasereaktion anhäufende Erythroseester wird durch Reaktion mit einem weiteren Molekül Xylulosephosphat in Fructose-6-phosphat überführt[27], was eine Umkehrung der in Abb. 9 gezeigten Reaktion ist. Das völlige Schema für die

Verwandlung von Pentosephosphat in Hexosephosphat ist in Abb. 12 zusammengefaßt. Als Schritt (1) erfolgt die Übertragung eines C_2-Fragmentes von Xylulosephosphat auf Ribosephosphat, mit Bildung von Sedoheptulosephosphat und Glyceraldehyd-3-phosphat. Dieser Reaktion folgt (2) eine C_3-Übertragung von Sedoheptulose-7-phosphat auf Glyceraldehyd-3-phosphat, wobei Fructose-6-phosphat und Erythrose-4-phosphat entstehen. Schließlich erfolgt als letzter Schritt (3) eine weitere C_2-Übertragung von Xylulosephosphat auf Erythrose-4-phosphat unter Bildung von

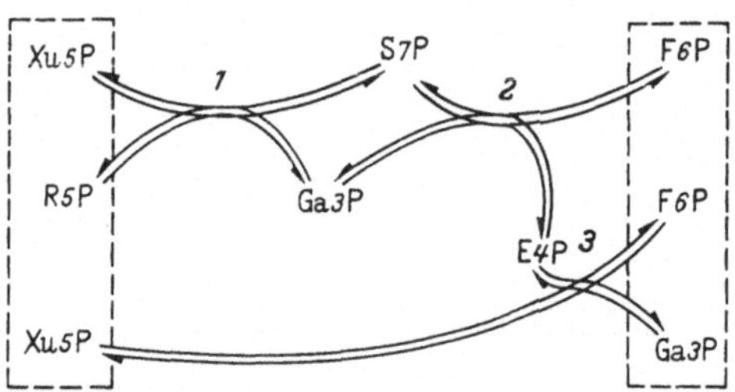

Abb. 12. Verwandlung von Pentosephosphat in Fructose-6-phosphat

Fructose-6-phosphat und Triosephosphat. In rückwärtiger Richtung beginnt diese Umwandlung mit einer C_2-Übertragung von Fructose-6-phosphat auf Glyceraldehyd-3-phosphat. Das hierbei entstehende Erythrose-4-phosphat reagiert mit einem weiteren Molekül Fructose-6-phosphat unter Bildung von Sedoheptulose-7-phosphat und Triosephosphat. Diese reagieren dann wiederum, so daß insgesamt 3 Moleküle Pentosephosphat aus 2 Fructosephosphaten und einem Triosephosphat gebildet werden. Die zunächst entstehenden Produkte Xylulosephosphat und Ribosephosphat stehen im Gleichgewicht mit Ribulosephosphat. Wichtig ist die Tatsache, daß alle Kohlenstoffatome der Hexose in der auf diesem Wege gebildeten Pentose erhalten bleiben.

Die physiologische Rolle des Pentosephosphat-Abbauweges, gezeigt in Abb. 13, ist noch nicht völlig klar. Mehrere Forscher[28–32] haben sein Vorkommen auch in tierischen Geweben nachgewiesen. Seine Bedeutung im Kohlenhydratstoffwechsel der Mikroorganismen ist in einem früheren Referat behandelt worden[33]. Es ist nicht sehr wahrscheinlich, daß diese Reaktionsfolge eine Rolle spielt bei der Kohlenhydratoxydation zum Zwecke der Energieproduktion.

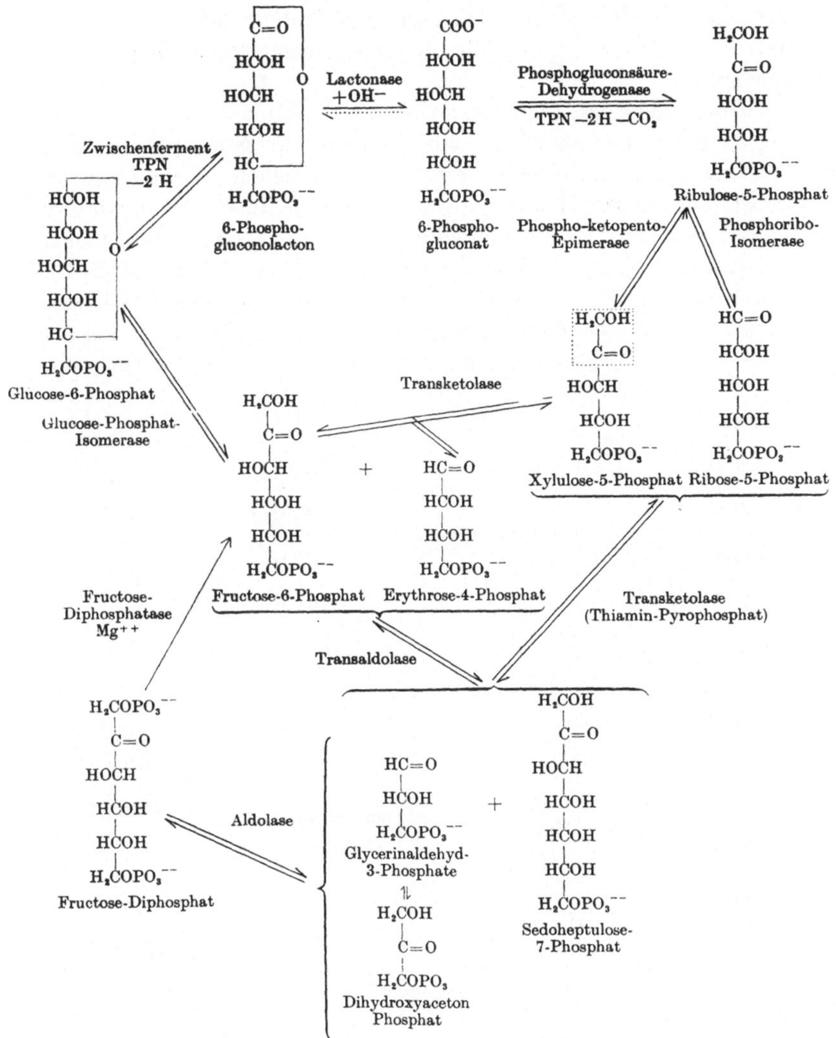

Abb. 13. Pentosephosphatcyclus

Keine der Reaktionen dieses Cyclus ist mit der Bildung von ATP verbunden, und KAPLAN[34] konnte zeigen, daß die TPNH-Oxydation im Gegensatz zu der von DPNH nicht mit der Veresterung von Phosphat gekoppelt ist. Allerdings ist ja Energiebildung nicht die einzige Aufgabe der Zelle, und es ist Anhalt dafür vorhanden, daß diese Reaktionen im Zellstoffwechsel eine lebenswichtige Rolle spielen.

Eine bedeutende und offensichtliche Funktion dieser Reaktionsfolge ist die Bereitstellung von Pentose zur Nucleinsäure- und Nucleotidsynthese. Hierfür bestehen zwei mögliche Wege: Pentosephosphat kann aus Hexosephosphat entstehen durch eine oxydative Reaktionsfolge über Phosphogluconat, oder aber über den nichtoxydativen Transketolase-Transaldolase-Weg (siehe Abb. 3). Durch Verwendung von in C-1 oder C-2 isotopenmarkierter Glucose ist es möglich, zwischen den beiden zu unterscheiden (Abb. 14). In der oxydativen Reaktionsfolge geht das C-1 der Hexose verloren,

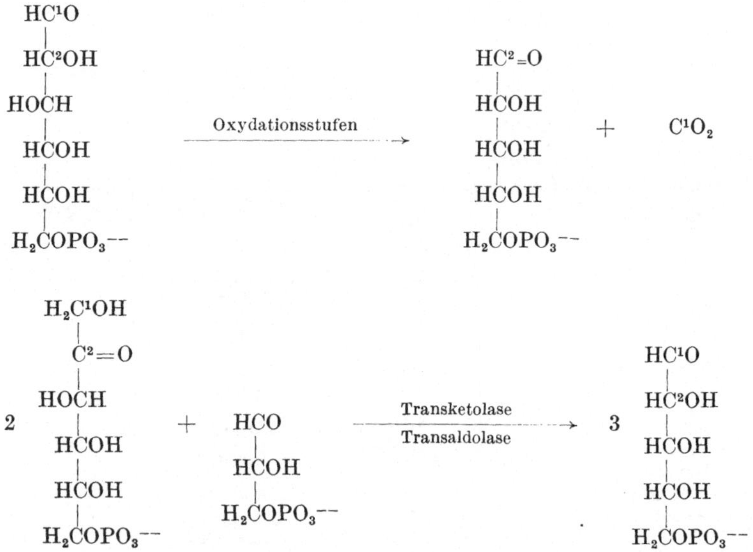

$$\begin{array}{c} HC^{1}O \\ | \\ HC^{2}OH \\ | \\ HOCH \\ | \\ HCOH \\ | \\ HCOH \\ | \\ H_2COPO_3{}^{--} \end{array} \xrightarrow{\text{Oxydationsstufen}} \begin{array}{c} HC^{2}{=}O \\ | \\ HCOH \\ | \\ HCOH \\ | \\ HCOH \\ | \\ H_2COPO_3{}^{--} \end{array} + \quad C^{1}O_2$$

$$2\ \begin{array}{c} H_2C^{1}OH \\ | \\ C^{2}{=}O \\ | \\ HOCH \\ | \\ HCOH \\ | \\ HCOH \\ | \\ H_2COPO_3{}^{--} \end{array} + \begin{array}{c} HCO \\ | \\ HCOH \\ | \\ H_2COPO_3{}^{--} \end{array} \xrightarrow[\text{Transaldolase}]{\text{Transketolase}} 3\ \begin{array}{c} HC^{1}O \\ | \\ HC^{2}OH \\ | \\ HCOH \\ | \\ HCOH \\ | \\ H_2COPO_3{}^{--} \end{array}$$

Abb. 14. Verwandlung von Hexosephosphat in Pentosephosphat

und C-2 wird das C-1-Atom der Pentose. Andererseits bleiben bei der nichtoxydativen Umwandlung alle Kohlenstoffatome der Hexose in der gebildeten Pentose erhalten, wobei C-1 und C-2 der Hexose in den entsprechenden Stellungen der Pentose gefunden werden. So kann man durch den Anteil des im C-1 oder C-2 der Pentose nachzuweisenden Kohlenstoffatoms 2 der ursprünglichen

Hexose einen ersten Anhalt bekommen für die relative Bedeutung der zwei Wege für die Pentosesynthese.

Die Isotopenbefunde von BERNSTEIN[35, 36], gefunden an lebenden Küken, sprechen für Pentosebildung über den nichtoxydativen Weg. Andererseits entsteht in Torula[37, 38] nahezu die gesamte gebildete Pentose durch den oxydativen Mechanismus. Durch neuere Arbeiten von BERNSTEIN[39], MARKS[40] und HIATT[41] ist es wahrscheinlich geworden, daß beide Reaktionsfolgen beschritten werden, oft Seite an Seite in demselben Gewebe.

Es bleibt noch zu bestimmen, welche Faktoren das Wirken des Pentosephosphat-Abbauwegs beeinflussen, sowohl in Hinsicht auf seine Funktion als Alternative für den Embden-Meyerhof-Abbau als auch als einen der beiden möglichen Mechanismen für die Pentosephosphatsynthese. In den beiden oxydativen Stufen wird TPNH gebildet, und mehr und mehr Befunde werden erhoben, die dafür sprechen, daß diese Reaktionen durch ihre Fähigkeit der TPNH-Bildung neben der Ribosephosphatbereitstellung eine wichtige Rolle spielen bei den Synthesereaktionen in der Zelle. Einige synthetische Reaktionen, von denen man weiß, daß sie TPNH-abhängig sind, sind in Abb. 15 zusammengestellt.

1. Fettsäuresynthese (Reduktion von Crotonyl-CoA)
2. Aminosäuresynthese
   a) Reduktive Aminierung von Ketoglutarat
   b) Regeneration der C_4-Säuren des Citronensäurecyclus
3. Glycogensynthese aus Milchsäure
4. Steroidsynthese
   a) Ringschluß und Entmethylierung
   b) Hydroxylierung
5. Aromatische Hydroxylierung

Abb. 15. TPNH-abhängige synthetische Prozesse

Es ist in den letzten Jahren mehr und mehr wahrscheinlich geworden, daß die Wege für Fettsäureabbau und -synthese nicht völlig identisch sind. LANGDON[42] hat gezeigt, daß die Reduktion ungesättigter Acyl-CoA-Derivate TPNH benötigt. Der gewaltig erhöhte Spiegel von Zwischenferment und 6-Phosphogluconsäure-Dehydrogenase in der lactierenden Brustdrüse[28] kann mit der gesteigerten Fettsäuresynthese in diesem Gewebe zusammenhängen. In diesem Zusammenhang ist es von Interesse, darauf hinzuweisen, daß die Fettsäuresynthese im Diabetes schwer geschädigt ist[43]; dies mag erklärt werden durch einen Mangel an dem für die TPN-Reduktion nötigen Glucose-6-phosphat.

Auch bei der Umwandlung von Kohlenhydrat in Aminosäuren sind zwei möglicherweise TPNH-abhängige Reaktionen zu durchlaufen. Glutaminsäure-Dehydrogensae als Hauptmechanismus der Ammoniakfixierung kann DPNH oder TPNH umsetzen[44]; TPNH reagiert mit dem isolierten Ferment etwas langsamer, und es bleibt noch zu klären, welches Coenzym tatsächlich von der wachsenden Zelle verwendet wird. Ein weiterer mit der Aminosäuresynthese zusammenhängender Prozeß benötigt TPNH. Dieser erfolgt, wenn es nötig wird, die Intermediärprodukte des Tricarbonsäurecyclus aufzufüllen, wenn α-Ketoglutarat und Oxalacetat für Aminosäuresynthesen verbraucht werden. Durch zwei Reaktionen kann das erreicht werden: erstens durch die Carboxylierung der Phosphobrenztraubensäure zu Oxalessigsäure[45, 46] und zweitens durch eine reduktive Carboxylierung der Brenztraubensäure zu Äpfelsäure[47]. Letztere Reaktion wird durch das „malic enzyme" von OCHOA und Mitarbeitern katalysiert, von dem bekannt ist, daß es in tierischen Geweben TPN-spezifisch ist. Eine einzelne oder beide dieser Reaktionen können für die Biosynthese von Dicarbonsäuren verwendet werden beim Ersetzen der für die Aminosäuresynthese verbrauchten Substanzen. Jedoch nur durch den TPNH-Mechanismus, nämlich die reduktive Carboxylierung der Brenztraubensäure zu Äpfelsäure, kann Glykogen aus den C_3-Vorstufen wie Milchsäure und Brenztraubensäure synthetisiert werden. Durch Arbeiten von HASTINGS und Mitarbeitern[48] wurde sichergestellt, daß die Glykogensynthese aus Lactat und Pyruvat und deren Vorläufern erfolgt nach Bildung von C_4-Säuren und deren Ins-Gleichgewicht-kommen zumindest bis zum Fumarat (s. Abb. 1). So kann der außerordentlich starke Einbau von $C^{14}O_2$ in Glykogen nur mit Hilfe einer anfänglichen Carboxylierungsreaktion und der Bildung von symmetrischen C_4-Verbindungen erklärt werden (Abb. 16). Das gleiche gilt für die mit in C-2-Stellung C^{14}-markiertem Pyruvat ausgeführten Versuche. In diesem Fall kann die Isotopenverteilung auf die Stellungen 1 und 6 der Hexose der Bildung symmetrischer C_4-Intermediärprodukte aus Pyruvat zugeschrieben werden. LANDAU und Mitarbeiter[48] haben berechnet, daß die Hauptmenge des in Glykogen verwandelten Pyruvats in ihren Versuchen den Tricarbonsäurezyklus durchlief und in C-2 und C-3-Stellung gleichmäßig markierte Phosphoenolbrenztraubensäure überführt wurde. MARKS und FEIGELSON[40] haben Anhalt für eine Teilnahme des Pentosephosphat-Reaktionsweges bei der Glykogensynthese aus Glucose.

Es ist von Interesse, diese enzymatischen Mechanismen vom Standpunkt der Gewebefunktion aus zu betrachten. Leber ist in der Lage, Glykogen aus Lactat zu synthetisieren, während Muskel für diesen Zweck nur Glucose verwenden kann, obwohl beide Gewebe sämtliche Glykolysefermente enthalten. Nachdem LOHMANN[49] Fructosediphosphatase im Muskel nachgewiesen hat, scheint der Fall vorzuliegen, daß in diesem Gewebe entweder das „malic enzyme" oder die Oxalessigsäure-Carboxylase fehlt, die beide nötig wären für die Bildung von Phosphoenolbrenztraubensäure aus Brenztraubensäure. Eine andere Erklärungsmöglichkeit wäre die, daß im Muskel kein TPNH vorhanden ist auf Grund des Fehlens der beiden Dehydrogenasen Zwischenferment und 6-Phosphogluconsäure-Dehydrogenase[28].

Auch bei der Synthese von Sterinen und Steroidhormonen sind mehrere TPNH-abhängige Reaktionen bekannt. BLOCH und Mitarb.[50] haben nachgewiesen, daß dieses Coenzym beim Ringschluß und der Entmethylierung im Verlauf der Überführung von Squalen in Cholesterin gebraucht wird; das gleiche gilt für die Oxydation von Desoxycorticosteron[51, 52]. In einem Phenylalanin in Tyrosin überführenden Enzymsystem,

Brenztraubensäure		Apfelsäure		Fumarsäure		Apfelsäure		Oxalessigsäure		Phosphorbrenztraubensäure
COOH	TPNH	COOH	$-H_2O$	•COOH	$+H_2O$	•COOH	DPN	•COOH	$+ATP$, $-•CO_2$	•COOH
*C=O	⟶	H*COH	⇌	*CH	⇌	H*COH	⇌	*C=O	⇌	$COPO_3^{--}$
CH_3	$•CO_2$	CH_2	$+H_2O$	*CH	$-H_2O$	$*CH_2$	DPNH	$*CH_2$	$+•CO_2$, $+ADP$	$*CH_2$
		•COOH		•COOH		•COOH		•COOH		

Abb. 16. Einbau von $C^{14}O_2$ in Phosphoenolbrenztraubensäure und Isotopenverteilung in C-2 und C-3 Stellung

das TPNH-abhängig ist, hat Kaufman[53] zeigen können, daß die TPNH-Oxydation mit der Oxydation von Phenylalanin gekoppelt ist. Auch bei der Oxydation von Kynurenin zu 3-Oxy-kynurenin scheint eine ähnliche Situation vorzuliegen[54]. Ferner wird eine große Anzahl von Medikamenten durch TPNH-gekoppelte Systeme umgesetzt.

Es ist wahrscheinlich, daß in all diesen Fällen TPNH entweder durch die Oxydation von Glucose-6-phosphat und 6-Phosphogluconsäure oder durch die Oxydation von Isocitrat regeneriert wird. Welcher dieser Mechanismen in der lebenden Zelle vorherrscht, kann von der räumlichen Orientierung in der Zelle abhängen. In den Fällen, wo reduziertes TPN über den Glucose-6-phosphat-Abbauweg bereitet wird, ist Pentosephosphat ein mit anfallendes Nebenprodukt; falls mehr Pentosephosphat gebildet wird, als dem Bedarf für Nucleinsäure- und Nucleotidsynthese entspricht, so wird dieser Überschuß durch die Wirkung von Transketolase und Transaldolase in Hexosemonophosphat zurückverwandelt. Viele Befunde sprechen für die Annahme, daß Pentosephosphat in der intakten Zelle schnell in Hexosephosphat überführt wird.

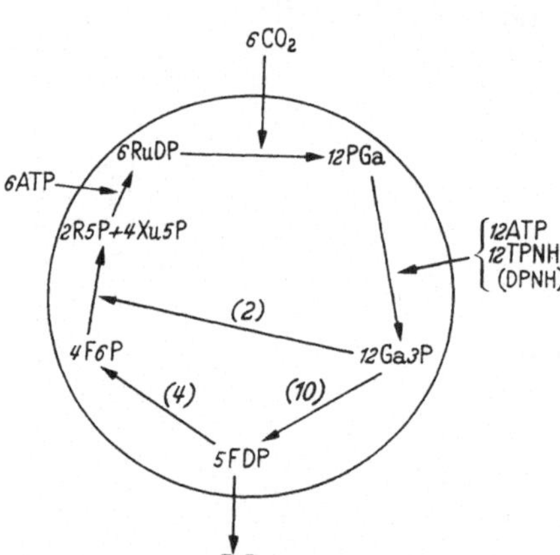

Abb. 17. Ribulosediphosphatcyclus

In photosynthetisierenden Pflanzen steht die bedeutende Rolle der Pentosephosphat-Reaktionsfolgen außer Frage (Abb. 17). Wie Calvin und Mitarb.[56] gezeigt haben, ist das erste aus CO_2 gebildete Produkt in der Photosynthese Phosphoglycerinsäure. Ribulose-1,5-phosphat wurde als der primäre CO_2-Acceptor identifiziert[57,58]; in dieser Reaktion werden zwei Moleküle Phosphoglycerinsäure aus einem Molekül Ribulosediphosphat gebildet. Die Reaktion geht in der Abwesenheit von Licht vor sich und wird durch ein „Carboxylierungsenzym“ genanntes Ferment, das aus einer Anzahl grüner Pflanzen isoliert worden ist, katalysiert[58,59]. Die Reduktion der Phosphoglycerinsäure benötigt ATP und reduziertes Pyridinnucleotid, die nach Arbeiten von VISHNIAC und OCHOA[60] und in neuerer Zeit von STREHLER[61], FRENKEL[62], ARNON[63], SAN PIETRO[64] und anderen beide durch den Einfluß von Licht gebildet werden. In diesem reduktiven Prozeß gebildetes Triosephosphat wird zum Teil in Fructosediphosphat überführt, zum Teil für die Regenerierung von Ribulosediphosphat gebraucht. Fructosediphosphat wird durch eine spezifische Phosphatase zu Fructose-6-phosphat hydrolysiert. Diese Reaktion vervollständigt die Reduktion von CO_2 zu Hexose, doch damit der Prozeß weiterlaufen kann, müssen vier Fünftel des gebildeten Fructosephosphats in Ribulosephosphat umgewandelt werden. Das erfolgt durch die schon im einzelnen besprochenen Transketolase- und Transaldolasereaktionen, bei denen aus 4 Molekülen Triosephosphat 4 Moleküle Xylulosephosphat und 2 Moleküle Ribosephosphat gebildet werden. Letztere Substanz steht im Gleichgewicht mit Ribulosephosphat, das durch eine spezifische Kinase dann in Ribulosediphosphat überführt wird[7].

Der Gesamtprozeß wird durch die in Abb. 17 außerhalb des Kreises stehenden Substanzen repräsentiert: $6\,CO_2 + 18\,ATP + 12\,TPNH \rightarrow 1\,F6P$. Alle innerhalb des Kreises stehenden Substanzen werden regeneriert, und würden bei „Steady state-“ Photosynthese ständig einen konstanten Spiegel halten. CALVIN[65] hat Xylulose in der photosynthetisch tätigen Zelle gefunden, womit Erythrose-4-phosphat als der einzige Phosphorsäureester verbliebe, der sich nicht in einen Nachweis erlaubenden Mengen ansammelt. Es ist interessant, darauf hinzuweisen, daß dieser Mechanismus für die gegenseitige Umwandlung von Hexose und Pentose in zwei anscheinend so beziehungslosen Reaktionen wie Nucleinsäuresynthese und Photosynthese eine solch bedeutende Rolle spielt.

Die Pentosephosphat-Reaktionskette kann auch Intermediärprodukte für essentielle Zellbestandteile bereitstellen. So ist z. B. gezeigt worden[66], daß Erythrose-4-phosphat mit Phosphoenolbrenztraubensäure kondensiert wird unter Bildung einer 7-Kohlenstoff-Verbindung, die den Vorläufer der Shikimisäure darstellt. Die einzigen bekannten Reaktionen zur Bildung von Erythrose-4-phosphat sind die durch Transketolase und Transaldolase katalysierten, die entweder Fructose-6-phosphat oder Sedoheptulose-7-phosphat umsetzen. — Die Einbeziehung von Pentosederivaten ist ferner nachgewiesen worden für die Synthese von Histidin[67] und Tryptophan[68].

Neuere Arbeiten in mehreren Laboratorien haben die Reaktionen aufgeklärt, die mit dem Stoffwechsel der L-Xylulose zusammenhängen, der Pentose, die bei kongenitaler Pentosurie in großen Mengen ausgeschieden wird. Man glaubt, daß dieser Zucker aus Galacturon- oder Glucuronsäure entsteht[69] und bei normalen Individuen durch Überführung in D-Xylulose-5-phosphat in die normalen Reaktionen des Kohlenhydratstoffwechsels zurückgeführt wird (Abb. 18). Es ist jetzt erwiesen, daß L-Xylulose aus

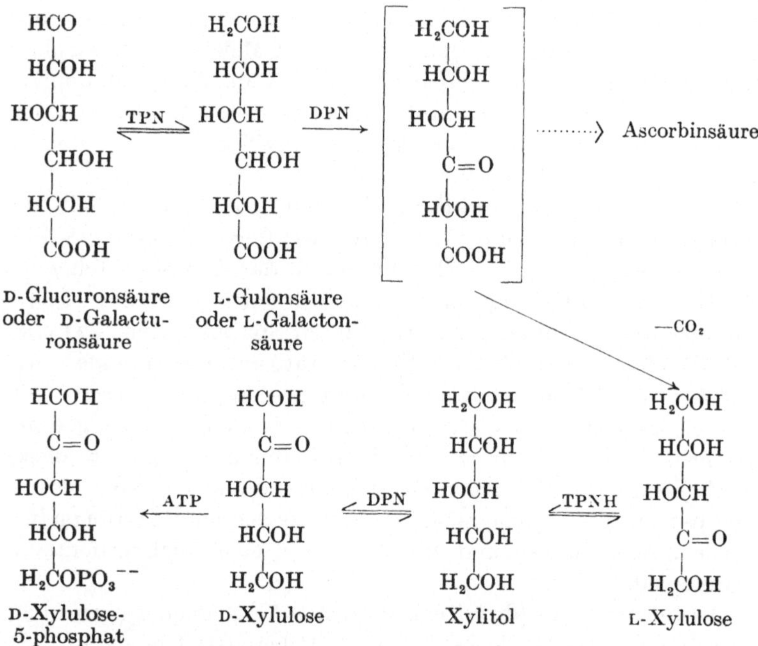

Abb. 18. Entstehung und Stoffwechsel von L-Xylulose

Glucuron- oder Galacturonsäure durch ein TPN-abhängiges Enzym gebildet wird, das L-Gulonsäure oder L-Galactonsäure bereitet. Es kommt in der tierischen Leber vor. Der dann folgende oxydative Schritt ist nicht völlig geklärt; doch die vorhandenen Befunde sprechen dafür, daß ein 3-Keto-Intermediärprodukt gebildet wird, das ein Vorprodukt der Ascorbinsäure[70, 71, 72] und der L-Xylulose darstellt. HOLLMANN und TOUSTER[73] haben in der Säugetierleber das Vorkommen zweier Enzyme nachgewiesen — eines DPN-abhängig, das andere TPN-benötigend — die die Reduktion von L-Xylulose zu Xylitol und die Oxydation des letzteren zu D-Xylulose katalysieren. Schließlich haben HICKMAN und ASHWELL[74] in der Säugetierleber eine für D-Xylulose spezifische Kinase gefunden. Das läßt vermuten, daß wir hier den normalen Reaktionsweg für die Ascorbinsäuresynthese vor uns haben, und daß im menschlichen Organismus, der keine Ascorbinsäure bildet, das Reaktionsprodukt zu L-Xylulose decarboxyliert und schließlich über Xylitol und D-Xylulose in den Hauptstrom des Kohlenhydratstoffwechsels zurückgeführt wird. Bei der Pentosurie muß eine der beiden Xylitol-Dehydrogenasen fehlen.

D-Xylulose-5-phosphat ist auch die Schlüsselsubstanz im Pentoseumsatz bei *Lactobacillus*. 1921 wurde zum ersten Male durch FRED, PETERSON und ANDERSON[75] gezeigt, daß Pentose zu Acetat und Lactat vergoren wird. Später studierten LAMPEN[76] und RAPPAPORT[77] mit ihren Mitarbeitern diesen Prozeß mit Hilfe C-1-markierter Pentose und fanden den isotopen Kohlenstoff ausschließlich in der Methylgruppe der Essigsäure. BERNSTEIN[78] erweiterte diese Studien mit dem Nachweis, daß die Carboxylgruppe aus dem C-2-Kohlenstoffatom der Pentose gebildet wird, die Carboxylgruppe des Lactats aus C-3, usw., wie in Abb. 19 zu sehen ist. Kein Austausch der Kohlenstoffatome wurde beobachtet. Dieses Gärungsschema wird verfolgt beim Umsatz von D-Xylose, L-Arabinose und D-Ribose. Es konnte jetzt nachgewiesen werden, daß alle diese Zucker in D-Xylulose-5-phosphat überführt werden, bevor die Spaltung einsetzt. (Abb. 19).

Im Falle der D-Ribose sind die Reaktionen denen in tierischen Geweben ähnlich. Im *Lactobacillus plantarum* scheint D-Ribokinase[79] ein konstitutives Enzym zu sein, das die Bildung von D-Ribose-5-phosphat bewirkt; dieses wird durch Phosphoriboisomerase in D-Ribulose-5-phosphat und dieses durch Phosphoketopentoepimerase in D-Xylulose-5-phosphat umgewandelt. Im Falle anderer Pentosen, die umgesetzt werden, erfolgt jedoch die Isomerisierung vor der Veresterung, und sowohl D-Xylose als L-Arabinose werden in die entsprechenden Ketopentosen überführt, die dann verestert werden. Bei der Vergärung von D-Xylose wird D-Xylulose in D-Xylulose-5-phosphat verwandelt[16, 80]. Mit L-Arabinose als Substrat wird L-Ribulose-5-phosphat gebildet[81–83]. Dieses wird dann durch ein in *Aerobacter aerogenes*[83] und in

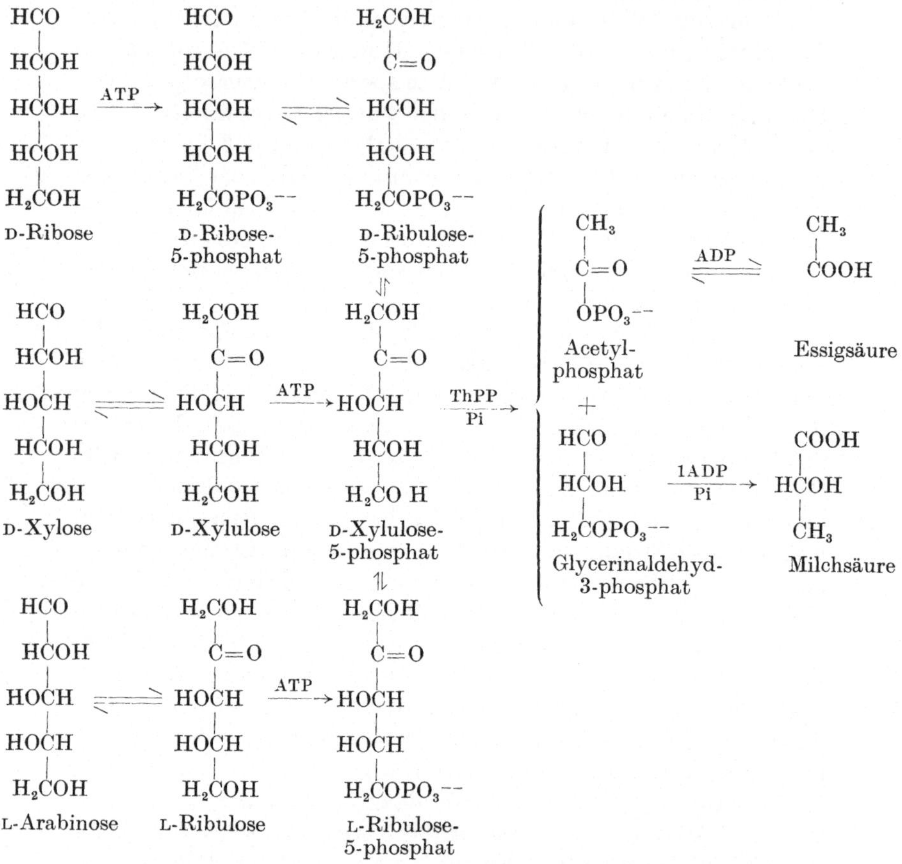

HCO–HCOH–HCOH–HCOH–H_2COH (D-Ribose) $\xrightarrow{ATP}$ HCO–HCOH–HCOH–HCOH–$H_2COPO_3^{--}$ (D-Ribose-5-phosphat) ⇌ H_2COH–C=O–HCOH–HCOH–$H_2COPO_3^{--}$ (D-Ribulose-5-phosphat)

⇅

HCO–HCOH–HOCH–HCOH–H_2COH (D-Xylose) ⇌ H_2COH–C=O–HOCH–HCOH–H_2COH (D-Xylulose) $\xrightarrow{ATP}$ H_2COH–C=O–HOCH–HCOH–H_2CO H (D-Xylulose-5-phosphat) $\xrightarrow[Pi]{ThPP}$

- CH_3–C=O–OPO_3^{--} (Acetyl-phosphat) $\overset{ADP}{\rightleftharpoons}$ CH_3–COOH (Essigsäure)
- \+
- HCO–HCOH–$H_2COPO_3^{--}$ (Glycerinaldehyd-3-phosphat) $\xrightarrow[Pi]{1ADP}$ COOH–HCOH–CH_3 (Milchsäure)

⇅

HCO–HCOH–HOCH–HOCH–H_2COH (L-Arabinose) ⇌ H_2COH–C=O–HOCH–HOCH–H_2COH (L-Ribulose) $\xrightarrow{ATP}$ H_2COH–C=O–HOCH–HOCH–$H_2COPO_3^{--}$ (L-Ribulose-5-phosphat)

Abb. 19. Schema der Pentosevergärung durch *Lactobacillus plantarum*

Lactobacillus plantarum nachgewiesenes Ferment in D-Xylulose-5-phosphat überführt.

Das Substrat für die Spaltungsreaktion ist D-Xylulose-5-phosphat[84]. Das spaltende Ferment, Phosphoketolase, hat Thiaminpyrophosphat als prosthetische Gruppe, ist aber von der eine ähnliche Reaktion katalysierenden Transketolase zu unterscheiden. Die durch Transketolase gespaltenen Ester Fructosephosphat und Sedoheptulosephosphat werden durch Phosphoketolase nicht angegriffen. Außer Thiaminpyrophosphat benötigt das Ferment anorganisches Phosphat, das unter Bildung von Acetylphosphat in die Reaktion einbezogen wird. Phosphat kann durch Arsenat ersetzt werden; in diesem Fall ist das Reaktionsprodukt aber Acetat an Stelle von Acetylphosphat.

Der abschließende Schritt bei der Acetatbildung während der Pentosevergärung ist eine Phosphatübertragung von Acetylphosphat auf ADP; diese Reaktion wird durch Acetokinase katalysiert, die in Extrakten aus *L. plantarum* in hoher Konzentration gefunden wird[84]. Triosephosphat wird auf dem üblichen Embden-Meyerhof-Weg in Lactat umgewandelt, da dieser Organismus, wenn er auf Glucose wächst, Milchsäure als einziges Reaktionsprodukt bildet. Sowohl bei der Pentose- wie auch bei der Hexosegärung werden pro Mol Zucker 2 ATP verfügbar für das Wachstum des Organismus.

So wird D-Xylulosephosphat ein immer bedeutenderes Zwischenprodukt im Kohlenhydratstoffwechsel. Als Produkt der Transketolasereaktion hat es Bedeutung für die Ribosesynthese, für Nucleinsäuren und Nucleotide. Als Phosphoketolase-Substrat ist es die Schlüsselsubstanz der Pentosefermentation in *Lactobacilli*. Uronsäuren werden über dieses Produkt in den Hauptstoffwechselweg der Kohlenhydrate zurückgeführt. Und endlich ist für die D-Xylulose noch eine andere sonderbare Funktion in der Natur nachgewiesen worden. Der pflanzliche Parasit *Striqa hermonthica* kann nur keimen, wenn eine Aktivierung erfolgt durch eine von den Wurzeln der Gastpflanze abgegebene Substanz. Diese Substanz konnte als D-Xylulose identifiziert werden; sie wirkt noch in Konzentrationen von 10^{-8} Mol pro Liter[85]. Da alle diese Funktionen erst kürzlich gefunden wurden, ist zu erwarten, daß noch weitere entdeckt werden.

Der Verfasser dankt Herrn Dr. GÖTZ DOMAGK für seine Hilfe bei der Bearbeitung und Übersetzung dieses Manuskriptes.

Literatur

1 WARBURG, O., u. W. CHRISTIAN: Biochem. Z. **242**, 206 (1931). — WARBURG, O., W. CHRISTIAN u. A. GRIESE: Biochem. Z. **282**, 175 (1935).

2 CORI, O., and F. LIPMANN: J. of Biol. Chem. **194**, 417 (1952).
3 BRODIE, A. F., and F. LIPMANN: J. of Biol. Chem. **212**, 677 (1955).
4 WARBURG, O., u. W. CHRISTIAN: Biochem. Z. **292**, 287 (1937).
5 HORECKER, B. L., P. Z. SMYRNIOTIS and J. E. SEEGMILLER: J. of Biol. Chem. **193**, 383 (1951).
6 AXELROD, B., and R. J. JANG: J. of Biol. Chem. **209**, 847 (1954).
7 HURWITZ, J., A. WEISSBACH, B. L. HORECKER and P. Z. SMYRNIOTIS: J. of Biol. Chem. **218**, 769 (1956).
8 KALCKAR, H. M.: J. of Biol. Chem. **167**, 477 (1947).
9 KORNBERG, A., I. LIEBERMAN and E. S. SIMMS: J. Amer. Chem. Soc. **76**, 2027 (1954); J. of Biol. Chem. **215**, 389 (1955); **215**, 417 (1955). — LIEBERMAN, I., A. KORNBERG and E. S. SIMMS: J. of Biol. Chem. **215**, 309 (1955).
10 GOLDTHWAIT, D. A., R. A. PEABODY and G. R. GREENBERG: J. of Biol. Chem. **221**, 569 (1956). — GOLDTHWAIT, D. A.: J. of Biol. Chem. **222**, 1051 (1956).
11 REMY, C. N., W. T. REMY and J. M. BUCHANAN: J. of Biol. Chem. **217**, 885 (1955).
12 DISCHE, Z.: Naturwiss. **26**, 252 (1938).
13 ASHWELL, G., and J. HICKMAN: J. Amer. Chem. Soc. **76**, 5889 (1954).
14 DICKENS, F., and D. H. WILLIAMSON: Nature (London) **176**, 400 (1956).
15 SRERE, P. A., J. R. COOPER, V. KLYBAS and E. RACKER: Arch. of Biochem. a. Biophysics **59**, 535 (1955).
16 STUMPF, P. K., and B. L. HORECKER: J. of Biol. Chem. **218**, 753 (1956).
17 HURWITZ, J., and B. L. HORECKER J. of Biol. Chem. **223**, 993 (1956).
18 ASHWELL, G., and J. HICKMAN: J. of Biol. Chem. May 1957 (in press).
19 HORECKER, B. L., P. Z. SMYRNIOTIS and J. HURWITZ: J. Amer. Chem. Soc. **78**, 692 (1956); J. of Biol. Chem. **223**, 1009 (1956).
20 RACKER, E., C. DE LA HABA and I. G. LEDER: Arch. of Biochem. a. Biophysics **48**, 238 (1954).
21 SMYRNIOTIS, P. Z., and B. L. HORECKER: J. of Biol. Chem. **218**, 745 (1956).
22 SIMPSON, F. J., and W. A. WOOD: J. Amer. Chem. Soc. **78**, 5452 (1956).
23 HORECKER, B. L., and P. Z. SMYRNIOTIS: Unveröffentlicht.
24 HORECKER, B. L., and P. Z. SMYRNIOTIS: J. of Biol. Chem. **212**, 811 (1955).
25 HORECKER, B. L., P. Z. SMYRNIOTIS, H. H. HIATT and P. A. MARKS: J. of Biol. Chem. **212**, 827 (1955).
26 RACKER, E., and E. SCHROEDER: Arch. of Biochem. a. Biophysics **66**, 241 (1957).
27 HORECKER, B. L., M. GIBBS, H. KLENOW and P. Z. SMYRNIOTIS: J. of Biol. Chem. **207**, 393 (1954).
28 GLOCK, G. E., and P. MCLEAN: Biochim. et Biophysica Acta **12**, 590 (1953); Biochemic. J. **56**, 171 (1954).
29 DISCHE, Z.: In Phosphorous Metabolism I, p. 171, Baltimore 1951.
30 BLOOM, B., M. R. STETTEN and D. STETTEN jr.: J. of Biol. Chem. **204**, 681 (1953). — BLOOM, B., and D. STETTEN jr.: J. Amer. Chem. Soc. **7** 5446 (1953).
31 AGRANOFF, B., R. O. BRADY and M. COLODGIN: J. of Biol. Chem. **211**, 773 (1954).

32 Katz, J., S. Abraham, R. Hill and I. L. Chaikoff: J. Amer. Chem. Soc. **76**, 2277 (1954). — Felts, J. M., R. G. Doell and I. L. Chiakoff: J. of Biol. Chem. **219**, 473 (1956). — Abraham, S., P. Cady and I. L. Chaikoff: J. of Biol. Chem. **224**, 955 (1957).

33 Gunsalus, I. C., B. L. Horecker and W. A. Wood: Bacter. Rev. **19**, 79 (1955).

34 Kaplan, N. O., M. N. Swartz, M. E. Frech and M. M. Ciotti: Proc. Nat. Acad. Sci. USA **42**, 481 (1956).

35 Bernstein, I. A.: J. of Biol. Chem. **205**, 317 (1953).

36 Horecker, B. L., and A. H. Mehler: Annual Rev. Biochem. **24**, 207 (1955).

37 Sowden, J. C., S. Frankel, B. H. Moore and J. E. McClary: J. of Biol. Chem. **206**, 547 (1954).

38 David, S., et J. Renault: C. r. Acad. Sci. (Paris) **239**, 369 (1954).

39 Bernstein, I. A.: Biochim. et Biophysica Acta **19**, 179 (1956).

40 Marks, P. A., and P. Feigelson: Federat. Proc. **16**, 83 (1957).

41 Hiatt, H. H.: Federat. Proc. **16**, 58 (1957).

42 Langdon, R. E.: J. Amer. Chem. Soc. **77**, 5190 (1955).

43 Stetten, D., jr., and G. E. Boxer: J. of Biol. Chem. **156**, 271 (1944).

44 Olson, J. A., and C. B. Anfinsen: J. of Biol. Chem. **202**, 84 (1953).

45 Bandurski, R. S., and C. M. Greiner: J. of Biol. Chem. **204**, 781 (1953). — Bandurski, R. S.: J. of Biol. Chem. **217**, 137 (1955).

46 Utter, M. F., and K. Kurahashi: J. of Biol. Chem. **207**, 787 (1954). — Utter, M. F., K. Kurahashi and I. A. Rose: J. of Biol. Chem. **207**, 803 (1954). — Utter, M. F., and K. Kurahashi: J. of Biol. Chem. **207**, 821 (1954).

47 Ochoa, S., A. H. Mehler and A. Kornberg: J. of Biol. Chem. **174**, 979 (1948). — Mehler, A. H., A. Kornberg, S. Grisolia and S. Ochoa: J. of Biol. Chem. **174**, 961 (1948).

48 Vennesland, B., A. K. Solomon, J. M. Buchanan and A. B. Hastings: J. of Biol. Chem. **142**, 379 (1942). — Buchanan, J. M., A. B. Hastings and F. B. Nesbett: J. of Biol. Chem. **145**, 715 (1942). — Landau, B. R., A. B. Hastings and F. B. Nesbett: J. of Biol. Chem. **214**, 525 (1955).

49 Lohmann, K.: Biochem. Z. **262**, 137 (1933).

50 Tchen, T. T., and K. Bloch: Abstr. Amer. Chem. Soc. p. 566, September 1956.

51 Grant, J. K.: Biochemic. J. **64**, 559 (1956).

52 Tomkins, G. M., P. J. Michael and J. F. Curran: Biochim. et Biophysica Acta **23**, 655 (1957).

53 Kaufman, S.: Biochim. et Biophysica Acta **23**, 445 (1957).

54 Saito, Y., O. Hayaishi, S. Rotenberg and S. Senoh: Federat. Proc. **16**, 240 (1957).

55 Brodie, B. B.: J. Pharmacy a. Pharmacol. 8, 1 (1956).

56 Benson, A. A., J. A. Bassham, M. Calvin, T. C. Goodale, V. A. Haas and W. Stepka: J. Amer. Chem. Soc. **72**, 1710 (1950). — Bassham, J. A., A. A. Benson and M. Calvin: J. of Biol. Chem. **185**, 781 (1950).

[57] Quayle, J. R., R. C. Fuller, A. A. Benson and M. Calvin: J. Amer. Chem. Soc. **76**, 3610 (1954).
[58] Weissbach, A., P. Z. Smyrniotis and B. L. Horecker: J. Amer. Chem. Soc. **76**, 5572 (1954). — Weissbach, A., B. L. Horecker and J. Hurwitz: J. of Biol. Chem. **218**, 795 (1956).
[59] Jakoby, W. B., D. O. Brummond and S. Ochoa: J. of Biol. Chem. **218**, 811 (1956).
[60] Vishniac, W., and S. Ochoa: In Phosphorous Metabolism II, p. 467, Baltimore 1952.
[61] Strehler, B. L.: Arch. of Biochem. a. Biophysics **43**, 67 (1953).
[62] Frenkel, A.: J. Amer. Chem. Soc. **76**, 5568 (1954).
[63] Arnon, D. I., M. B. Allen and F. R. Whatley: Nature (London) **174**, 394 (1954); Biochim. et Biophysica Acta **20**, 449 (1956). — Whatley, F. R., M .B. Allen, L. L. Rosenberg, J. B. Capindale and D. I. Arnon: Biochim. et Biophysica Acta **20**, 462 (1956).
[64] San Pietro, A., H. M. Lang: Science (Lancaster, Pa.) **124**, 118 (1956).
[65] Calvin, M.: Persönliche Mitteilung.
[66] Srinivasan, P. R., M. Katagiri and D. Sprinson: J. Amer. Chem. Soc. **77**, 4943 (1956). — P. R. Srinivasan, and D. B. Sprinson: Federat. Proc. **16**, 253 (1957).
[67] Ames, B. N.: In Amino Acid Metabolism, p. 357, Baltimore 1955.
[68] Yanofsky, C.: Biochim. et Biophysica Acta **20**, 438 (1956).
[69] Touster, O., R. W. Hutcheson and L. Rice: J. of Biol. Chem. **215**, 677 (1955).
[70] Bublitz, C., A. P. Grollman and A. L. Lehninger: Federat. Proc. **16**, 382 (1957).
[71] Ashwell, G.: Federat. Proc. **16**, 146 (1957).
[72] Dayton, P. C., C. Evans, J. Kanfer and J. J. Burns: Federat. Proc. **16**, 170 (1957).
[73] Hollmann, S. and O. Touster: J. Amer. Chem. Soc. **78**, 3544 (1956).
[74] Hickman, J., G. Ashwell: J. Amer. Chem. Soc. **78**, 6209 (1956).
[75] Fred, E. B., W. H. Peterson and J. A. Anderson: J. of Biol. Chem. **48**, 385 (1921).
[76] Lampen, J. O., H. Gest and J C. Sowden: J. Bacter. **61**, 97 (1951).
[77] Rappaport, D. A., H. A. Barker and W. Z. Hassid: Arch. of Biochem. and Biophysics **31** 326 (1951).
[78] Bernstein, I. A.: J. of Biol. Chem. **205**, 309 (1953).
[79] Heath, E. C., and B. L. Horecker: Unveröffentlicht.
[80] Lampen, J. O.: J. of Biol. Chem. **204**. 999 (1953). — Mitsuhashi, S., and J. O. Lampen: J. of Biol. Chem. **204**, 1011 (1953).
[81] Lampen, J. O.: Abstr., Amer. Chem. Soc. p. **446**, September (1954).
[82] Burma, D. P., and B. L. Horecker: Biochim. et Biophysica Acta (im Druck).
[83] Simpson, F. J., and W. A. Wood: J. Amer. Chem. Soc. **78**, 5452 (1956).
[84] Heath, E. C., J. Hurwitz and B. L. Horecker: J. Amer. Chem. Soc. **78**, 5449 (1956).
[85] Brown, R., A. W. Johnson, E. Robinson and A. R. Todd: Proc. Roy Soc. (London) Ser. B. **136**, 1 (1949).

Diskussion

BÜCHER (Marburg/L.): Wenn ich richtig verstanden habe, hat Herr HORECKER den Gedanken von KREBS und von UTTER aufgegriffen, daß bei der Glykogensynthese die energetische Barriere zwischen Pyruvat und Phosphoenol-Pyruvat auf dem Umweg über die vom „Malic-Enzym" und vom „Utter-Enzym" katalysierten Reaktionen umgangen werden kann. Nimmt man an, daß hierbei der Schritt vom Malat zum Oxalacetat durch die DPN-spezifische Malat-Dehydrogenase katalysiert wird und zieht die Bilanz dieser Folge von Reaktionen, dann bleibt folgendes:

$$\text{Pyruvat} + \text{DPN} + \text{TPNH} + \text{GTP} \rightleftharpoons \text{Phosphoenolpyruvat} + \text{DPNH} + \\ + \text{TPN} + \text{GDP}$$

Die freie Normalenergie dieser Reaktionssequenz mag in der Größenordnung von fünf großen Kalorien liegen. Man sieht, daß diese energetische Barriere nur durch die Differenz der Redoxpotentiale des DPN und TPN-Systems überwunden werden kann. Nach unseren heutigen Anschauungen sind die Normalpotentiale dieser Symptome nahezu identisch. Untersuchungen, die wir in der letzten Zeit durchgeführt haben, lassen darauf schließen, daß das Redoxpotential des DPN-Systems im extramitochondrialen Raum demjenigen des Systems Lactat-Pyruvat angenähert ist, d. h. etwa 100 mV positiver ist als das Normalpotential. Andererseits kann man aus den Versuchen von GLOCK und MCLEAN schließen, daß es sich (zumindest, was die Zelle als ganzes anbetrifft), mit dem TPN-System gerade umgekehrt verhält. Der Wasserstoff könnte also, wenn er vom TPN-System auf das DPN-System übergeht, in der Tat eine beträchtliche Menge Arbeit leisten.

Ob der Mechanismus in dieser Form realisiert ist, sei dahingestellt. Man könnte sich auch vorstellen, daß eine Malatoxydase im Spiel ist. Die Spezifität der Dehydrogenasen hinsichtlich der beiden Pyridinnucleotid-Systeme, wie auch die Energetik der an die einzelnen Systeme angeschlossenen Substratreaktionen gewinnt durch Überlegungen, wie der obenangedeuteten eine ganz besondere Bedeutung.

HOLZER (Freiburg): Sie haben am Anfang Ihres Vortrages die Bilanz-Gleichung

$$6 \text{ Pentosephosphat} = 4 \text{ Hexosemonophosphat} + 1 \text{ Fructosediphosphat}$$

aufgestellt. Diese Gleichung gilt nur für Erythrocyten. In der Leber, in der Fructosediphosphatase vorhanden ist, gilt wohl als Bilanz-Gleichung:

$$6 \text{ Pentosephosphat} = 5 \text{ Hexosemonophosphat}.$$

DISCHE (New York): Die Isotopen-Versuche von HORECKER an Leberextrakten haben gezeigt, daß die eben diskutierten Vorstellungen nicht ausreichen, um die Isotopenverteilung in den Endprodukten, den Hexosemonophosphaten, zu erklären. Herr HORECKER gibt ein vereinfachtes Schema, das sich in komplexen Systemen wie z. B. Leberhomogenaten, nicht bestätigen läßt. Wir müssen also noch Seitenreaktionen annehmen, die bei der Synthese des Hexose-6-phosphates eine Rolle spielen, die wir heute noch nicht kennen.

HOLZER: Sie haben einen Versuch von DICKENS erwähnt, bei dem Hydroxybrenztraubensäure mit Glykolaldehyd durch eine Transketolase zu Hexosephosphat wird. Sie halten die Tatsache, daß diese Reaktion nicht mit Glykolaldehyd allein sondern nur bei Zusatz von Phosphorpyruvat vor sich geht, für einen Beweis, daß es einen aktiven Glykolaldehyd gibt. Nun laufen ja alle die anderen Reaktionen, die RACKER und HORECKER studiert haben, auch nur ab, wenn man einen Acceptor-Aldehyd zusetzt. So bestätigt der Dickenssche Versuch eigentlich nur, daß hier ein Co-Aldehyd auftritt.

DISCHE: Wenn Sie mit den 5-Kohlenstoffverbindungen experimentieren, dann gibt es vier andere Möglichkeiten. Ich möchte nur eine erwähnen, die überhaupt noch nicht beachtet worden ist. Es könnte sein, daß wir einen 10-Kohlenstoffkörper bekommen, indem sich — ähnlich wie bei der Photosynthese das Carboxyl — ein 5-C-Zucker an das Kohlenstoffatom 2 einer Ketopentose in der enolisierten Form anhängt. Dieser 10-Kohlenstoffkörper könnte auf zwei verschiedenen Wegen — analog zu den Reaktionen, die bei der Photosynthese ablaufen — zerfallen: entweder zu Sedoheptulose-Phosphat und Triosephosphat oder zu einem 7-Kohlenstoffalkohol und Phosphoglycerinsäure. Ferner besteht eine Analogie zu der Bildung des Acetoins aus Brenztraubensäure und Acetaldehyd, die nur in Gegenwart von Carboxylase vor sich geht.

HOLZER: Glaubt Herr DICKENS jetzt, daß das die Carboxylase und nicht die Transketolase bewirkt?

DISCHE: Die Reaktion benötigt sowohl die Carboxylase wie die Transketolase. Es ist außerordentlich schwierig, diese beiden Enzyme in der Hefe voneinander zu trennen. Alle Präparate, die z. B. RACKER verwandt hat, haben beide Enzyme enthalten. Erst kürzlich ist es gelungen, sie vollkommen voneinander zu trennen.

HEYNS (Hamburg): Es würde mich interessieren, ob es möglich ist, abzuschätzen, wieviel Glucose über den Meyerhof-Embden-Parnas-Weg und wieviel über den Pentose-Phosphat-Zyklus abgebaut wird; ferner, ob dieses Verhältnis in verschiedenen Geweben unterschiedlich ist und ob es sich bei Belastung ändert.

DISCHE: Darüber gibt es eine ganze Menge von Arbeiten, und zwar haben das zuerst STETTEN und seine Mitarbeiter sehr eingehend untersucht. Sie haben eine ziemlich komplizierte Formel aufgestellt, aus der man ableiten kann, zu welchem Anteil die Kohlensäure aus dem Pentosecyclus und zu welchem sie aus dem Citronensäurecyclus stammt. Sie haben gefunden, daß die direkte Glucoseoxydation in der Leber in vivo nur eine sehr geringe Rolle spielt. In vitro jedoch beträgt der Anteil der direkten Glucoseoxydation am gesamten Stoffwechsel etwa 40%. KINOSHITA in Boston hat dagegen gefunden, daß in der Augenlinse ungefähr 97,5% des gesamten Sauerstoffverbrauches auf die direkte Glucoseoxydation entfallen. Er hat den Anteil der direkten Glucoseoxydation ermittelt, indem er Glucose in Stellung 1 oder 6 mit ^{14}C markierte und das Verhältnis $^{14}CO_2/^{12}CO_2$ bestimmte. Dabei hat er jedoch die Rückbildung des Glucose-6-Phosphates durch die Transketolase nicht berücksichtigt. Von der Hornhaut des Auges abgeschabtes Epithel veratmet 93% der Glucose durch direkte Oxydation. Beim Skeletmuskel scheint jedoch nach den letzten Arbeiten von DICKENS die direkte Glucoseoxydation nur eine geringe Rolle zu spielen. Der Muskel enthält nämlich sehr wenig Pentose-Epimerase, wodurch Xylulosephosphat vermindert gebildet wird. Der Herzmuskel, der relativ viel Epimerase enthält, scheint sich dagegen ähnlich wie die Erythrocyten zu verhalten.

Versuche von A. J. Lehninger und Mitarbeitern über die Bildung von Ascorbinsäure

Von

K. Felix

Frankfurt a. M.

Mit 1 Textabbildung

Während meines Aufenthaltes in den Vereinigten Staaten fuhr ich für zwei Tage nach Baltimore, um Professor Lehninger, Director of the Institute of Physiological Chemistry of the Johns Hopkins Medical School, aufzusuchen, der vor fünf Jahren ein Sommersemester in Frankfurt verbracht hatte. Er erzählte mir von seinen neuen Arbeiten über die Fermente der Mitochondrien und seine Versuche über die Bildung von Ascorbinsäure aus D-Glucuronsäure, die er gemeinsam mit C. Bublitz und A. P. Grollman ausführte. Seine Resultate erschienen mir so interessant, daß ich ihn bat, uns darüber auf dem Colloquium zu berichten. Sie passen auch sehr gut zum Gesamtthema. Leider konnte er nicht kommen, hat mir aber das Manuskript seines Vortrags geschickt, das ich in verkürzter Form wiedergeben will.

Vor ihm haben King und Mitarb.[1] in Versuchen mit Isotopen am intakten Tier bewiesen, daß bei der Umwandlung von D-Glucose in Ascorbinsäure das Kohlenstoffatom 1 der Glucose zum C-Atom 6 der Ascorbinsäure wird; das Molekül also gleichsam umgedreht wird. Die gleichen Autoren und neben ihnen Burns und seine Mitarb.[2] haben es weiter wahrscheinlich gemacht, daß D-Glucuronsäure und L-Gulonsäure als Zwischenprodukte auftreten, wenn die Ratte Glucose in Ascorbinsäure überführt. Zu dieser Vermutung sind auch Isherwood und Mitarb.[3] bei ihren Arbeiten mit Pflanzen und Pflanzenextrakten gekommen.

Lehninger und seine Mitarbeiter haben nun einen Weg gefunden, den Vorgang auf Fermentebene zu analysieren. Rohextrakte aus den Lebern von Ratte, Maus, Kaninchen, Hund, Schwein und Kuh bilden in Gegenwart von DPN und TPN aus D-Glucuronsäure sofort L-Ascorbinsäure[4], Extrakte aus Lebern von Meerschweinchen, die auf die Zufuhr von Ascorbinsäure angewiesen sind, dagegen nicht.

Die Reaktionsfolge ist im Schema 1 angegeben.

Schema 1

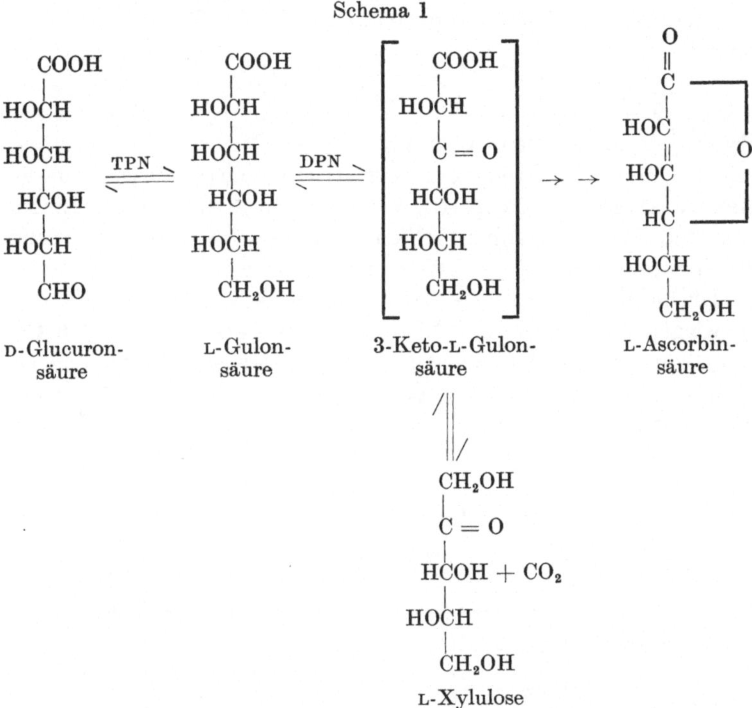

In der ersten Stufe wird die L-Glucuronsäure zu D-Gulonsäure reduziert. Aus der Schweineniere wurde durch Fraktionierung mit Ammonsulfat ein teilweise gereinigtes Enzympräparat gewonnen, das diese Umwandlung leitet. Der spezifische Wasserstoffdonator ist TPNH. Nach früheren Versuchen[4] schien auch DPNH wirksam zu sein; jetzt hat sich aber herausgestellt, daß dieses mit der zweiten Dehydrogenase gekoppelt ist.

Die Mitwirkung von TPNH wurde an dem Verschwinden der Absorptionsbande bei 340 mμ bei p_H 7,4 gemessen. Die Reaktion ist reversibel. Die Reaktionsprodukte wurden chromatographisch identifiziert.

Die D-Glucuronsäurereductase wirkt auch auf D-Galacturonsäure und führt sie hauptsächlich in L-Galactonsäure über.

Früher schon hat LEHNINGER gefunden, daß Rattenleberextrakte aus D-Galacturonsäure, wenn auch in beschränktem Maße, Ascorbinsäure bilden können. In Pflanzengeweben ist D-Galacturonsäure der hauptsächlichste Vorläufer der Ascorbinsäure[3].

Die γ-Lactone der D-Glucuronsäure und der D-Galacturonsäure werden anscheinend von der Glucuronsäurereductase erst nach Hydrolyse angegriffen. WINKELMAN[5], ein Mitarbeiter von LEHNINGER, hat eine Lactonase identifiziert, die spezifisch für D-Hexuronsäuren ist. Präparate von Reductase, die frei von Lactonase sind, reduzieren daher D-Glucuronsäure-γ-Lacton entsprechend der spontanen nichtenzymatischen Hydrolyse.

Die D-Glucuronsäurereductase kommt — wie Tabelle 1 zeigt — vorwiegend in Leber und Niere vor und zwar auch bei den Organismen, für die Ascorbinsäure ein Vitamin ist, wie Affe, Meerschweinchen und Mensch, so daß sie die erste Stufe der Ascorbinsäuresynthese durchführen könnten[6].

Tabelle 1

D-Glucuronat + TPNH + $H^+ \rightleftharpoons$ L-Gulonat + TPN^+

Verteilung

			μMol/g/Std.
Ratte	Leber		2,3
	Niere		83,5
	Herz		0,0
	Milz		3,3
	Gehirn		0,0
Meerschweinchen		Leber	3,3
		Niere	6,0
		Herz	2,5
		Milz	0,0
Affe	Leber		11,8
	Niere		10,5
menschliche Leber			5—14

Zunächst sei nun die Reaktion von L-Gulonsäure zur L-Ascorbinsäure in ihrer Gesamtheit betrachtet. Sie ist an die Gegenwart von Manganionen und DPN gebunden. Bei Manganmangel treten skorbutähnliche Symptome auf.

Bei diesen Versuchen wurden Gewebeextrakte verschiedener Tierarten daraufhin geprüft, ob sie L-Gulonsäure in L-Ascorbinsäure umwandeln können. Leberextrakte von Ratte, Maus, Hund und Katze bildeten leicht Ascorbinsäure, Extrakte aus anderen Organen jedoch nicht. Tabelle 2 enthält einige dieser Ergebnisse.

Tabelle 2. L-Gulonat → L-Ascorbat

Verteilung

		μMol/g/Std.
Ratte	Leber	1,12
	Niere	0,00
	Herz	0,00
	Milz	0,00
	Gehirn	0,00
Kaninchenleber		0,78
Hundeleber		0,46
Mäuseleber		0,60
Meerschweinchenleber		0,00
Affenleber		0,00
Menschliche Leber		0,00

Extrakte aus Lebern von Tieren, die auf Ascorbinsäure in der Nahrung angewiesen sind wie Affe, Meerschweinchen und Mensch, erzeugen bei gleicher Versuchsanordnung keine Ascorbinsäure aus L-Gulonsäure.

Der genetisch bedingte Mangel liegt also in dem Schritt von der Gulonsäure zur Ascorbinsäure[4, 7].

Die wenigen bis jetzt untersuchten Vogelarten und Reptilien bilden Ascorbinsäure nur in der Niere, ihre Leber ist unwirksam.

Nun soll die Gesamtreaktion von L-Gulonsäure zur L-Ascorbinsäure in ihre Zwischenstufen zergliedert werden. Nach dem Schema in Schema 1 wird die L-Gulonsäure enzymatisch durch eine Dehydrogenase oxydiert, die spezifisch auf DPN eingestellt ist. LEHNINGER verwandte durch Fraktionierung mit Ammonsulfat gereinigte Präparate aus Schweineniere. Um seine volle Wirksamkeit entfalten zu können, braucht das Ferment Manganionen.

Es oxydiert auch L-Galactonsäure, aber in wesentlich geringerem Ausmaß als L-Gulonsäure. Wie bereits erwähnt[4], hatte LEHNINGER früher schon beobachtet, daß rohe Extrakte aus Rattenlebern L-Galactonsäure in Ascorbinsäure überführen.

Auch hier werden die γ-Lactone der L-Gulonsäure und der L-Galactonsäure erst nach Hydrolyse angegriffen. LEHNINGERs Mitarbeiter WINKELMAN hat zwar eine eigene Lactonase für die Hydrolyse der Aldonsäure-γ-Lactone entdeckt, welche die Lactone der Hexuronsäuren[5] nicht angreift. Die Präparate der L-Gulonsäuredehydrogenase enthielten keine Lactonase und oxydierten die Lactone entsprechend der Geschwindigkeit, mit der sie bei p_H 9 spontan hydrolysiert wurden.

Zur Bestimmung der L-Gulonsäure-Dehydrogenase in Gewebsextrakten wurde die Reduktion von DPN bei 340 mμ verfolgt. Die Bedingungen waren so standardisiert, daß das Ferment der limitierende Faktor war. Tabelle 3 enthält die Ergebnisse dieser Versuche. L-Gulonsäuredehydrogenase kommt also nicht nur in der Leber, sondern auch in der Niere, ja sogar in Leber und Niere von Mensch, Meerschweinchen und Affe vor.

Tabelle 3. L-Gulonat + DPN^+ → Produkte + DPNH + H^+

Verteilung

		μMol/g/Std.
Ratte	Leber	9,6
	Niere	142
	Herz	0,0
	Milz	4,8
	Gehirn	0,0
Meerschweinchen	Leber	1,9
	Niere	5,7
Affe	Leber	14,8
	Niere	47,5
menschliche Leber		17—88

Somit fehlt die L-Gulonsäuredehydrogenase auch nicht in den Organen der Tiere, die auf Zufuhr von Ascorbinsäure angewiesen sind[6].

Was tut die L-Gulonsäuredehydrogenase bei diesen Tieren, die keine Ascorbinsäure synthetisieren können? Zur Beantwortung dieser Frage war es notwendig, den Oxydationsprodukten der L-Gulonsäure nachzugehen.

Tabelle 4 gibt die stöchiometrischen Verhältnisse wieder, wenn L-Gulonsäure auf Kosten von DPN oxydiert wird. Das Fermentpräparat war eine dialysierte Schweinenierenfraktion. Wenn Gulonsäure, DPN und Manganionen mit ihr inkubiert wurden, wurde DPN reduziert und für jedes Mol DPNH wurde 1 Mol CO_2 und fast ein Mol einer Pentose frei. Die Pentose wurde chromatographisch als Xylulose identifiziert.

Das Fermentpräparat enthielt keine auf DPN und TPN angewiesene Xylit-Dehydrogenase[8]. So ist die gebildete Xylulose wahrscheinlich das L-Stereoisomere. Ascorbinsäure wurde unter den gewählten Bedingungen nicht gebildet.

Tabelle 4. L-Gulonat + DPN^+ ⇌ [3-Keto-L-Gulonat] + DPNH + H^+
[3-Keto-L-Gulonat] ⇌ L-Xylulose + CO_2

Stöchiometrie

Enzyme	Δ-DPNH	Δ-Xylulose	Δ-CO_2	Δ-H^+
Schweineniere	3,45	2,0	3,52	3,48
Rattenleber	3,48	2,4	3,50	3,50

Die Xylulose entsteht offenbar durch Decarboxylierung von 3-Keto-L-Gulonsäure. Es ist LEHNINGER aber noch nicht gelungen, diese labile Ketosäure mit Sicherheit zu identifizieren. Unabhängig von ihm hat ASHWELL die Existenz der L-Gulonsäure-Dehydrogenase bestätigt und die Bedingungen ermittelt, unter denen sich die 3-Keto-L-Gulonsäure anhäuft. Durch Erhitzen mit verdünnter Säure wird sie decarboxyliert[9].

Die Decarboxylierung der L-Gulonsäure durch die Fraktion aus Schweinenieren, bei der L-Xylulose gebildet wird, ist ein enzymatischer und reversibler Vorgang. Wenn sich zwischen L-Gulonsäure, Ferment, DPN und radioaktivem CO_2 ein Gleichgewicht eingestellt hat, findet sich radioaktiver Kohlenstoff in der L-Gulonsäure.

Weil er in diesen Versuchen keine Ascorbinsäure fand, hat LEHNINGER die stöchiometrischen Verhältnisse der Oxydation der L-Gulonsäure unter wechselnden Bedingungen verfolgt. Dabei stellte sich heraus, daß die Konzentration des Enzyms entscheidend ist. Bei hoher Enzymkonzentration wird ausschließlich Xylulose und CO_2 gebildet, und die Oxydation verläuft nach dem Schema in Tabelle 4.

Bei viel geringerer Enzymkonzentration war die Oxydationsrate der L-Gulonsäure pro mg Protein-N größer; es wurde weniger Xylulose gebildet und Ascorbinsäure papierchromatographisch nachgewiesen, vgl. Tab. 5.

Es sei daran erinnert, daß rohe Extrakte oder Homogenate aus der Leber von Säugetieren ohne weiteres Ascorbinsäure aus L-Gulonsäure bilden.

In den Versuchen mit verdünntem Ferment wurde Ascorbinsäure von einem Präparat aus Schweinenieren gebildet.

Tabelle 5

$$\text{L-Gulonat} + \text{DPN}^+ \rightarrow [\text{3-Ketogulonat}] + \text{DPNH} + \text{H}^+ \begin{cases} \nearrow \text{L-Ascorbat} \\ \searrow \text{L-Xylulose} + \text{CO}_2 \end{cases}$$

Wirkung von [Enzymen] auf Produkte (μMol/mg ENZ)

[Enzyme] mg/ml	Δ-DPNH	Δ-Xylulose	Δ-Ascorbin
13,5	183	138	2
0,54	2340	1150	432

Zur Erklärung dieser paradoxen Situation wird angenommen, daß die Niere enzymatisch zwar befähigt ist, Ascorbinsäure aus dem hypothetischen Zwischenprodukt 3-Keto-L-Gulonsäure zu bilden, die konkurrierende Nebenreaktion, die zu Xylulose und CO_2 führt, aber so aktiv ist, daß unter normalen Umständen keine Ascorbinsäure in Nierenextrakten oder -homogenaten entsteht. Verdünnung des Fermentes oder Extraktes stört die Decarboxylierung wahrscheinlich dadurch, daß ein Cofaktor abdissoziiert und diese Aktivität vermindert wird zugunsten anderer Reaktionen der L-Gulonsäure.

In der Leber der Tiere, die nicht auf Ascorbinsäure angewiesen sind, ist die Decarboxylierung vermutlich viel geringer im Verhältnis zu der Umwandlung der 3-Keto-L-Gulonsäure in Ascorbinsäure. Dadurch kann hier hauptsächlich Ascorbinsäure gebildet werden.

Diese Befunde legten die Vermutung nahe, daß Menschen-, Affen- und Meerschweinchenleber nur deswegen keine Ascorbinsäure bildet, weil in ihr die Konzentration der Enzyme ebenfalls verschoben ist.

Deswegen wurden die Produkte untersucht, zu denen L-Gulonsäure oxydiert wird, wenn wirksame Ammoniumsulfatfraktionen aus Affenleberextrakten in verschiedenen Verdünnungen auf die

Säure in Gegenwart von DPN und Mn^{++} einwirken. Das Resultat zeigt Abb. 1. Zum Vergleich sind noch die Ergebnisse einer ähnlichen Versuchsreihe mit Rattenleberpräparaten hinzugefügt.

Zunächst sieht man, daß in den Versuchen mit Rattenlebern die Ausbeute an Ascorbinsäure pro mg Gewebe etwas mit der Verdünnung zunimmt.

Überraschenderweise verhält sich die Affenleber wie die Schweineniere. Bei hohen Konzentrationen des Extraktes bildet sie keine Ascorbinsäure. Mit der Verdünnung des Extraktes kommt die Fähigkeit, Ascorbinsäure zu bilden, zum Vorschein und nimmt bei weiterer Verdünnung zu. Die Ascorbinsäure wurde durch Papierchromatographie und Farbenreaktionen identifiziert.

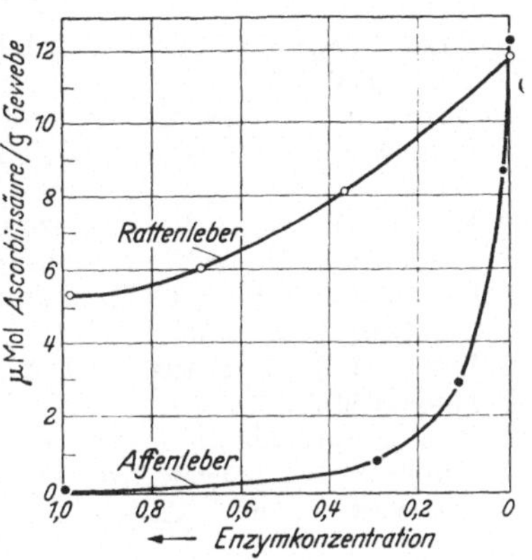

Abb. 1. Einfluß der Verdünnung auf die Ascorbinsäurebildung

Unter geeigneten Bedingungen kann also die Affenleber ebenso viel Ascorbinsäure bilden wie die der Ratte. Sie kann aber normalerweise diese Fähigkeit nicht ausnützen, weil die konkurrierende Decarboxylierung zu stark ist.

Der genetische Unterschied zwischen Affe und Ratte besteht also nicht in dem vollständigen Fehlen eines Fermentes, sondern in der Verschiebung des quantitativen Verhältnisses von zwei Fermenten, die um dasselbe Zwischenprodukt wetteifern.

Die Versuche darüber, ob dasselbe auch für die Lebern von Mensch und Meerschweinchen zutrifft, sind noch nicht abgeschlossen.

Zur endgültigen Festlegung der Reaktionswege ist es notwendig, die 3-Keto-L-Gulonsäure und die beteiligten Fermente zu isolieren. Wichtig wird sein, ob diese Säure durch Umlagerung und Lactonisierung spontan in Ascorbinsäure übergehen kann. Sollte das so sein, dann wäre die Decarboxylierung ein Weg, das zu verhindern.

L-Xylulose wird bei der essentiellen Pentosurie im Harn ausgeschieden, steht aber noch mit anderen Stoffwechselvorgängen in Beziehung. Sie kann in den symmetrischen Xylit umgewandelt und dieser zu D-Xylulose dehydriert werden[8]. Letztere kann durch ATP zu D-Xylulose-5-phosphat phosphoryliert werden[10], das ein Glied des Pentosephosphatzyklus ist.

Offenbar steht die L-Xylulose auf einem wichtigen Weg des Stoffwechsels der tierischen Gewebe und ist die Bildung von L-Ascorbinsäure eine Seitenreaktion, allerdings eine sehr wichtige.

Literatur

1 King, C. G.: J. of Biol. Chem. **186**, 569 (1950); **199**, 193 (1952); **200**, 125 125 (1953).
2 Burns, J. J., and C. Evans: J. of Biol. Chem. **223**, 897 (1956).
3 Isherwood, F. A., Y. T. Chen and L. W. Mapson: Biochemic. J. **56**, 1 (1954).
4 Hassan, M., and A. L. Lehninger: J. of Biol Chem. **233**, 123 (1956).
5 Winkelman, J., and A. L. Lehninger: Unpublished observations.
6 Grollman, A. P., and A. L. Lehninger: Arch. of Biochem. a. Biophysics (Neuberg Anniversary Issue) (in press).
7 Burns, J. J., P. Peyser and A. Moltz: Science (Lancaster, Pa.) **124**, 1148 (1956).
8 Hollman, S., and O. Touster: J. Amer. Chem. Soc. **78**, 3544 (1956).
9 Ashwell, G.: Federat. Proc. **16**, 146 (1957).
10 Hickman, J., and G. Ashwell: J. Amer. Chem. Soc. **78**, 6209 (1956).

Aerobe Gärung und Wachstum

Von

Helmut Holzer

Freiburg i. Br.

Mit 7 Textabbildungen

Die Wege des aeroben und anaeroben Kohlenhydratabbaues sind heute weitgehend aufgeklärt (Abb. 1). Unter anaeroben Bedingungen entsteht auf dem seit langem bekannten Weg über Fructosediphosphat in tierischen Geweben Milchsäure und in Hefen bzw. höheren Pflanzen Alkohol und Kohlendioxyd. Unter aeroben Bedingungen erfolgt völlige Verbrennung des Kohlenhydrates zu Kohlendioxyd und Wasser. Hierfür sind heute 2 Wege bekannt. Der eine zweigt vom anaeroben Abbau beim Glucose-6-phosphat ab und führt über den sogenannten Pentosephosphatcyclus, der andere zweigt bei der Brenztraubensäure ab und führt über den Citronensäurecyclus. Die quantitative Aufteilung des oxydativen Kohlenhydratabbaues auf Pentosephosphatcyclus und Citronensäurecyclus ist heute noch nicht aufgeklärt. Sie dürfte jedoch in verschiedenen Zelltypen verschieden sein.

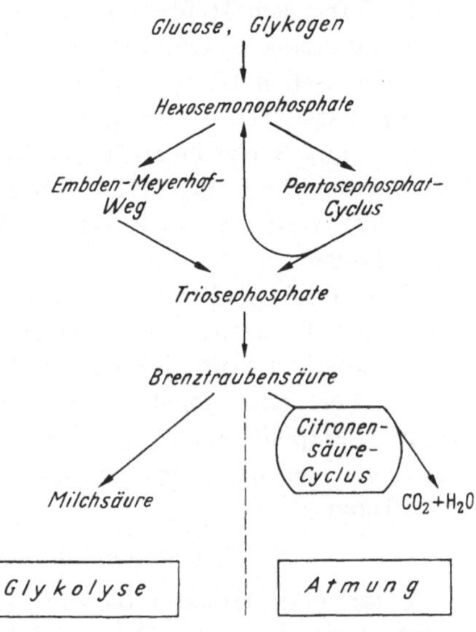

Abb. 1. Aerober und anaerober Kohlenhydratabbau in Säugetiergeweben. (Schematische Darstellung unter Auslassung vieler Zwischenprodukte und ohne Berücksichtigung der Reversibilität einzelner Reaktionsfolgen[1])

1923 hat Otto Warburg beobachtet, daß maligne, raschwachsende Tumoren durch eine hohe Milchsäurebildung unter aeroben Bedingungen („aerobe Glykolyse") gekennzeichnet sind, während normale tierische Gewebe unter aeroben Bedingungen keine Milchsäure anhäufen, da sie das zum Abbau gelangende Kohlenhydrat lediglich verbrennen. Diese Beobachtung hat OTTO WARBURG in einer zusammenfassenden Darstellung 1926 publiziert[2]; sie wurde in der Folgezeit in den verschiedensten Laboratorien bestätigt. Gegenteilige Befunde konnten auf unphysiologische Versuchsbedingungen zurückgeführt werden.

Vergleicht man Wildhefen und Kulturhefen, so findet man ganz ähnliche Verhältnisse[2]: die langsam wachsenden Wildhefen zeigen eine kräftige Atmung und nur geringe aerobe Gärung, während die auf rasches Wachstum herangezüchteten Kulturhefen durch eine hohe aerobe Gärung gekennzeichnet sind. Deshalb bieten sich Hefezellen als besonders leicht zugängliches und zu handhabendes Objekt für die Untersuchung der Zusammenhänge zwischen Wachstum und aerober Gärung an.

Im ersten Teil dieser Arbeit beschreibe ich ein übersichtliches System mit Bäckerhefezellen, in dem durch Zusatz einer definierten Substanz (nämlich NH_4^+-Ionen) aerobe Gärung und Wachstum ausgelöst werden.* Im Zusammenhang damit wird auf Versuche eingegangen, die Aufschluß darüber geben, welche Verschiebungen im Zusammenspiel der Gärungs- und Atmungsfermente für das Auftreten der aeroben Gärung und die Induktion des Wachstums verantwortlich sind. Im zweiten Teil dieser Arbeit werde ich auf einige Versuche eingehen, die sich mit der Möglichkeit einer chemotherapeutischen Beeinflussung des Wachstums maligner tierischer Gewebe durch Hemmung der aeroben Glykolyse beschäftigen.

I. Versuche mit Bäckerhefezellen

Setzt man Glucose oxydierenden Hefezellen, die mit allen Nährsalzen außer einer Stickstoffquelle versorgt sind, Ammonium-Ionen zu, so beobachtet man innerhalb weniger Minuten das Auftreten einer auf ein Vielfaches gesteigerten aeroben Gärung und nach einer Induktionszeit von 30—60 min setzt das durch Trübungsmessungen erfaßbare Wachstum und die Zellvermehrung ein (Abb. 2).

* Zur Steigerung der aeroben Gärung mit NH_4^+ siehe z. B. H. ZELLER: Biochem. Z. **266,** 360 (1933).

Zur Erklärung der Induktion von gesteigerter aerober Gärung durch Zusatz von Ammonium-Ionen stellten wir folgende Arbeitshypothese auf[3]: die Ammonium-Ionen werden durch ATP* verbrauchende Prozesse als Aminostickstoff in Proteinen fixiert, wobei Orthophosphat und ADP freigesetzt werden. Nach F. Lynen[4] und M. Johnson[5] müßte diese Freisetzung von Orthophosphat und ADP die Triosephosphatdehydrierung aktivieren und damit zu einem beschleunigten Durchsatz von Glucose führen. Nimmt man an, daß die Kapazität des Atmungssystems der untersuchten Hefezellen bereits vor Zusatz von Ammonium-Ionen voll ausgelastet war, so könnte sich die Erhöhung des Kohlenhydratdurchsatzes nur als Steigerung der aeroben Gärung äußern. Der Zusammenhang dieser Stoffwechselumschaltung mit der Induktion des Wachstums könnte darin bestehen, daß erstens durch die Fixierung des Ammoniumstickstoffs für Synthesen notwendige Bausteine zur Verfügung gestellt werden und zweitens durch die gesteigerte aerobe Gärung Zwischenprodukte des Kohlenhydratabbaues (insbesondere Brenztraubensäure) aufgestaut werden, die ebenfalls einen „Druck" in Richtung der Synthesetätigkeit bewirken.

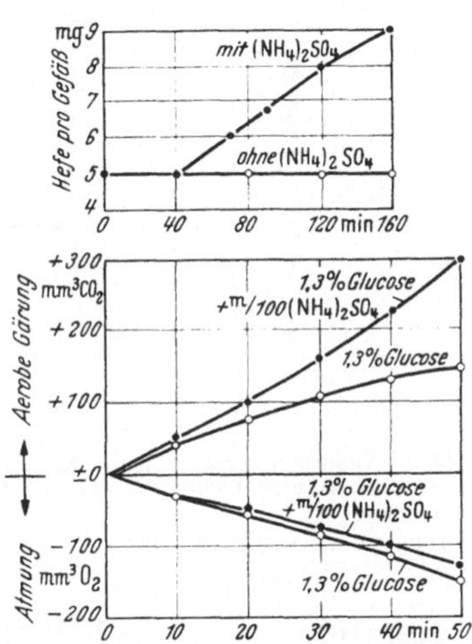

Abb. 2. Atmung, aerobe Gärung und Zellvermehrung von Bäckerhefezellen in Glucoselösung mit und ohne Ammoniumsulfat[3]

Zur Prüfung dieser Arbeitshypothese hat Fräulein J. Witt[6] Verschiebungen in der Konzentration von Orthophosphat nach Zusatz von Ammonium-Ionen studiert. Abb. 3 zeigt, daß tatsächlich eine rasche Zunahme der stationären Orthophosphatkonzentration erfolgt, so daß es lohnend erschien, die genannte Arbeitshypothese weiter zu prüfen.

---

* Abkürzungen: ATP = Adenosintriphosphat; ADP = Adenosindiphosphat; DPN = Diphosphopyridinnucleotid; DPNH = hydriertes Diphosphopyridinnucleotid; TPN = Triphosphopyridinnucleotid.

In Tab. 1 ist ein Versuch wiedergegeben, wonach nach Ammoniumzusatz die stationäre Konzentration an α-Ketoglutarat stark erniedrigt ist. Es drängte sich deshalb der Verdacht auf, daß eine von dem weitverbreiteten Enzym Glutaminsäuredehydrogenase

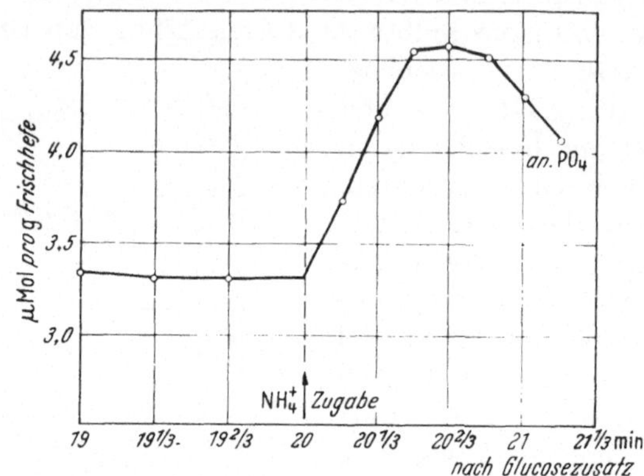

Abb. 3. Änderung der stationären Konzentration an anorganischem Phosphat in aerob mit Glucose incubierten Hefezellen nach Zusatz von Ammoniumsulfat[6,7]

katalysierte Fixierung von Ammonium-Ionen an α-Ketoglutarat für den primären Eintritt des Ammoniums in die Zellsubstanz

$$\alpha\text{-Ketoglutarat}^{--} + \text{DPNH} + \text{H}^+ + \text{NH}_4^+ \rightleftharpoons \text{Glutamat}^- + \text{DPN}^+ \quad (1)$$

verantwortlich sei. Im Einklang mit dieser Annahme steht unser Befund[9], wonach parallel zum Absturz der α-Ketoglutaratkonzentration eine Verkleinerung des Quotienten DPNH/DPN stattfindet. Die Verschiebung des genannten Quotienten wurde indirekt über Analysen des Quotienten Acetaldehyd/Alkohol gemessen (Tab. 2). In Vorversuchen hatten wir hierzu festgestellt, daß in Glucose umsetzenden Hefezellen durch die enorm hohe Konzentration an Alkoholdehydrogenase das Gleichgewicht

$$K = \frac{\text{Alkohol} \cdot \text{DPN}^+}{\text{Acetaldehyd} \cdot \text{DPNH} \cdot \text{H}^+} \quad (2)$$

Tabelle 1. *Stationäre Konzentrationen von α-Ketoglutarat und Pyruvat in aerob mit Glucose incubierten Hefezellen mit und ohne Zusatz von Ammoniumsulfat*[8]

		aerob ohne $(NH_4)_2SO_4$	aerob mit $(NH_4)_2SO_4$
μM pro g Zellen	Pyruvat	3,4	6,2
	α-Ketoglutarat	3,7	0,6
μM pro ml Medium	Pyruvat	0,06	0,06
	α-Ketoglutarat	0,16	0,02

Tabelle 2. *Verhältnisse Acetaldehyd: Alkohol und DPNH: DPN bei verschiedenen Stoffwechsel-Bedingungen*[9]

Bedingungen	anaerob	aerob	aerob + NH_4^+	aerob + 2,4-DNP
AcA: Alk	1:200	1:76	1:30	1:24
DPNH: DPN qualitativ. . .	groß	mittel	klein	klein
$DPNH_{frei}$: DPN_{frei}	1:400	1:1100	1:3000	1:3600

immer eingestellt ist, so daß bei konstant bleibendem p_H eine Verkleinerung des Quotienten Alkohol/Acetaldehyd eine Vergrößerung des Quotienten DPN/DPNH und umgekehrt bedeutet. Aus Tab. 2 ersieht man, daß sich tatsächlich nach NH_4^+-Zusatz Acetaldehyd/Alkohol vergrößert und damit DPNH/DPN verkleinert.

Es blieb nun zu prüfen, ob tatsächlich eine DPN-spezifische Glutaminsäuredehydrogenase in Hefezellen existiert. H. v. EULER u. Mitarb.[10] hatten zu Ende der 30er Jahre angegeben, daß in Hefezellen lediglich eine TPN-spezifische Glutaminsäuredehydrogenase nachzuweisen sei, während DPN mit Eulers Extrakt wirkungslos war. Fräulein S. SCHNEIDER[11] konnte zeigen, daß in Bäcker- und Bierhefezellen sowohl eine DPN-spezifische wie eine TPN-spezifische Glutaminsäuredehydrogenase nachweisbar ist. Wir konnten die beiden Enzyme weitgehend trennen und damit sicherstellen, daß die in Gl. 1 formulierte Reaktion tatsächlich für die Ammoniumfixierung verantwortlich gemacht werden kann. Untersuchungen über den quantitativen Anteil des genannten Reaktionsweges an der totalen Ammoniumfixierung sind z. Z. im Gange.*

Für das weitere Schicksal der durch reduktive Aminierung entstandenen Glutaminsäure dürften insbesondere Transaminierungsprozesse verantwortlich gemacht werden. Da bisher über Transaminasen in Hefe wenig bekannt war, haben Herr U. GERLACH und Herr G. JACOBI[12] aus Bierhefe eine Transaminase angereichert (Tab. 3), die bevorzugt die Reaktion

$$\text{Glutamat} + \text{Oxalacetat} \rightleftharpoons \alpha\text{-Ketoglutarat} + \text{Aspartat} \quad (3)$$

katalysiert. Das Enzym wird bei der Aufarbeitung von Pyridoxalphosphat befreit; die Michaeliskonstante mit diesem Coenzym beträgt $2 \cdot 10^{-7}$ Mole pro Liter[12].

* *Anmerkung bei der Korrektur:* Inzwischen haben wir festgestellt (7), daß die Abnahme des α-Ketoglutarat in den ersten Sekunden nach NH_4^+-Zusatz 60—90% der Abnahme an NH_4^+-Ionen entspricht.

Es ist sehr wahrscheinlich, daß die durch reduktive Aminierung und Transaminierungen angehäuften Aminosäuren zur Peptid- und Proteinsynthese ausgenützt werden. Daneben dürfte von

Tabelle 3. *Anreicherung einer Transaminase aus Bierhefe*[12]
α-Ketoglutarat^{--} + Aspartat^{-} ⇌ Glutamat^{-} + Oxalacetat^{--}

Reinigungsstufe	Gesamteinheiten	Einheiten pro mg Protein
Lebedewsaft	$94 \cdot 10^4$	138
60° C-Behandlung.	$61 \cdot 10^4$	264
22—27% Ammonsulfat . .	$28 \cdot 10^4$	388
Eluat von Al-Gel	$6 \cdot 10^4$	941

Aspartat ausgehend eine Synthese von Pyrimidinen stattfinden und weiterhin direkt von Ammonium-Ionen und Kohlendioxyd aus Carbamylphosphat als Zwischenprodukt der Purin- und Pyrimidinsynthese synthetisiert werden. All diese Reaktionen verlaufen unter Verbrauch von ATP und unter Freisetzung von Phosphat und ADP, wodurch, wie eingangs erwähnt, die Triosephosphatdehydrierung aktiviert werden sollte. In Abb. 4 ist ein Versuch wiedergegeben, wonach tatsächlich die auf Grund der vorstehenden Überlegungen anzunehmenden Verschiebungen der stationären Konzentrationen von Orthophosphat, ADP, ATP und α-Ketoglutarat stattfinden. Weiter ersieht man aus der Abbildung, daß sofort nach Ammoniumzusatz ein rascher Anstieg der stationären Pyruvatkonzentration eintritt. Demnach

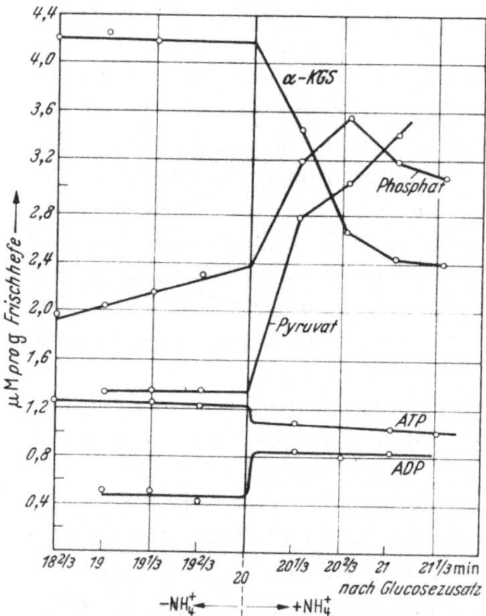

Abb. 4. Änderung der stationären Konzentrationen an anorganischem Phosphat, ADP, ATP, Pyruvat und α-Ketoglutarat in mit Glucose aerob incubierten Hefezellen nach Zusatz von Ammoniumsulfat[6,7]

dürfte tatsächlich ein beschleunigter Glucoseabbau bis zur Stufe des Pyruvats im besprochenen Sinne durch Zusatz von Ammonium-Ionen ausgelöst werden.

Es erhebt sich nun die Frage, weshalb das angestaute Pyruvat lediglich zu einer Verstärkung der aeroben Gärung, nicht aber zu einer Steigerung der Sauerstoffaufnahme Anlaß gibt. Auch diesen Punkt konnten wir quantitativ aufklären. Herrn H. W. GOEDDE[13]

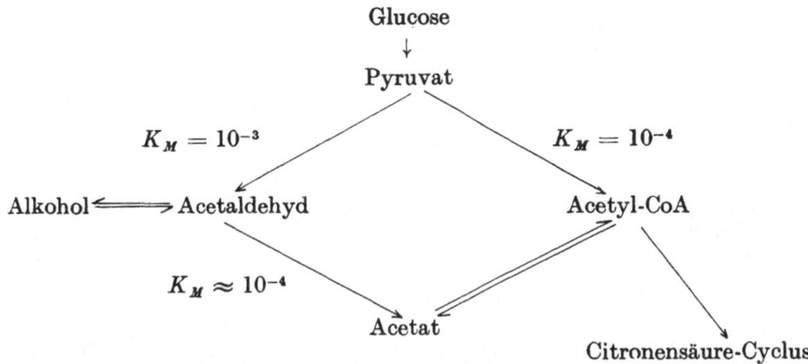

Abb. 5. Reaktionswege von Pyruvat zu Alkohol und Acetyl-Coenzym A in Hefezellen[13]

gelang es, in Mitochondrien aus Bäckerhefe eine Pyruvatoxydase nachzuweisen, die wie die bekannten tierischen und bakteriellen Pyruvatoxydasen Pyruvat zu Acetyl-Coenzym A oxydiert und damit die Verbrennung der Brenztraubensäure im Citronensäurecyclus einleitet. Daneben existieren in dem die Mitochondrien umgebenden Bereich der Bäckerhefezellen (vermutlich im partikelfreien Cytoplasma) Fermente, die Pyruvat über Acetaldehyd und Acetat in Acetyl-Coenzym A überführen. Das erste Enzym dieser letztgenannten Reaktionskette, die Carboxylase, konnten wir schon früher aus Hefezellen isolieren. Dieses Enzym ist sowohl für die Pyruvatoxydation im Cytoplasma als auch für die Bildung von Alkohol über Acetaldehyd verantwortlich. In Abb. 5 sind die Wege von Pyruvat zu Alkohol und zu Acetyl-Coenzym A mit den Michaeliskonstanten der irreversibel arbeitenden Enzyme aufgezeichnet. Man ersieht daraus, daß die Michaeliskonstente des die Oxydation einleitenden, irreversibel arbeitenden „Schrittmacherenzyms" Pyruvatoxydase um eine Zehnerpotenz kleiner ist, als die Michaeliskonstante der die Gärung ermöglichenden Carboxylase. So wird quantitativ verständlich, daß eine Erhöhung der stationären Pyruvatkonzentration über 10^{-3} Mole pro Liter lediglich die Gärung beschleunigen kann, da die Pyruvatoxydase bereits übersättigt war*.

In Abb. 6 ist die chronologische Reihenfolge der Ereignisse in Glucose oxydierenden Hefezellen nach Ammoniumzusatz zusammenfassend dargestellt: die Ammonium-Ionen werden an α-Ketoglutarat durch reduktive Aminierung fixiert, hierauf

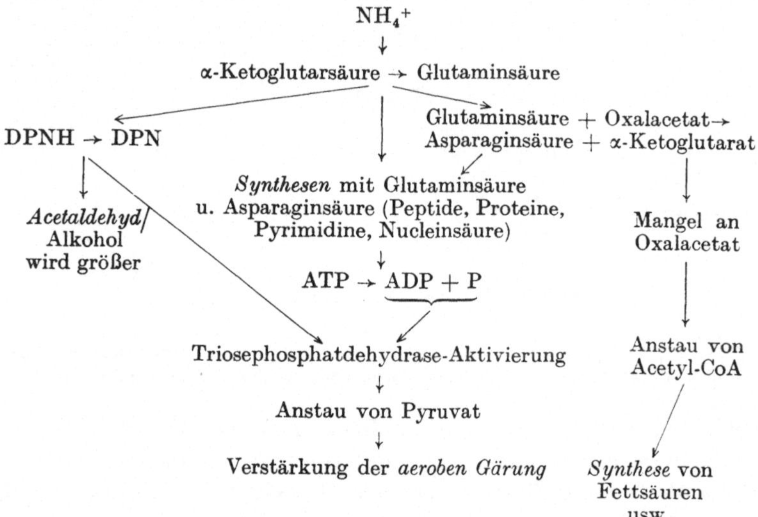

Abb. 6. Chronologische Reihenfolge der Ereignisse in Glucose oxydierenden Hefezellen nach Zusatz von Ammoniumsulfat[6]

setzen Transaminierungsprozesse ein und die angestauten Aminosäuren sowie andere stickstoffhaltige Zwischenprodukte geben zur Synthesetätigkeit und damit zum ATP-Verbrauch Anlaß. Das freigesetzte Orthophosphat und ADP aktivieren die Triosephosphatdehydrierung, wodurch ein Anstau von Pyruvat stattfindet. Dieser führt zu gesteigerter aerober Gärung, wie man es manometrisch beobachten kann.

* Auch für die Acetyl-Coenzym A-Bildung aus Acetaldehyd wird sich bei Anstau von Pyruvat nichts ändern. Zwar wird Acetaldehyd durch das Enzym Carboxylase mit größerer Geschwindigkeit angeliefert, aber auf Grund der kleinen Michaeliskonstanten der Acetaldehyddehydrogenase mit Acetaldehyd ist auch dieses „Schrittmacherenzym" für die Acetyl-Coenzym A-Bildung aus Acetaldehyd bereits vor dem durch NH_4^+-Zusatz ausgelösten Pyruvat- und Acetaldehyd-Anstau übersättigt.

Für das Auftreten von Wachstum und damit Zellteilungen dürften in erster Linie die durch Stickstoffixierung angehäuften stickstoffhaltigen Zwischenprodukte (auf die die Glucose oxydierende Hefezelle geradezu wartet!) verantwortlich sein. Daneben halten wir es für wahrscheinlich, daß die obligat mit aerober Gärung verknüpfte erhöhte stationäre Pyruvatkonzentration auch von Seiten eines vermehrten Angebots an stickstofffreien Zwischenprodukten des Kohlenhydratstoffwechsels einen Druck in Richtung der Synthesetätigkeit ausübt. Es mag sein, daß daneben ein durch die Transaminierungsprozesse (vergleiche hierzu Reaktionsgleichung 3) ausgelöster Abfall der stationären Konzentration an Oxalacetat zu einem Aufstau von Acetyl-Coenzym A führt, da der Reaktionspartner zur Citronensäuresynthese und damit zur Einleitung des Citronensäurecyclus fehlt. Das aufgestaute Acetyl-Coenzym A könnte dann Anlaß zur verstärkten Synthese von Fettsäuren, Cholesterin und den ketogenen Aminosäuren geben. Diese letztgenannte Hypothese ist in Abb. 6 eingetragen, sie bedarf jedoch noch der Prüfung durch Experimente.

II. Versuche mit Zellen des Ehrlichschen Mäuseascites-Tumors

Wie in der Einleitung ausgeführt, sind maligne Tumoren generell durch hohe aerobe Glykolyse gekennzeichnet. Nach O. Warburg eröffnet dieses Faktum therapeutische Möglichkeiten: ,,Könnte man eine Tumorzelle ihrer aeroben Gärung berauben, so wäre sie keine Tumorzelle mehr''[14]. Nachdem die im Abschnitt I beschriebenen Versuche bei Hefezellen einen direkten Zusammenhang zwischen der Durchsatzkapazität des Triosephosphat dehydrierenden Enzymsystems und dem Ausmaß der aeroben Gärung wahrscheinlich gemacht haben, erschien es aussichtsreich, über eine Hemmung der Triosephosphatdehydrogenase eine Hemmung des Wachstums von Tumoren zu versuchen. Bedenken, daß die Verhältnisse an tierischen Zellen wesentlich anders seien als an Hefezellen, waren von vornherein nicht sehr ernst zu nehmen, da die Reaktionswege des Kohlenhydratabbaues sich bei beiden Zelltypen nur in der letzten Reaktionsstufe der Gärung bzw. Glykolyse unterscheiden: während bei tierischen Zellen Pyruvat direkt zu Milchsäure reduziert wird, wird es bei Hefezellen zuerst zu Acetaldehyd decarboxyliert und dann zu Alkohol reduziert.

Von E. LUNDSGAARD[15] lag bereits ein Befund vor, wonach mit Jodessigsäure bei Hefezellen ebenso wie bei tierischen Geweben die Gärung bzw. Glykolyse ohne Beeinflussung der Atmung selektiv gehemmt werden kann. Nach der Isolierung der Triosephosphatdehydrogenase aus Hefezellen[16] und aus tierischen Geweben[17] und dem Nachweis der hohen Empfindlichkeit dieser Enzyme gegen Jodessigsäurevergiftung lag auf der Hand, daß der Befund von LUNDSGAARD durch Hemmung der Triosephosphatdehydrogenase zu erklären sei. Wir konnten mit Ascites Tumorzellen und Jodessigsäure in Fortführung der Versuche von LUNDSGAARD eine selektive Hemmung der anaeroben (und damit auch aeroben) Glykolyse zeigen und nachweisen, daß diese Hemmung quantitativ durch Hemmung der Triosephosphatdehydrogenase zustande kommt. In Abb. 7 ist die selektive Glykolysehemmung durch Jodessigsäure wiedergegeben.

Ausgehend von der oben genannten Hypothese Otto WARBURGs war nun zu prüfen, ob tatsächlich parallel zur Glykolysehemmung eine Wachstumshemmung stattfindet. Der in Tab. 4

Tabelle 4. *Wachstumshemmung des Ehrlich-Ascites-Tumor durch Glykolysehemmung mit Jodessigsäure*[18]

Versuchsreihe Nr.	1				2		3	
Jodessigsäurevorbehandl. (Konzentr. in Mol/l)	ohne	$\frac{1}{20000}$	$\frac{1}{5000}$	$\frac{1}{2500}$	ohne	$\frac{1}{4000}$	ohne	$\frac{1}{5600}$
mm^3 Zellen pro Tier inoculiert	31	31	31	31	50	50	45	45
Atmung (mm^3 O_2/Std./mm^3 Zellen)	1,1	1,3	1,1	0,5	0,8	0,8	1,2	1,3
Aerobe Glykolyse (mm^3 Milchs./Std./mm^3 Zellen)	—	—	—	—	4,4	0,2	4,7	1,7
Anaerobe Glykolyse (mm^3 Milchs./Std./mm^3 Zellen)	6,3	1,2	0	0	—	—	—	—
Zahl der beimpften Tiere	4	4	4	4	10	10	9	10
Zeit der Tötung nach der Beimpfung (Tage)	4	4	4	4	4	4	4	4
Zahl der getöteten Tiere	4	4	4	4	5	5	3	3
ml Ascites pro Maus	2,5	2,3	0,3	0	0,88	0,28	0,20	0,08
Prozent Zellgehalt	19	17	3	—	39	49	67	69
mm^3 Zellen pro Maus	470	390	10	0	340	140	134	55
Zeit der Tötung nach der Beimpfung (Tage)					5	5	6	6
Zahl der getöteten Tiere					5	5	6	7
ml Ascites pro Maus					2,0	0,32	1,3	0,95
Prozent Zellgehalt					21	43	58	61
mm^3 Zellen pro Maus					420	140	750	580

niedergelegte Versuch beweist, daß dies tatsächlich zutrifft. Zwar können wir die Möglichkeit nicht ausschließen, daß Jodessigsäure auch an anderer Stelle als an der Triosephosphatdehydrogenase hemmend in die Wachstumsprozesse eingreift, jedoch erscheint es uns wahrscheinlich, daß die parallel in demselben Konzentrationsbereich des Giftes einsetzende Glykolyse- und Wachstumshemmung kein Zufall ist, sondern kausal zusammenhängt.

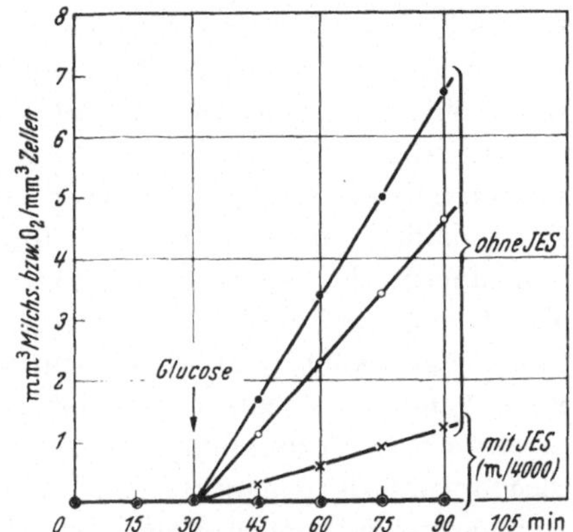

Abb. 7. Selektive Hemmung der Glykolyse in EHRLICH-Ascites-Tumorzellen mit Jodessigsäure[18]. •—•—•— anaerobe Glykolyse. ○—○ aerobe Glykolyse. ×—× Atmung

Bei diesem Stand unserer Untersuchungen erschien es interessant zu

Tabelle 5. *Hemmung der Triosephosphatdehydrogenase durch Cytostatica und SH-Reagenzien*[1]

Substanz	Konzentration in Mol/l·10⁻³ für 50% Hemmung
SH-Reagenzien der Enzymchemie und Modellverbindungen für die untersuchten Cytostatica:	
Jodessigsäure	0,5
Phenylquecksilberacetat	0,02
p-Chlormercuribenzoat	0,025
p-Benzochinon	0,2
p-Hydrochinon	1,3
Cytostatica:	
2,5-Bisäthyleniminobenzochinon (Bayer)	0,035
2,5-Bisäthyleniminohydrochinon (Ciba)	0,007
N,N′, N″-Triäthylenthiophosphorsäureamid (ThioTEPA, Hoechst)	32
Triäthylenmelamin (TEM, Hoechst)	3,0
1,4-Dimethylsulfonoxybutan (Myleran, Burroughs Wellcome)	0,8
Trichlortriäthylaminhydrochlorid (Sinalost, Nordmark)	4,5
Methyl-bis-(β-chloräthyl)-amin-N-oxyd-hydrochlorid (Mitomen, Asta)	25
Methyl-bis-(β-chloräthyl)-aminhydrochlorid (Dichloren, Ciba)	11

prüfen, ob auch gewisse im Tierversuch das Wachstum von Tumoren hemmende Chemotherapeutica (die heute nach einem Vorschlag von L. HEILMEYER als „Cytostatica“ bezeichnet werden) ihre Wirkung durch Hemmung der Triosephosphatdehydrogenase entfalten. Von chemischen Gesichtspunkten aus boten sich zwei Klassen von Cytostatica an: Äthyleniminverbindungen, die durch Alkylierung von SH-Gruppen der Triosephosphatdehydrogenase inaktivierend wirksam sein könnten, und Halogenalkyl-substituierte Stickstofflostderivate, für die derselbe Wirkungsmechanismus wie bei Jodessigsäure zur Diskussion stand. Tab. 5 zeigt, daß die beiden Verbindungsklassen tatsächlich kristallisierte Triosephosphatdehydrogenase aus Kaninchenmuskel in vitro hemmen. Jedoch scheidet trotz dieses Befundes für die Stickstofflost-Verbindungen sehr wahrscheinlich ein Wirkungsmechanismus im genannten Sinne aus, da für die in vitro-Hemmung Konzentrationen notwendig sind, die bei der Tumortherapie am Ganztier nicht eingesetzt werden.

Unsere neuesten Befunde mit Ascites-Tumor-Zellen sprechen dafür, daß diese Verbindungsklasse ihre therapeutische Wirkung durch Atmungshemmung entfaltet. Nach O. WARBURG[19] wäre eine Hemmung des Tumorwachstums auch über Atmungshemmung theoretisch verständlich: da Tumorgewebe nur eine verringerte (geschädigte) Restatmung aufweisen, müßte eine gleichmäßig an gesunden und malignen Geweben eingreifende partielle Atmungshemmung die Tumorgewebe abtöten, da sie auf ihre geschädigte Restatmung *quantitativ* angewiesen sind, während eine vorübergehende partielle Hemmung der Atmung gesunder Gewebe auf diese ohne bleibenden Einfluß wäre.

Für die Äthylenimin-Verbindungen scheint uns jedoch prinzipiell der gleiche Reaktionsmechanismus wie bei Jodessigsäure

Tabelle 6. *Konzentration von Fructosediphosphat und Dioxyacetonphosphat in Ascites-Tumor-Zellen nach Hemmung der Glykolyse durch E 39 und A 139*[20]

Hemmstoff Endkonzentration in mg-%	E 39		A 139	
	0	1,6	0	2,5
$Q^{CO_2}_{Milchsäure}$ (bei p^H 6,0)	8,14	1,21	14,4	4,42
Glykolysehemmung gegenüber Kontrolle	—	85%	—	70%
Fructose-1,6-diphosphat (μM/mm³ Zellen · 10³) . .	3,3	4,8	2,6	4,4
Dihydroxyacetonphosphat (μM/mm³ Zellen · 10³) . .	0,3	0,6	0,2	0,8

wirksam. In Tab. 6 ist ein Versuch von G. SEDLMAYR u. P. GLOGNER[20] wiedergegeben, demzufolge nach Einwirkung von E 39 (2,5-Äthylenimino-3,6-propoxy-benzochinon) und dem ähnlich aufgebauten A 139* auf Ascites Tumorzellen eine Hemmung der Glykolyse ohne Beeinträchtigung der Atmung und ein Aufstau von Triosephosphat und Fruktosediphosphat stattfindet. All diese Befunde weisen auf eine Hemmung der Triosephosphatdehydrogenase hin, die wir inzwischen durch direkte Messung der Triosephosphatdehydrogenase-Aktivität im optischen Test nach WARBURG definitiv sicherstellen konnten (siehe dazu Tab. 7).

Tabelle 7. *Aktivität der Triosephosphatdehydrogenase in Extrakten aus Ascites-Tumor-Zellen nach Hemmung der Glykolyse mit E 39, A 139 und Jodessigsäure*[20]

Hemmstoff Endkonzentration in mg-%	Kontrolle —	E 39 3,4	A 139 6,0	Jodessigsäure 0,5
$Q^{CO_2}_{Milchsäure}$ (bei p_H 6,0)	9,7	4,1	3,7	4,5
Glykolysehemmung gegenüber Kontrolle	—	58%	61%	53%
Aktivität der Triosephosphatdehydrogenase	32	14	12	0
Hemmung gegenüber Kontrolle	—	56%	63%	100%

Ein auffallender Unterschied besteht jedoch in der Wirkung von Jodessigsäure einerseits und E 39 andererseits. Während bei Jodessigsäure alle in Tab. 6 angegebenen Veränderungen genau so wie bei E 39 und A 139 stattfinden, bleibt die stationäre DPN-Konzentration mit und ohne Einwirkung von Jodessigsäure unverändert[20]. Im Gegensatz dazu erniedrigen E 39 und A 139 die stationäre DPN-Konzentration auf wenige Prozent der Kontrolle[20]. Ein Belegversuch ist in Tab. 8 wiedergegeben.

Einen gleichartigen Befund erhob I. M. ROITT[21] bei der Untersuchung der Einwirkung von Triäthylenmelamin (TEM) auf Ascites-Tumorzellen. Wir nehmen deshalb an, daß bei Einwirkung von E 39, A 139 und TEM außer der Triosephosphatdehydrogenase das DPN synthetisierende Enzymsystem hemmend betroffen wird. Bestärkt werden wir in dieser Annahme durch den Befund, daß das

* E 39 und A 139 sind Präparate der Farbenfabriken Bayer, Leverkusen.[23]

Tabelle 8. *Konzentration von DPN in Ascites-Tumor-Zellen nach Hemmung der Glykolyse mit E 39, A 139 und Jodessigsäure*[20]

Hemmstoff Endkonzentration in mg-%	E 39		A 139		Jodessigsäure	
	0	1,4	0	4,0	0	1,1
$Q^{CO_2}_{Milchsäure}$	15 (p_H 6,0)	1,35 (p_H 6,0)	14,7 (p_H 6,0)	3,3 (p_H 6,0)	30 (p_H 7,3)	4,9 (p_H 7,3)
Glykolysehemmung gegenüber Kontrolle	—	91%	—	78%	—	84%
μM DPN/mm³ Zellen · 10⁴	1,53	0,11	2,10	0,47	3,4	3,4

den DPN-Abbau hemmende Nicotinsäureamid die Glykolysehemmung durch A 139 bei intakten Asciteszellen partiell aufhebt (Tab. 9). Es dürften demnach zwei Mechanismen nebeneinander am Werke sein: erstens Triosephosphatdehydrogenase-Hemmung durch SH-Alkylierung und eine Hemmung der DPN-Synthese, die jedoch nicht eine Folge der Glykolyse-Hemmung ist, da sonst auch Jodessigsäure den DPN-Spiegel erniedrigen müßte. Zur Zeit sind wir damit beschäftigt, den zweiten Angriffspunkt der Äthylenimin-Verbindungen näher zu lokalisieren.*

Tabelle 9. *DPN-Konzentration in Ascites-Tumor-Zellen und Glykolysehemmung nach Einwirkung von A 139* bei p_H 6,0 *mit und ohne Nicotinsäureamid*

Konzentration an A 139	0	4,0 mg-%						
Nicotinsäureamid (Mole/l · 10³)	0	0	0,82	1,64	3,28	6,56	9,84	13,12
$Q^{CO_2}_{Milchsäure}$	10,75	0,21	2,78	7,25	8,30	9,75	9,20	9,60
Glykolysehemmung gegenüber Kontrolle	—	98%	74%	33%	23%	9%	14%	11%
μM DPN/mm³ Zellen · 10⁴ .	0,97	0	0,29	0,29	0,29	0,29	0,80	0,80

* *Anmerkung bei der Korrektur:* Bei weiteren Versuchen mit Ascites-Tumoren ergab sich, daß an der Glykolysehemmung ganz vorwiegend der DPN-Abfall und nicht die Triosephosphatdehydrasehemmung beteiligt ist (20); weiter konnten wir feststellen, daß bei Ratten mit Jensen-Sarcom parallel zur Auflösung der Tumoren nach einmaliger i. v.-Behandlung mit E 39 ein intensiver Abfall der DPN-Konzentration im Tumor stattfindet (H. KRÖGER und H. HOLZER: unveröffentlicht).

Man wird sich fragen, weshalb Jodessigsäure bei der Therapie der Tumoren nutzlos ist (E. LUNDSGAARD bezeichnete seine diesbezüglichen Versuche als „entmutigend“), während mit den Äthylenimin-Verbindungen im Tierversuch schöne Erfolge erzielt werden können. Ein Befund erscheint uns hierfür von Bedeutung zu sein: in einem p_H-Bereich von 6—7 des die Ascites-Tumorzellen umgebenden Mediums dringen die von uns untersuchten Äthylenimin-Verbindungen im neutralen Milieu wesentlich langsamer in die Zellen ein als im schwach sauren Milieu [20, 22]. Bietet man demnach über die Blutbahn einem Tumorträger gleichmäßig das Cytostatikum an, so wird aus den durch hohe aerobe Glykolyse saureren intercellulären Gebieten der Tumoren das Cytostatikum bevorzugt in die Zellen eindringen und das Wachstum hemmen, während die gesunden Gewebe mit neutral reagierender Zellenumgebung nicht betroffen werden. Da die Dissoziationskonstante der Jodessigsäure im unphysiologisch sauren p_H-Bereich liegt, kann hier dieser Unterschied in der Penetrationsgeschwindigkeit nicht wirksam werden. Es erscheint uns aussichtsreich diese physikalisch-chemischen Verhältnisse weiter zu studieren, um damit Unterlagen für die weitere Entwicklung selektiv Tumor-wirksamer Cytostatika zu gewinnen.

Literatur

1 HOLZER, H.: Medizinische **1956**, 576.

2 WARBURG, O.: Über den Stoffwechsel der Tumoren, Berlin: Julius Springer 1926.

3 HOLZER, H.: 4. Colloquium der Ges. f. Physiol. Chemie, S. 89—114. Springer 1953.

4 LYNEN, F. : Liebigs Ann. **546**, 120 (1941).

5 JOHNSON, M.: Science (Lancaster, Pa.) **94**, 200 (1941).

6 WITT, J.: Diss. Univ. Hamburg 1957.

7 HOLZER, H., J. WITT u. S. SCHNEIDER: Zur Publikation in der Biochem. Z. vorgesehen.

8 HOLZER, H., E. HOLZER u. G. SCHULTZ: Biochem. Z. **326**, 385 (1955).

9 HOLZER, H., G. SCHULTZ u. F. LYNEN: Biochem. Z. **328**, 252 (1956).

10 EULER, H. v., E. ADLER u. T. STEENHOFF-ERIKSEN: Hoppe-Seylers Z. **248**, 227 (1937). — ADLER, E., G. GÜNTHER u. J. E. EVERETT: Hoppe-Seylers Z. **255**, 27 (1938).

11 HOLZER, H., u. S. SCHNEIDER: Biochem. Z. **329**, 361 (1957).

12 HOLZER, H., U. GERLACH, G. JACOBI u. M. GNOTH: Biochem. Z.: **329**, 529 (1958).

13 HOLZER, H., u. H. W. GOEDDE: Biochem. Z. **329**, 175 (1957).

[14] WARBURG, O.: Ideen zur Fermentchemie der Tumoren, Berlin: Akademie-Verlag 1947.
[15] LUNDSGAARD, E.: Biochem. Z. **220**, 1 u. 8 (1930).
[16] WARBURG, O., u. W. CHRISTIAN: Biochem. Z. **303**, 40 (1939).
[17] CORI, G. T., M. W. SLEIN and C. F. CORI: J. of Biol. Chem. **173**, 605 (1948).
[18] HOLZER, H., J. HAAN u. D. PETTE: Biochem. Z. **327**, 195 (1955).
[19] WARBURG, O.: Science (Lancaster, Pa.) **123**, 309 (1956).
[20] HOLZER, H., P. GLOGNER u. G. SEDLMAYR: Biochem. Z. **329** (1958).
[21] ROITT, I. M.: Biochemic. J. **63**, 300 (1956).
[22] HOLZER, H., G. SEDLMAYR u. A. KEMNITZ: Biochem. Z. **328**, 163 (1956).
[23] GAUSS, W. u. S. PETERSEN: Angewandte Chemie **69**, 252 (1957).

Diskussion

DISCHE (New York): Ich halte es für wichtig, genau anzugeben, um wieviel die aerobe Glykolyse nach Zugabe von Ammoniumsulfat ansteigt. Herr HOLZER sprach von einem Anstieg auf das Zehnfache, während ich auf der Abbildung, die er zeigte, nur einen Anstieg auf das Zwei- bis Dreifache erkennen konnte. Darf ich weiter fragen, ob die Brenztraubensäure parallel mit der aeroben Glykolyse ansteigt? Ist dieser Parallelismus quantitativ und steht er mit der Michaeliskonstanten der Carboxylase in Einklang?

HOLZER: Vielleicht darf ich Ihre zweite Frage zuerst beantworten. Größenordnungsmäßig besteht tatsächlich ein Parallelismus zwischen Brenztraubensäurespiegel und aerober Glykolyse. Es ist jedoch schwierig, quantitativ etwas auszusagen, vor allem, weil man nicht weiß, auf welchen lösenden Raum man die in den Zellen gemessene Brenztraubensäure berechnen soll. Wir können genau sagen, wieviel Brenztraubensäure pro Gramm Hefe vorhanden ist. Ob ein Gramm Hefe aber einem, einem halben oder einem viertel cm^3 lösenden Raum entspricht, und wo die Brenztraubensäure darin enthalten ist, wissen wir nicht.

Ihre erste Frage betraf den Anstieg der aeroben Glykolyse nach Zusatz von Ammoniumionen. Legt man bei Abb. 2 die Tangenten an die Kurven der aeroben Gärung, so sieht man, daß diese nach 10—20 min auf das Anderthalb- bis Zweifache und nach 40 min bereits auf das Sieben- bis Zehnfache angestiegen ist.

DISCHE: Wir haben hier also ein sehr eigenartiges System; die aerobe Glykolyse ist um das Zehnfache und gleichzeitig ist die Atmung etwas weniger vermehrt. Wie vereinbaren Sie das mit der Pasteur-Reaktion? Wenn die Glykolyse zehnfach vermehrt ist, dann wird mehr Glucose phosphoryliert und entsprechend nimmt die Hexokinase zu. Es muß hier ein besonderer Reaktionsmechanismus vorliegen, der die Hexokinaseaktivität derartig steigert, ohne daß die Atmung dabei entsprechend vermindert, sondern im Gegenteil sogar erhöht ist. Das ist bei Systemen, die von vornherein ein sehr niedriges Niveau an ATP enthalten, gut verständlich. Man kann sich denken, daß einfach durch die Vermehrung der Atmung die ATP-Konzentration und damit auch die Phosphorylierung ebenfalls ansteigen wie bei der sogenannten Erregungsglykolyse. Hier ist jedoch umgekehrt das ATP nur wenig vermehrt und trotzdem ist die Glucosephosphorylierung sehr stark angestiegen.

Holzer: Wir können nichts Quantitatives darüber aussagen, wie groß die Glucosephosphorylierung ist, weil wir die Glykogensynthese nicht gemessen haben. Die Glucosephosphorylierung ist ja für Gärung, Atmung und Glykogenaufbau nötig. Nach unserer Ansicht wird das für die gesteigerte Gärung notwendige ATP durch die Gärung selbst geliefert. Hierbei entstehen pro Mol vergorener Glucose je 2 Mole überschüssiges ATP. Zudem erzeugen Glucose-oxydierende Hefezellen nach Lynen nur etwa ein ATP pro Sauerstoffatom. Die Zelle verfügt also über einen sehr großen Spielraum, indem sie ihre Energieproduktion durch Erhöhung des P:O-Quotienten von 1 auf den theoretisch möglichen Wert von 3—4 steigern kann. Es ist möglich, daß eine solche Erhöhung des P:O-Quotienten bei dem Anstieg der aeroben Gärung und damit wahrscheinlich auch der Glucosephosphorylierung nach Ammoniumzusatz eine Rolle spielt.

Bücher (Marburg/L.): Ich habe noch einige Fragen zur Kinetik. Sind Ihre Werte auf das Gefäß oder auf die Trockensubstanz bezogen?

Holzer: Die Werte für die Gärung sind auf das Gefäß bezogen. Den Trübungsmessungen zufolge vermehrten sich die Zellen in den ersten 30 bis 40 min nicht.

Bücher: Es ist mir bei der Betrachtung Ihrer Kurven aufgefallen, daß die Sprünge des Phosphats und des Pyruvatspiegels zu einem anderen und sehr viel früheren Zeitpunkt beobachtet wurden als die zehnfache Steigerung der aeroben Glykolyse. Sie diskutierten diese Versuche auf der Grundlage der Lynen-Johnson-Theorie des Pasteureffektes. Die Effekte, die Sie zueinander in Beziehung setzen: Sprung des Phosphatspiegels und Auftreten aerober Glykolyse scheinen zeitlich in keinem unmittelbaren Zusammenhang zu stehen.

Holzer: Das stationäre Phosphat steigt sehr rasch und pendelt wieder zurück. Was dann weiter erfolgt, ob eine langsame Zunahme des Phosphats nach diesem Einpendelungsvorgang einsetzt, die mit der Lynen-Theorie zu vereinbaren wäre, haben wir noch nicht weiter untersucht. In dieser Beziehung ist also die aerobe Glykolyse noch nicht erklärt.

Bücher: Ich möchte Ihre Wachstumsversuche an Hefe dahin deuten, daß die auftretende aerobe Glykolyse eine Folge der Wachstumsvorgänge und nicht ihre Ursache ist.

Holzer: Nein, die aerobe Glykolyse ist das Primäre. Die Trübungswerte steigen erst nach vierzig Minuten. Während der ersten zwei Minuten beginnt jedoch die Vorbereitungsphase des Stoffwechsels für das spätere Wachstum zu laufen.

Bücher: Der Ablauf hat sich mir folgendermaßen dargestellt: Die Zugabe von Ammonsulfat setzt die Synthese von Glutaminsäure usw. in Gang. Danach folgt die aerobe Glykolyse als eine Begleiterscheinung der in Gang gesetzten Aminosäure-Synthese. Wenn Sie die Hefe als Modell für den Tumor nehmen, dann müßte noch erwiesen werden, ob Sie das Wachstum beseitigen, wenn Sie die aerobe Glykolyse beseitigen.

Holzer: Die Prozesse hängen obligat zusammen wie zwei gekoppelte Pendel. Es ist für den Schwingungsvorgang unwesentlich, von welchem Pendel das Anschwingen ausging. So kann man es sich vorstellen.

BÜCHER: In Tabelle 7 zeigen Sie, daß eine 100%ige Hemmung der Phosphoglycerinaldehyd-Dehydrogenase mit Jodessigsäure die Glykolyse nur auf die Hälfte senkt. Dies spricht dafür, daß kein Engpaß in bezug auf die Aktivität dieses Enzyms in der Zelle vorhanden ist. Eine Hemmung dieses Enzyms um 50% durch die Äthylenimin-Verbindungen sagt eigentlich gar nichts, wenn man die Relation zu den Hemmungsversuchen mit Jodessigsäure ansieht. Wir haben die Aktivität der Phosphoglyceraldehyd-Dehydrogenase in verschiedenen experimentellen Tumoren gemessen. Sie ist relativ zu anderen Dehydrogenasen und relativ zu anderen Geweben ziemlich hoch. Auch dies steht im Widerspruch zur Erklärung der Wirkung der Äthylenimin-Verbindungen über eine Hemmung dieses Enzyms.

HOLZER: Die Äthylenimin-Verbindungen bewirken wahrscheinlich den Hauptteil ihrer Glykolysehemmung durch Reaktion mit DPN und nicht durch die 50%ige Hemmung der Phosphoglyceraldehyd-Dehydrogenase.

BÜCHER: Berechnungen des Quotienten DPN zu DPNH aus dem Spiegel der angeschlossenen Substrate setzen eine Annahme über das pH voraus. Ändert sich möglicherweise durch Zugabe des Ammonsulfats das pH innerhalb der Zelle? Oder darf man es als konstant voraussetzen und aus der Änderung des Alkohol-Acetaldehyd-Quotienten auf eine Änderung des Redoxpotentials im DPN-DPNH-System schließen?

HOLZER: Herr SCHULTZ hat grobe p_H-Messungen an rasch abzentrifugierten und in flüssige Luft geworfenen Hefezellen durchgeführt. Hiernach ändert sich das p_H während des Versuches nicht.

WALLENFELS (Freiburg): Sie sind doch auch der Ansicht, daß die Chinone nicht, wie man früher annahm, an der SH-Gruppe des Enzyms sondern am DPN angreifen, genauer gesagt am DPNH. Nach unseren Erfahrungen gibt es in vitro keine überzeugende Reaktion zwischen Chinon und DPN, wohl aber zwischen Chinon und DPNH. Das haben wir besonders bei Bakterien gesehen, z. B. bei Escherichia coli. Es ist bekannt, daß auch bei tierischen Zellen neben der an sich nicht enzymatischen chemischen Reaktion zwischen Chinon und DPNH noch eine für die Chinone konstitutionsspezifische enzymatische Reaktion zwischen Chinon und DPNH abläuft. Andererseits wissen wir, daß die verschiedenen Hydrochinone wiederum als Acceptoren und Donatoren mit den gelben Fermenten im Elektronenaustausch stehen. Man könnte sich die Chinonwirkung meines Erachtens vielleicht so erklären, daß sie den Wasserstoff mit Hilfe von Fermenten aus dem DPNH heraussaugen, so daß sich das Verhältnis DPNH/DPN ändert. Wir wissen ja, daß gerade für die Synthesen der Wasserstoffdruck nötig ist. Für die Wirkung der Ammoniumionen, die sich in einer vermehrten Reduktion von α-Ketoglutarsäure zu Glutaminsäure ausdrückt, wird DPNH und nicht DPN benötigt. Das heißt, diese Reaktion läuft nur ab, wenn ein Wasserstoffdruck von DPNH dahintersteht; man könnte sie als Druckreduktion durch DPNH bezeichnen. Wenn nun auf der anderen Seite durch die Chinone der Wasserstoffdruck vom DPNH abgeführt wird, dann kann die α-Ketoglutarsäure nicht zur Glutaminsäure reduziert werden. Vielleicht könnte man die Chinonwirkung auch so deuten. Haben Sie das Verhältnis von DPNH/DPN mit und ohne Chinon gemessen?

HOLZER: Wir haben es versucht. Wir bestimmten das DPNH nach einer Methode, die wir noch in München mit LAMPRECHT, HELMREICH und GOLDSCHMIDT ausgearbeitet haben. In den Asciteszellen waren die DPNH-Werte jedoch nicht meßbar. Sie betrugen weniger als $^1/_{10}$ des DPN. Wir haben geprüft, ob bei Behandlung mit Äthyleniminchinonen nach dem Absturz des DPN das DPNH ansteigt. Das war jedoch nicht der Fall; es beträgt immer weniger als $^1/_{10}$ des DPN. Die Summe von DPN und DPNH sinkt also ab, wenn man Chinon zusetzt. Nach diesen Beobachtungen fließt der Wasserstoff wahrscheinlich nicht zum Chinon.

WALLENFELS: Eine Spekulation bezüglich der Fettsynthese: Es ist bekannt, daß in der Hefe gerade bei Sauerstoffmangel vor allem Fett gebildet wird. Die Verfettung kann bis zu 50% des Hefetrockengewichtes ausmachen, aber natürlich nicht unter den Bedingungen, die Sie hier gezeigt haben.

HOLZER: Nach meiner Meinung muß beim Wachstum natürlich auch vermehrt Fett synthetisiert werden. Daß gerade dann mehr Fett entsteht, wenn Sauerstoffmangel herrscht, ist ohne weiteres verständlich, da hier ein größerer „Reduktionsdruck“ durch DPNH und TPNH vorliegt.

STRACK (Leipzig): Wie wir wissen, ist bei jedem angeregten Zustand der Zelle die glykolytische Spaltung gesteigert. Wenn zu Beginn des Wachstums die Glykolyse erhöht ist, so ist das eine Folge des angeregten Zustandes der Zelle.

Außerdem möchte ich darauf hinweisen, daß man immer einen Mischwert erhält, wenn man die Glykolyse mißt, denn diese findet ja nicht nur in den wachsenden, sondern auch in den toten Zellen statt.

Übrigens hörte ich eben von THOMAS, daß WARBURG seine Theorie über die Ursache der Tumorbildung zurückgezogen hat.

HOLZER: Ich war kürzlich eine Woche lang in WARBURGS Institut und habe lange mit ihm diskutiert. Er sprach nicht davon, seine bisher veröffentlichten Ansichten zu revidieren, betonte jedoch, daß auch das Wachstum von Tumoren nicht nur durch Hemmung der Glykolyse, sondern auch durch Hemmung der Restatmung beeinflußt werden könne. Er nimmt an, daß die Tumoren *quantitativ* auf ihre geschädigte Atmung angewiesen sind, während normale Zellen nicht vollständig absterben, wenn die Atmung vorübergehend partiell gehemmt wird.

Zu Ihrer zweiten Bemerkung: unter unseren Versuchsbedingungen ist der Anteil an toten Zellen sehr gering und kann ohne weiteres vernachlässigt werden.

LANG (Mainz): Eine Diskussion ist ja zwangsläufig sprunghaft, und ich komme jetzt auf etwas zurück, was sich eigentlich an die Ausführungen von Herrn WALLENFELS anschließt. Ich habe früher die Hemmung von Triosephosphatdehydrogenase und anderen Enzymen durch Lost und Lostderivate untersucht. Bei der Arbeitsmethodik muß man berücksichtigen, daß diese Reaktionen sehr lange Zeit brauchen; man kann also Effekte, wie z. B. Hemmungen, bei einer langen Versuchsdauer beobachten, die man bei kurzfristigen Untersuchungen nicht zu sehen bekommt.

Ich möchte darauf hinweisen, daß diese Reaktionen stark p_H-abhängig sind. Diese Tatsache erklärt vielleicht das, was Sie in der letzten Tabelle gezeigt haben. Im allgemeinen nimmt die Reaktionsgeschwindigkeit zu, je saurer der p_H-Wert ist. Manche Effekte, die wir beobachtet haben, können damit zusammenhängen.

HOLZER: Wir haben mit kristallisierter Triosephosphatdehydrogenase geprüft, ob die Hemmung durch Äthyleniminverbindungen abhängig vom p_H ist. Dies ist im Bereich von p_H 6—8 nicht der Fall. Deshalb glauben wir, daß die p_H-Abhängigkeit der Glykolysehemmung bei intakten Ascites-Krebs-Zellen auf den Permeabilitätsverhältnissen beruht.

BUTENANDT (München): Ich habe den Eindruck, daß dieDosen, die Sie benötigen, um die Triosephosphatdehydrogenase zu hemmen, doch größer sind als die, mit denen man cytostatische Wirkungen an den Ascites-Krebszellen erzielt. Das würde auch dafür sprechen, daß dies nicht der primäre Angriffspunkt, sondern einer sekundärer Art ist.

In der Literatur wird häufig diskutiert, daß das eine oder andere der genannten Cytostatica in den Zellen verändert wird und in einer anderen Form wirkt, als wir annehmen. Deshalb lassen sich vielleicht die Untersuchungen über die Hemmung der Triosephosphatdehydrogenase, die mit reinen Enzymen ausgeführt wurden, nicht ohne weiteres auf die Zelle übertragen. Es könnte sein, daß die Dehydrogenase in der Zelle gehemmt wird, weil dort eine andere Wirkart vorliegt. Für die Aminoxyde ist es aus verschiedenen Gründen wahrscheinlich, daß sie in der Zelle zunächst verändert werden, bevor sie wirken.

HOLZER: Wenn man die bei der Therapie von Menschen und Tieren i. v. injizierte Dosis einer Äthyleniminverbindung auf das gesamte Blutvolumen bezieht, erhält man einen Wert von 1 mg%. Wir haben bei unseren Versuchen mit etwa 2—4 mg% gefunden, daß die Glykolyse um etwa 80% gehemmt war. Nun sahen wir, daß der DPN-Effekt vermutlich der entscheidende ist; und bei unseren Experimenten ist das DPN um mehr als 90% abgesunken. Man wird also mit der therapeutischen Dosis von 1 mg% sehr wahrscheinlich die ersten deutlichen Effekte auf Glykolyse und DPN-Spiegel erhalten.

KÜHNAU (Hamburg): Ich möchte noch etwas dazu sagen, daß bei Hefezellen durch Zugabe von Ammoniumsulfat die Glykolyse vermehrt ist, während die Atmung fast unverändert bleibt. Sie sagten, daß die Michaeliskonstante der Pyruvatoxydase, die die Oxydation einleitet, um eine Zehnerpotenz kleiner ist als die Michaeliskonstante der Carboxylase, die die Gärung ermöglicht, und deswegen bei Erhöhung der Pyruvatkonzentration über 10^{-3} Mole pro Liter nur die Gärung beschleunigt werden kann. Das könnte erklären, warum die Atmung in Ihren Versuchen gleichbleibt. Nun wird aber dauernd α-Ketoglutarsäure für die Bildung von Glutaminsäure verbraucht, sie verschwindet fast völlig und der Citronensäurecyclus läuft geradezu leer. Die Atmung müßte also abnehmen. Wie erklären Sie diese Verhältnisse ?

HOLZER: Wenn man Ammoniumsulfat zugibt, sinkt, wie Abb. 4 zeigte, die α-Ketoglutaratkonzentration stark ab. Nimmt man an, daß die α-Ketoglutaratoxydase des Citronensäurecyclus vor Ammoniumzugabe mit α-Ketoglutarat übersättigt war, so könnte man verstehen, daß nach Ammoniumzugabe die Geschwindigkeit der α-Ketoglutaratoxydation nicht oder nur um wenige Prozent zurückgeht, obwohl die Konzentration des α-Ketoglutarat stark absinkt. Das ist allerdings nur eine Arbeitshypothese, um zu erklären, warum die Atmung nicht gehemmt ist. Wir können vorerst nichts Quantitatives darüber aussagen, da wir die Sättigungskurve der α-Ketoglutaratoxydase nicht kennen.

HESS (Heidelberg): Einen Einfluß von A 139 auf den Sauerstoffverbrauch kann man nur bei entsprechendem Elektronenumsatz an der Atmungskette beobachten. Zellphysiologisch hängt das Ausmaß der Hemmung vom steady state der Atmungskettenfermente ab. Mißt man daher den Einfluß von A 139 auf den Sauerstoffverbrauch von Ehrlich Ascites-Krebszellen unter den Bedingungen der endogenen, glucosefreien, relativ großen Atmung, so ist bei den von Ihnen gewählten Konzentrationen der Elektronentransport und der Sauerstoffverbrauch um etwa 50% gehemmt. Ist dagegen der Umsatz durch Glucose gehemmt, dann hat der Hemmstoff keinerlei Einfluß. Diese letzte Bedingung scheint bei den vorgetragenen Versuchen gegeben zu sein, so daß man aus den Ergebnissen nicht schließen kann, daß A 139 den Umsatz an der Atmungskette grundsätzlich nicht beeinflußt.

Sie haben früher die Beobachtung gemacht, daß die Jodacetathemmung des oxydierenden Gärungsfermentes von Hefe reversibel ist und diesen Befund als Austausch der alkylierten Gruppe im Sinne eines Umbaues oder Neubaues des Fermentes interpretiert. Liegen derartige Beobachtungen auch für die Wirkung von A 139 auf Ascites-Krebszellen vor?

HOLZER: Die endogene Atmung ist gegenüber Äthyleniminverbindungen tatsächlich empfindlicher als die Glucoseatmung (Dissertation G. SEDLMAYR, Medizinische Fakultät der Universität Hamburg, 1955). Wir beobachteten jedoch bei Konzentrationen von A 139, die die Glykolyse vollständig hemmten, nur eine Hemmung der endogenen Atmung bis zu 20%. Es mag sein, daß diese Verhältnisse etwas vom verwendeten Ascitesstamm abhängen.

Wir haben bisher bei mit A 139 behandelten Ascites-Zellen keine Restitution der gehemmten Glykolyse beobachten können.

HOFMANN (Berlin): Ich möchte noch etwas zu dem DPN-Effekt sagen, von dem Sie sprachen. Man kann noch nicht sicher sagen, ob das Nicotinsäureamid nur die DPN-spaltenden Enzyme hemmt. Es könnte auch die DPN-Synthese in der lebenden Zelle fördern. Wir haben eine DPN-Nucleosidase, die nicotinsäureamidempfindlich ist, aus Erythrocyten auf das 1000fache angereichert und auf sie das Dichlorin von Ciba angewendet. Hierbei fanden wir, daß die DPN-Nucleosidaseaktivität durch das Dichlorin nicht beeinflußt wird.

HOLZER: Ich danke Ihnen für Ihren Hinweis. Wir sind erst vor kurzem auf die DPN-Wirkung der Äthyleniminverbindungen gestoßen und haben daher die Enzyme, die hier eine Rolle spielen, noch nicht untersucht.

SEELICH (Wien): Wenn ich Sie richtig verstanden habe, wird die Glykolyse durch die Phosphatzunahme in Gang gesetzt. Die letztere muß aber nicht unbedingt eine Folge der Synthese sein. Man müßte die Frage, ob die Glykolyse oder die Synthese das Primäre ist, einmal von dieser Seite betrachten.

HOLZER: Wenn es eine andere Arbeitshypothese gibt, mit der man diese Fragen klären kann, werde ich sie gerne prüfen.

Wechselbeziehungen zwischen Kohlenhydrat- und Fettstoffwechsel und ihre Störungen

Von

Otto Wieland

Aus der II. Medizinischen Klinik der Universität München
Direktor: Professor Dr. Dr. Gustav Bodechtel

Mit 12 Textabbildungen

Für die Analyse der Bedingungen, welche den bewundernswerten Zustand des physiologischen Gleichgewichtes in Organen und Organismen gewährleisten, erscheint es notwendig, die biochemische Dynamik der verschiedenen Stoffwechselabschnitte nicht getrennt voneinander, sondern in ihrer engen gegenseitigen Beeinflussung und Verknüpfung zu untersuchen. Eine derartige Betrachtungsweise kann am ehesten dazu beitragen, auch manche Probleme der Pathologie von jenen Punkten aus zu beleuchten, die der Auslösung des Abgleitens zum Krankhaften hin ursächlich am nächsten gelegen sind. Natürlich gilt auch hier die Einschränkung, daß die bis heute kaum überwindbare Schwierigkeit einer unmittelbaren Beobachtung von Stoffwechselabläufen in lebenden Zellen oder Zellsystemen eine sichere Identifizierung von in vitro-Befunden mit in vivo-Vorgängen nicht gestattet. Ja, diese Problematik vertieft sich noch erheblich, wenn es gilt, die Regulationen in einem höher differenzierten Lebewesen mit den hinzukommenden übergeordneten Mechanismen, wie etwa zentral-nervöse oder hormonelle Steuerung, der Vorstellung näherzubringen.

Wenn ich nun im folgenden den Versuch einer solchen „Rekonstruktion" des Zusammenspiels biologischer Reaktionen und ihrer Beeinträchtigungen in der Zelle unternehme, so sollen uns dabei in erster Linie die vielfachen Wechselbeziehungen beschäftigen, die zwischen dem Stoffwechsel der Kohlenhydrate und der Fette vorliegen. Im Gegensatz zu den Proteinen lassen sich die in diesem Bereich herrschenden Stoffwechselverknüpfungen, zum mindesten was die Vorgänge der Umwandlung von Kohlenhydraten in Fette sowie das Ausmaß der Verbrennung der beiden Nahrungsstoffe betrifft, weitaus besser übersehen. Das folgende Schema (Abb. 1) soll Ihnen in ganz allgemeiner Form zeigen, auf welchen Ebenen derartige Berührungspunkte in der Zelle angelegt sind.

Physiologie der Umwandlung von Kohlenhydraten in Fett

Während die Umwandlung von KH in Fett im Tierkörper schon seit langer Zeit am Beispiel der Mast bekannt war und

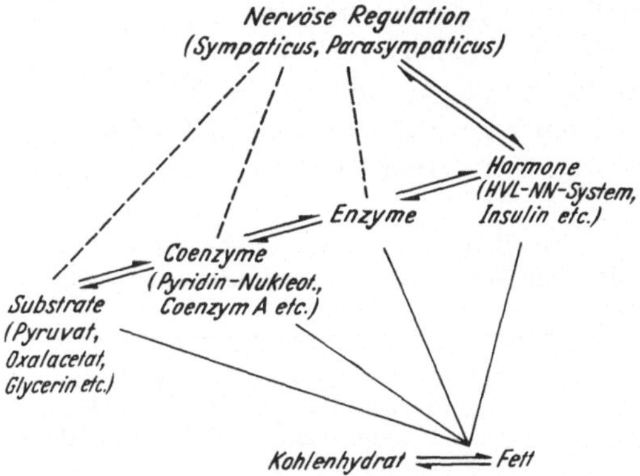

Abb. 1. Die hauptsächlichen Regulationsmechanismen für das Zusammenspiel von Kohlenhydrat- und Fettstoffwechsel

praktisch betrieben wurde, fällt die erste wissenschaftliche Untersuchung zu diesem Thema in das Jahr 1860, wo in Bilanzversuchen wahrscheinlich gemacht werden konnte, daß verfütterte KH beim Schwein in Fette übergeführt werden[1]. Nach einer Vielzahl von darauffolgenden experimentellen Hinweisen indirekter Art, die sich hauptsächlich auf den Anstieg des respiratorischen Quotienten beim Übergang von KH in Fett stützten[2,3], wurde der direkte Beweis einer Fettneubildung aus KH durch die bekannten Experimente von SCHÖNHEIMER u. RITTENBERG mit Hilfe von schwerem Wasser erbracht[4], was gleichzeitig zu der biologisch interessanten Erkenntnis führte, daß die Fettbildung aus KH nicht nur als Folge einer Überfütterung auftritt, sondern auch normalerweise einen beständigen Anteil der zum Umsatz kommenden KH ausmacht. Dieser Anteil beträgt nach neueren Untersuchungen von STETTEN u. Mitarb. in der Rattenleber unter normalen Bedingungen etwa 30% der in den Stoffwechsel gelangenden Glucose[5], ein Wert, der in etwa gleicher Höhe auch für Lactat[6] sowie Brenztraubensäure[7] gefunden wurde.

Aber nicht die Leber allein ist der Sitz der Umwandlung von KH in Fett, vielmehr dürften praktisch alle Gewebe des tierischen Organismus in mehr oder weniger großem Umfang an diesem Prozeß beteiligt sein. So ließ sich in Isotopenexperimenten zeigen, daß außer Leber auch Niere, Herzmuskel, Milz und Hoden[8] sowie in ausgeprägtem Maße auch Darm- und Hautgewebe der Ratte[9] markiertes Acetat in Fettsäuren einzubauen vermögen. Auch die nahezu ubiquitäre Verteilung der Enzyme des Fettsäurecyclus im Körper von Ratte und Mensch[10,11] deutet in diese Richtung. Nach neuesten Untersuchungen kommt schließlich dem Fettgewebe selbst, auf dessen rege Anteilnahme am Stoffwechsel zum ersten Male von Schönheimer und Rittenberg hingewiesen wurde[4], für

Tabelle 1. *Enzyme des weißen Fettgewebes*
(Nur mit spezifischen Methoden nachgewiesene Enzymaktivitäten sind aufgeführt)

Lipase	Quagliarello, G., and G. Scoz: Arch. Soc. Biol. **17**, 513 (1932). Renold, A. E., u. A. Marble: J. of Biol. Chem. **185**, 367 (1950). Eger, W.: Medizinische **1954**, 737.
Diastase	Lit. hierzu vgl.:
Phosphatasen	Wertheimer, E., and B. Shapiro: Physiologic. Rev. **28**, 451 (1948).
ATP - ase	Rose, G., u. B. Shapiro: Unveröffentlicht.
Cholesterin-esterase	Schoelly, O., u. P. Favarger: Helvet. chim. Acta **36**, 90 (1953).
Lecithinase	Schoelly, O., u. P. Favarger: Helvet. chim. Acta **36**, 90 (1953).
Acylthiokinase	Rose, G., u. B. Shapiro: Unveröffentlicht.
Aldolase	Rose, G., u. B. Shapiro: Unveröffentlicht.
Phosphoglycerat-kinase	Rose, G., u. B. Shapiro: Unveröffentlicht.
Phosphorylase	Mirski, A.: Biochemic. J. **36**, 232 (1942). Shapiro, B., u. E. Wertheimer: Biochemic. J. **37**, 397 (1943). Haagensen, N. R.: Dan. Med. Bull. **2**, 63 (1955).
Glucose-6-ph.-Dehydrogenase	Wieland, O.: Unveröffentlicht.
Hexokinase	Wieland, O.: Unveröffentlicht.
β-Ketothiolase	Wieland, O., D. Reinwein and F. Lynen: In Biochemical Problems of Lipids, Edit. G. Popják u. E. le Breton. S. 155. London: Butterworth's Scientific Public. 1956.
β-Oxyacyl-Dehydrogenase	Wieland, O., D. Reinwein and F. Lynen: In Biochemical Problems of Lipids. Edit. G. Popják u. E. le Breton. S. 155. London: Butterworth's Scientific Public. 1956.

die Fettneubildung eine wesentlich größere Rolle zu, als man bisher allgemein angenommen hat. Daß das Fettgewebe durchaus kein inertes Organ ist, geht schon aus seinem reichhaltigen Enzymbestand hervor, wie Sie aus Tab. 1 entnehmen können. Das Vorkommen einiger Hauptvertreter von den Enzymen des KH- und Fettstoffwechsels läßt den Schluß zu, daß mit entsprechender Methodik auch die noch fehlenden Glieder für den Übergang von KH in Fett aufzufinden sein werden. Inzwischen sind Untersuchungen bekannt geworden, welche das Fettgewebe in seiner Leistung, Fettsäuren aus Glucose oder Acetat zu synthetisieren, sogar weit über die Leber steleln[12—15]. Alle diese Befunde erscheinen naturgemäß auch vom klinischen Standpunkt aus für die Pathogenese der Fettsucht von besonderem Interesse und dies um so mehr, wenn man berücksichtigt, daß schon beim normalen Menschen bis zu 18% des Körpergewichtes aus Fettgewebe bestehen[16].

Biochemie der Umwandlung von Kohlenhydraten in Fett

Dank der nahezu lückenlosen Aufklärung der in den Umsatz der Fette und Fettsäuren verwickelten Stoffwechselprozesse durch

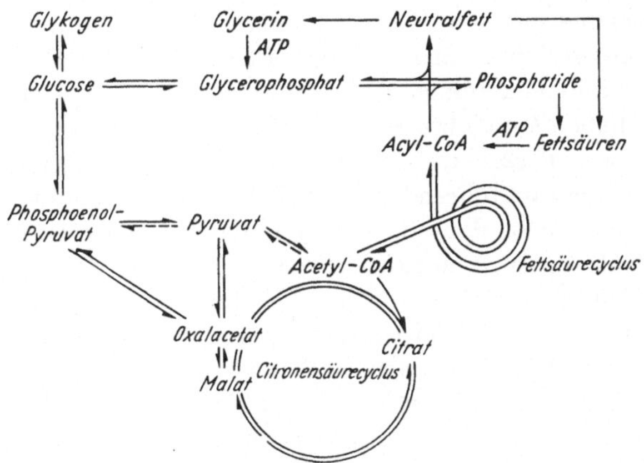

Abb. 2. Hauptwege der Umwandlung von Kohlenhydrat in Fett

die Forschungen der letzten Jahre[17] bietet der biochemische Mechanismus der Umwandlung von KH in Fett unserem Verständnis grundsätzlich keine Schwierigkeiten mehr. Verfolgen wir diesen Weg an Hand des in Abb. 2 gezeigten Schemas, so führt er uns zunächst über die Reaktionskette der Glykolyse und deren Endprodukt BTS* zum Acetyl-Coenzym A, welches nunmehr unmittelbar den Fettsäurecyclus in Richtung der Fettsäuresynthese einzuleiten vermag[18]. Auch der Mechanismus, durch welchen die schließlich gebildeten langkettigen Acyl-CoA-Derivate in Lipoide bzw. Neutralfette umgewandelt werden, ist inzwischen klargestellt worden. In beiden Fällen erfolgt zunächst eine Veresterung mit Glycerophosphat zu den entsprechenden Phosphatidsäuren[19], die daraufhin dephosphoryliert werden. Im Falle der Lecithinsynthese tritt nunmehr das Cytosindiphosphatcholin[20], im Falle der Neutralfettbildung ein drittes Molekül Acyl-CoA an das Diglycerid heran[21].

Der umgekehrte Weg wird durch Hydrolyse der Esterbindungen eingeleitet durch ubiquitär vorkommende Enzyme vom Typ der Lipasen und Esterasen. Hierbei treten die freien Fettsäuren auf, die nun vor ihrem weiteren Umsatz mit ATP und CoA wieder zu den entsprechenden Acyl-CoA-Verbindungen aktiviert werden müssen. Auch das Glycerin wird mit ATP zu Glycerophosphat umgewandelt, worauf wir später noch einmal zu sprechen kommen werden.

Nach Durchlaufen des Fettsäurecyclus auf der Stufe des Acetyl-CoA angelangt, ist eine Resynthese von Zucker durch einfache Umkehr des glykolytischen Abbaues aber nicht möglich. Vielmehr stellen, worauf neuerdings Krebs und Kornberg besonders hingewiesen haben[22] und wie es auch in der gestrigen Diskussion von Bücher besonders herausgestellt wurde[98], die zur Phosphoenol-Brenztraubensäure führenden Reaktionen aus thermodynamischen Gründen Barrieren dar, die auf dem Umweg via Citronensäurecyclus-Oxalessigsäure umgangen werden müssen[23]. Dadurch wird auch verständlich, daß geradzahlige Fettsäuren, welche ja in überwiegender Mehrzahl im Tierkörper vorkommen, nicht in nennenswertem Ausmaß in KH umgewandelt werden[24].

Es sei jedoch in diesem Zusammenhang erwähnt, daß die ungeradzahligen Fettsäuren ein hiervon abweichendes Verhalten zeigen, indem bei ihnen in größerem Umfang eine Transformierung in Glykogen möglich ist.[25]. Hierfür kommen zwei Wege in Be-

* Folgende Abkürzungen werden gebraucht: BTS = Brenztraubensäure, CoA = Coenzym A, ATP = Adenosintriphosphat, ADP = Adenosindiphosphat, DPN = Diphosphopyridinnukleotid, DPNH = hydriertes DPN, TPN = Triphosphopyridinnukleotid, TPNH = hydriertes TPN.

tracht, für welche experimentelles Material beigebracht wurde[17]. So soll das als Endprodukt der β-Oxydation ungeradzahliger Fettsäuren gebildete Propionyl-CoA nach einer Version über Acrylat sowie D- und L-Lactat direkt in Brenztraubensäure übergehen, während die zweite Möglichkeit die Aufnahme von CO_2 mit der Entstehung von Succinyl-CoA, wodurch der Weg zur Glucose ebenfalls geebnet wäre, nahelegt. Daß beide Mechanismen die altbekannte Tatsache des Fehlens einer ketogenen Wirkung von Propionat mühelos verständlich machen, sei hier nur nebenbei vermerkt[26].

Zum Abschluß dieser Stoffwechselbetrachtungen wollen wir auch einen kurzen Blick auf die energetischen Verhältnisse werfen, indem wir uns an Hand eines Vergleiches die Ausbeuten an ATP-Äquivalenten bei der vollständigen Verbrennung von Stärke bzw. Fett vor Augen führen. Die von F. LYNEN angestellte Berechnung führt, wie erwartet, zu demselben Ergebnis, welches die calorimetrischen Untersuchungen RUBNERs auf anderem Wege erbracht haben, d. h. für die Erzeugung eines ATP-Äquivalents ist die Oxydation von 4,27 g KH oder 1,96 g Fett erforderlich[18]. Die Gegenüberstellung der in Abb. 3 und 4 gezeigten Verhältnisse zeigt aber darüber hinaus für beide Nahrungsstoffe auch ein unterschiedliches Verhalten bezüglich der Aufteilung der Energiegewinnung. Diese gestaltet sich nämlich im Falle der KH-Oxydation in der ersten Etappe bis zum Acetyl-CoA fast gleich groß, wie bei dessen Verbrennung im Citronensäurecyclus, während im Fall der Fette im ersten Abschnitt fast nur ein Viertel der gesamten ATP-Menge gewonnen wird. Legt man also zugrunde — wie es aus Abb. 3 u. 4

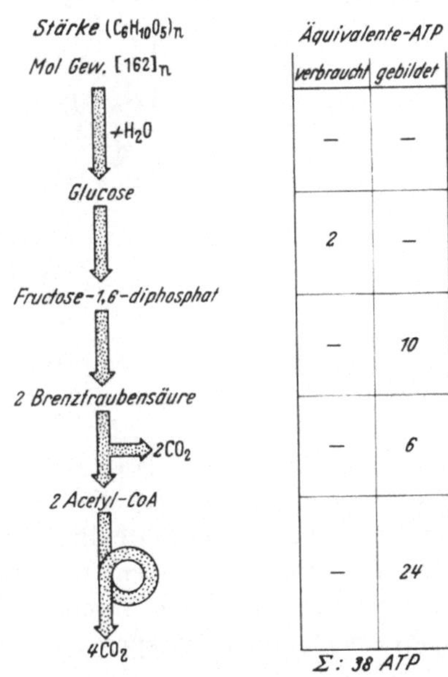

Abb. 3. Energieausbeute bei der Oxydation von Stärke (nach F. LYNEN)

leicht zu entnehmen ist — daß zur Bildung von 1 Mol Acetyl-CoA 81 g Stärke, aber nur 31,7 g Fett nötig sind, so kommt bei Umsatz annähernd gleicher Gewichtsmengen von KH und Fett für letzteres zwar die doppelte Menge an Acetyl-CoA, dagegen bis zu dieser Stufe kaum eine größere Ausbeute an ATP heraus: 81 g Stärke = 1 Mol Acetyl-CoA + 7 ATP, 63,4 g Fett = 2 Mol Acetyl-CoA + 8.6 ATP.

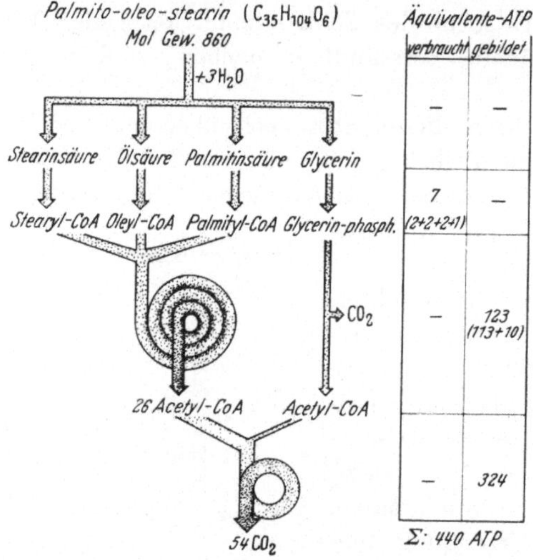

Abb. 4. Energieausbeute bei der Oxydation von Fett (nach F. LYNEN[18])

Mit anderen Worten: Der hohe Energiegehalt der Fette nützt dem Organismus nur dann etwas, wenn deren Oxydation bis zu Ende erfolgen kann. Ist diese aber aus irgendeinem Grunde behindert, kann die erhöhte Bildung von Acetyl-CoA für die Zelle eine Belastung darstellen, die zur pathologischen Bildung von Ketonkörpern mit allen ihren Folgen führt. Hierauf werden wir später noch einmal zu sprechen kommen.

Hormonelle Faktoren im Wechselspiel von Kohlenhydraten und Fett

Betrachten wir nun im folgenden die für das Zusammenspiel von KH- und Fettstoffwechsel vorliegenden regulatorischen Einrichtungen, so wäre bei den hochdifferenzierten Organismen der Rangordnung nach als erste Instanz die zentralnervöse Steuerung zu nennen. Ich darf mich hier darauf beschränken, die zweifellos übergeordnete Rolle von sympatischen und parasympatischen Impulsen auf Vorgänge wie Glykogenspaltung, Fettmobilisation und dergleichen nur kurz zu erwähnen, wobei ganz allgemein dem Sympatikus im Sinne der Ergotropie die Stimulierung katabolischer Prozesse, dem Parasympaticus dagegen eine Umschaltwirkung in Richtung der trophotropen Stoffwechsellage zugeschrieben werden kann. Obwohl wir über die Einzelheiten der hier walten-

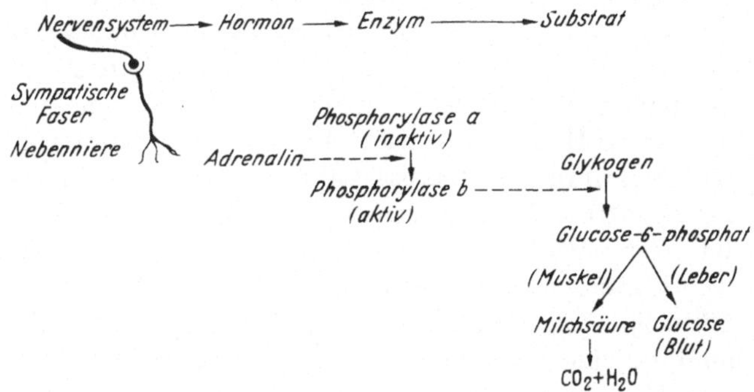

Abb. 5. Beispiel einer Stoffwechselbeeinflussung durch nervale Impulse: Sympaticusreiz

den Mechanismen bisher nur ungenügend informiert sind, darf doch angenommen werden, daß die Auswirkung der entsprechenden nervalen Impulse durch Vermittlung von Hormonen zustande kommt, welche ihrerseits wieder in übergeordneter Weise die Aktivität von Enzymen beeinflussen. Ich möchte als Beispiel für eine solche Reaktionskette etwa die Vorgänge anführen, die, von einem Sympaticusreiz ausgehend, für das Auftreten des Stoffwechseleffektes, d. h. Hyperglykämie, Hyperlactacidämie und Erhöhung des O_2-Verbrauches ineinandergreifen, wie dies schematisch in Abb. 5 dargestellt ist.

Dieses Beispiel stellt freilich noch einen Einzelfall dar, wissen wir doch über die Zusammenhänge anderer hormoneller Steuerungseinrichtungen bis heute bei weitem nicht so gut Bescheid. Dies gilt in besonderem Maße für das Insulin, das als Gegenspieler des Adrenalins und anderer Hormone an hervorragender Stelle in das Wechselspiel zwischen KH- und Fettstoffwechsel eingeschaltet ist. Zum erstenmal hat wohl Boukaert die Vermutung ausgesprochen, daß eine der wesentlichen Wirkungen des Inselhormons sich auf die Förderung der Umwandlung von KH in Fett erstrecke[27], eine Vorstellung, die bald darauf auch experimentell durch Untersuchungen Drurys unterstützt werden konnte[28]. Eindeutig entschieden wurde aber diese Frage erst durch Isotopenversuche von Stetten und Klein, welche nachweisen konnten, daß die Umwandlung von Glucose in Fett beim Alloxandiabetes auf etwa 5% des normalen Maßes herabgesetzt ist[29,30]. Dieser Defekt in der Umwandlung von KH in Fett im diabetischen Organismus wurde in der Folgezeit von verschiedenen Arbeitsgruppen sowohl in Beobachtungen am Ganztier, als auch an Gewebsschnitten wiederholt sichergestellt, wobei sich darüber hinaus ergab, daß nicht nur Glucose, sondern auch Fructose sowie eine Reihe von Zwischenprodukten des KH-Abbaues, wie BTS, Alanin, Milchsäure, Essigsäure, Ameisensäure und Acetessigsäure in Leber und Fettgewebe diabetischer Ratten in unzureichender Weise in Fettsäuren umgewandelt werden[14,31,32]. Diese Störung, die heute allgemein als eines der charakteristischsten Merkmale der diabetischen Stoffwechselsituation angesehen wird, läßt sich mit Sicherheit durch Vorbehandlung der Versuchstiere mit Insulin, nicht dagegen durch Zusatz des Hormons in vitro, beseitigen.

Darüber hinaus entfaltet das Inselhormon aber auch am nichtdiabetischen Organismus eine die Fettbildung aus KH beträchlich stimulierende Wirksamkeit, wie dies in zahlreichen Untersuchungen an Lebergewebe Insulin-vorbehandelter Tiere [33,34], sowie auch an Schnitten von Leber- und Brustdrüsengewebe in vitro nachgewiesen werden konnte[35–37]. Auch klinisch wird bekanntlich zur Behandlung bestimmter Formen der Magersucht von dieser Eigenschaft des Insulins in Form der sog. Insulin-Mastkur Gebrauch gemacht. Nicht selten begegnen wir der stimulierenden Wirkung des Insulins auf die Fettsynthese bei Diabetikern, wo es an den regelmäßig für die Insulininjektionen dienenden Körperstellen zu circumscripten Fettanhäufungen, den sogenannten „Spritzen-Lipomen" kommen kann.

Der hauptsächliche hormonelle Gegenspieler des Insulins im Bereich des Fettstoffwechsels ist nach der heute gültigen Auffassung das Wachstumshormon der Hypophyse, auch somatotropes Hormon (STH) genannt. Seine Insulin-antagonistische Wirkung äußert sich am Ganztier durch Einschmelzung der Fettdepots mit Auftreten von Lipämie sowie von Ketonkörpern[38]. Auch die

Lipogenese ist nach STH-Behandlung gehemmt, was sowohl am Ganztier[39], als auch nach Vorbehandlung der Tiere im in vitro-Versuch gezeigt werden konnte[40]. Umgekehrt kommt die kontrainsuläre Wirkung des STH auch durch eine Beschleunigung der Fettverbrennung bei der Ratte und in isolierten Rattenorganen zum Ausdruck, ja selbst in Leberhomogenaten vorbehandelter Tiere ließ sich die STH-bedingte Steigerung der Fettsäureoxydation nachweisen[41, 42].

Eine ähnliche, wenn auch weniger ausgeprägte Insulin-antagonistische Wirkung besitzen auch das adrenocorticotrope Hormon des Hypophysenvorderlappens (ACTH), die Glucocorticoide der Nebennierenrinde sowie auch der Hyperglykämie-Glykogenolyse-Faktor (HGF, identisch mit dem Glucagon im europäischen Schrifttum) des Pankreas. Alle genannten Faktoren bewirken in vivo und auch in vitro — nach Vorbehandlung der Tiere — eine Hemmung der durch Insulin geförderten Lipogenese aus Glucose oder Acetat[43].

Im Zusammenspiel der verschiedenen Hormone trägt schließlich auch das thyreotrope Hypophysenhormon zu einer Beeinflussung des KH- und Fettstoffwechsels bei. Der Haupteffekt dürfte hierbei über die Ausschüttung von Thyroxin ausgelöst werden, dessen grundlegender Angriffspunkt am Energiehaushalt der Zelle von Martius und anderen Autoren nachgewiesen werden konnte[44—47]. Als Folge der thyreogen ausgelösten Entkopplung von Atmung und Phosphorylierung kommt es dabei zu einer generellen Umstellung der intracellulären Umsetzungen in Richtung der gesteigerten Verbrennung, ein Bild, wie wir es in eindrucksvoller Weise beim ausgeprägten Morbus Basedow vor uns haben.

Neben dieser Allgemeinwirkung auf den Stoffwechsel scheint das Thyroxin in noch nicht näher bekannter Weise auch auf die Bildung bestimmter Fermente und Cofermente Einfluß zu nehmen. So führt z. B. die Vorbehandlung von Ratten mit Thyroxin zu einer Erhöhung der Coenzym A-Konzentration in Leber und anderen Organen[48], während der Bestand an Pyridinnucleotiden in der Leber durch das Schilddrüsenhormon eine Verminderung erfährt, wie Glock und McLean neuerdings nachgewiesen haben[49]. Nach Befunden der gleichen Autoren wird dagegen die Aktivität der Enzyme Glucose-6-phosphatase, Glucose-6-phosphatdehydrogenase und 6-Phosphogluconatdehydrogenase in der Rattenleber durch

Thyroxin gesteigert[50]. Die physiologische Bedeutung dieser Befunde läßt sich bisher noch nicht übersehen. Über die Beeinflussung bestimmter Coenzyme und Enzyme durch andere Hormone wird im nächsten Abschnitt noch zu sprechen sein.

Der regulatorische Einfluß von Enzymen

Unmittelbarer als durch die soeben kurz angeführten hormonellen Faktoren dürften die zwischen dem Stoffwechsel der KH und dem der Fette herrschenden Beziehungen durch die Einwirkung von Enzymen und Coenzymen kontrolliert werden. In diesem Sinne sind natürlich sämtliche Fermente der Glykolyse und des Fettstoffwechsels, darüber hinaus aber auch diejenigen der Endoxydation im Citronensäurecyclus, in Verbindung mit den jeweiligen Coenzymen an der Aufrechterhaltung des physiologischen Zusammenspiels beteiligt.

Während eine Änderung von Enzymaktivitäten als Maßnahme des Organismus zur Anpassung an neue Lebensbedingungen durch zahlreiche Experimente gestützt wird[51], stellt auch die direkte Stimulierung oder Hemmung von Enzymen — sei es durch Hormone, wie am Beispiel des Adrenalins gezeigt wurde, sei es durch andere, noch unbekannte Faktoren — eine grundsätzliche Möglichkeit der Stoffwechselregulation für die Zelle dar. Bei der Beurteilung dieser Frage wird es freilich meistens schwierig sein, zwischen Ursache und Wirkung zu unterscheiden, so etwa in dem Fall der erhöhten Aktivität von Enzymen der β-Oxydation in der Brustdrüse während der Lactation[52,10]. Auch in der Leber alloxandiabetischer Ratten findet sich nach eigenen Untersuchungen, wie Tab. 2 zeigt, eine Steigerung der Aktivität einiger Enzyme des Fettsäurecyclus sowie auch eine Erhöhung der Coenzym A-Konzentration[10], was man im Hinblick auf die gesteigerte Fettsäureoxydation beim Diabetes sowohl als adaptiven Vorgang als auch als auslösenden Mechanismus betrachten kann. Diese Ergebnisse sind inzwischen, was das Coenzym A betrifft, von anderer Seite bestätigt worden[92]. Auch bei anderen Enzymen wurden im Verlauf des Alloxandiabetes geänderte Wirksamkeiten festgestellt. So ist sich z. B. die Glucose-6-phosphataseaktivität der Leber sowohl beim experimentellen[53–55] als auch beim klinischen Diabetes[101] ebenfalls über die Norm erhöht, während das umgekehrte Verhalten für das Enzym Glucose-6-phosphatdehydrogenase zu beob-

Tabelle 2. *Enzyme des Fettsäurecyclus und Coenzym A in der Leber alloxandiabetischer Ratten* (nach[10])
Die eingeklammerten Zahlen geben die Werte für die Kontrolltiere wieder

Datum	Dauer d. Diabetes (Tage)	Blutzucker mg-%	Körpergewicht g	Gesamtprotein extrahiert mg	β-Ketoacyl-thiolase	β-Oxyacyl-dehydrogenase	Acyl-dehydrogenase	Coenzym A (Einheiten pro g Frischleber)
					Enzymeinheiten pro mg Protein			
2.6.55	10	422	220/145 (210)	775 (1050)	187 (181)	68,0 (38,2)	7,8 (3,6)	133 (112)
3.6.55	11	535	198/146 (205)	810 (692)	205 (192)	72,0 (48,0)	6,7 (6,7)	120 (117)
6.6.55	14	432	198/150 (220)	873 (990)	177 (133)	55,3 (36,9)	7,2 (3,6)	144 (112)
6.6.55	14	396	198/150 (190)	666 (633)	180 (110)	54,6 (40,5)	8,2 (3,7)	188 (85)
22.6.55	4	500	280/219 (280)	856 (983)	166 (130)	57,1 (45,2)	10,2 (6,2)	156 (85)
27.6.55	9	492	230/174 (180)	1120 (808)	153 —	56,0 (40,3)	9,6 —	145 (123)
29.6.55	11	424	280/215 (205)	1125 (692)	165 —	51,0 (37,5)	5,9 (1,7)	154 (104)
29.6.55	11	484	218/158 (155)	973 (652)	104 —	60,0 (49,8)	11,1 (5,6)	151 (115)
15.7.55*	4	515	220/175 (265)	792 (1080)	158 (169)	64,4 (64,3)	10,8 (1,9)	129 (111)
19.7.55	8	596	222/183 (190)	1030 (548)	157 (134)	63,6 (34,0)	5,2 (2,4)	156 (137)
19.7.55	8	—	182/148 (190)	632 (637)	187 (151)	64,8 (45,4)	7,0 (2,5)	160 (122)
Mittel:	9,5	480	231/170 (208)	878 (824)	176 (150)	60,6 (43,6)	8,2 (3,8)	149 (111)
Differenz:			— 26,4%		+ 17,3%	+ 39%	+ 115%	+ 34,5%

* Leber stark verfettet.

achten war[50]. Gleichartige Veränderungen der genannten Enzyme treten auch nach längerem Hunger auf, woraus die enge biochemische Verwandtschaft der Stoffwechsellage bei Hunger und Diabetes deutlich wird[50, 56]. Möglicherweise kommt die Ausbildung eines solchen Hungerdiabetes ebenfalls über die Hypophyse zustande, die auf längeren Nahrungsentzug mit vermehrter Ausschüttung insulinantagonistischer Hormone antworten soll[57].

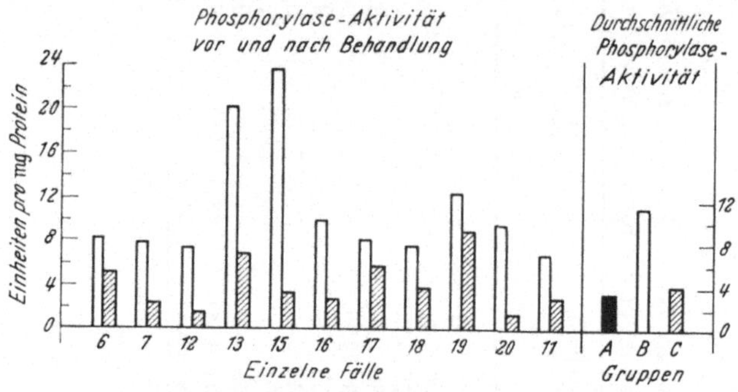

Abb. 6. Phosphorylaseaktivität im subcutanen Fettgewebe des Menschen (nach[58])
■ Normalpersonen ▨ Adipöse nach Diätbehandlung □ Adipöse vor Behandlung

Von klinischem Interesse erscheinen neueste Untersuchungen über das Verhalten der Glykogen-Phosphorylase im Unterhautfettgewebe des Menschen. HAAGENSEN hat bei einer Reihe von Patienten die Aktivität dieses Enzyms in excidierten Gewebestückchen gemessen und dabei eine eindeutige Steigerung in denjenigen Fällen beobachtet, die stärkere Grade von Adipositas aufwiesen[58]. Die Resultate dieser als Ferment-Adaptation gedeuteten Ergebnisse sind in Abb. 6 dargestellt. Wie man sieht, geht die Phosphorylase-Aktivität nach entsprechender Diät-Behandlung wieder auf normale Werte zurück. Auch im Rattenversuch tritt als Folge zunehmenden Hungerns ein beträchtlicher Aktivitätsverlust der Leberphosphorylase in Erscheinung[100]. Nachdem die Umwandlung von Glucose in Fett speziell im Fettgewebe nur über die Stufe des Glykogens verlaufen soll[59], kommt diesen Befunden im Hinblick auf die Pathophysiologie der Fettsucht zweifellos größeres Interesse zu.

Im gleichen Zusammenhang sind vielleicht auch tierexperimentelle Untersuchungen erwähnenswert, die zeigen, daß Mäuse eines erblich mit Fettsucht belasteten Stammes verfüttertes markiertes Acetat wesentlich rascher als Normaltiere in die Fettsäuren von Leber und Körperfett einbauen[90].

Vom regulatorischen Gesichtspunkt aus verdient weiterhin die Gruppe der Enzyme vom Typ der *Kinasen* besondere Beachtung, die auf Grund ihrer aktivierenden Eigenschaften über das Ausmaß der Einbeziehung von Nahrungsstoffen in den intermediären Stoffwechsel an erster Stelle zu entscheiden haben.

Wie allgemein bekannt ist, nimmt im Bereich des Zuckerstoffwechsels die zur Bildung von Glucose-6-phosphat führende Hexokinase eine Schlüsselstellung ein, an der sich nach den vieldiskutierten Untersuchungen Coris eine durch Insulin reversible Hemmwirkung des Hypophysenvorderlappens auswirken soll[60]. Ich brauche hier nicht näher auf diese Arbeiten einzugehen, die — wenn auch nicht einstimmig angenommen — von größtem Einfluß auf die pathogenetischen Betrachtungen des Diabetesproblems geworden sind. Es sei in diesem Zusammenhang erwähnt, daß die Entdeckung einer insulinunabhängigen Fructokinase durch Leuthardt[61], wodurch unter anderem die bessere Fructosetoleranz bei der Zuckerkrankheit auf einfache Weise erklärlich wurde, sich gut in die Corische Konzeption einfügt[62].

Während über das physiologische Verhalten der für die ATP-abhängige Aktivierung von Fettsäuren verantwortlichen Acyl-Thiokinasen bisher noch keine näheren Untersuchungen vorliegen, möchte ich mich nunmehr einem weiteren Enzym zuwenden, welches in besonderer Weise zwischen den Stoffwechsel von Fetten und Kohlenhydraten eingeschaltet ist, indem es freies Glycerin unter Einsatz von ATP zu Glycerophosphat umwandelt. Die Stellung dieser Glycerokinase in Beziehung zu den übrigen Hauptvertretern dieser Enzymklasse ist in Abb. 7 wiedergegeben.

Demnach kommt der Glycerokinasereaktion, wie Kennedy gezeigt hat, für die Synthese der Phosphatide und der Neutralfette die wesentliche Funktion zu, das als Partner für die Vereinigung mit den entsprechenden Acyl-CoA-Derivaten erforderliche L-α-Glycerophosphat bereitzustellen[63]. Ebenso sind natürlich auch andersartige Umsetzungen des Glycerins, wie die Bildung von Glucose bzw. Glykogen[25], oder der oxydative Abbau an die vorausgehende Phosphorylierung zu L-α-Glycerophosphat gebunden.

Wir haben uns in letzter Zeit mit dem Enzym der Glycerinaktivierung etwas eingehender beschäftigt, nachdem — mit Ausnahme einer Arbeit von BUBLITZ und KENNEDY[64], — bisher keine

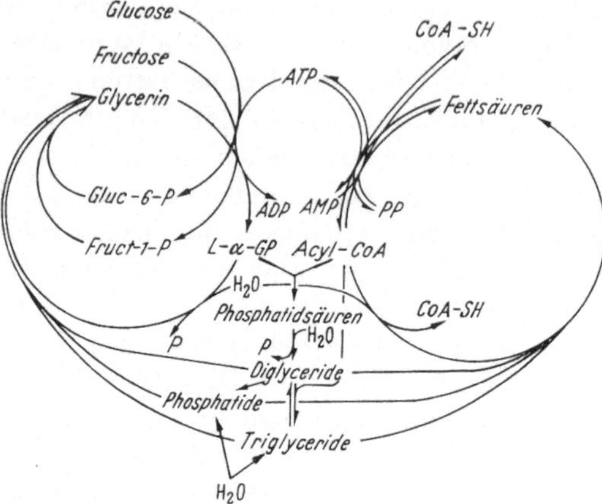

Abb. 7. Die Stellung der Glycerokinase im Stoffwechsel der Kohlenhydrate und Lipoide

weitere Mühe auf das Enzym verwandt wurde und insbesondere kinetische Daten über die Reaktion nicht bekannt geworden waren.

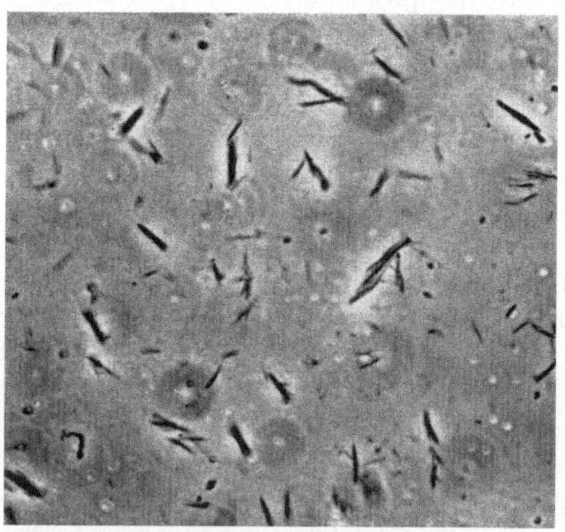

Abb. 8. Glycerokinase aus Taubenleber. Kristallfraktion nach 600facher Anreicherung. 180fache Vergrößerung (nach[65])
(Die Aufnahme verdanke ich Herrn Priv.-Doz. Dr. POETSCHKE, Deutsche Forsch.-Anstalt für Psychiatrie, München)

Dabei konnten wir mit Hilfe eines zusammengesetzten optischen Testverfahrens Glycerokinase aus Taubenleber mehr als 600fach anreichern und wiederholt kristalline Fraktionen der gleichen Enzymaktivität darstellen[65]. Abb. 8 zeigt Ihnen solche Kristalle in Form von teils büschelförmig aneinandergelagerten Nadeln.

Ohne auf die Ergebnisse unserer Untersuchungen hier im einzelnen eingehen zu wollen, erscheint die Tatsache von physiologischem Interesse, daß die Affinität des Enzyms zum Glycerin mit einer Michaelis-Konstante: $K_M = 3 \times 10^{-5}$ (Mol/l) sehr ausgesprochen ist und z. B. etwa um eine Zehnerpotenz über derjenigen der Leber-Fructokinase[66] liegt. Die Wechselzahl der Taubenleber-Glycerokinase beläuft sich unter Zugrundelegung eines Molekulargewichtes von 100000 bei 38° nach grober Berechnung auf 7000 Moleküle umgesetzten Glycerins pro Fermentmolekel in einer Minute. Dabei ist es nicht ausgeschlossen, daß die in unserem Test vorliegende sehr hohe Hydrazinkonzentration (annähernd 1 molar) möglicherweise noch eine Hemmung des Enzyms bewirkt. Auf Grund dieser Eigenschaften wird verständlich, daß das Glycerin, wie dies aus mehreren Untersuchungen zu entnehmen ist[67], für den tierischen Organismus einen leicht verwertbaren Nahrungsstoff darstellt. So werden z. B. von 50 g per os eingenommenen Glycerins nach einigen Stunden insgesamt weniger als 10% wieder ausgeschieden, der Rest assimiliert[71].

Die hohe Substrataffinität der Glycerokinase bot auch für die Verwirklichung unserer Absicht, eine empfindliche Bestimmungsmethode für freies Glycerin auszuarbeiten, eine günstige Voraussetzung. So konnten wir auf optisch-enzymatischem Wege in Anlehnung an die klassischen Arbeiten O. Warburgs[68], durch Zuhilfenahme einer DPN-abhängigen Hilfsreaktion, nämlich der Glycerophosphatdehydrierung durch das Baranowski-Ferment[69] neuerdings ein kombiniertes Testsystem aufstellen, welches in einfacher Weise mit bisher nicht bekannter Empfindlichkeit und Spezifität die Erfassung von Glycerin in biologischem Material gestattet[70]. Das folgende Diagramm (Abb. 9) soll Ihnen die Abhängigkeit der Testreaktion von steigenden Mengen einer Glycerin-Standardlösung vor Augen führen.

Diese Methode erwies sich als besonders geeignet für Untersuchungen über das Verhalten des Glycerins im Organismus, da der Glycerinnachweis in den Körperflüssigkeiten ohne die umständlichen Vorbereitungen der früheren Verfahren vor sich gehen konnte. Nach den bisherigen Ergebnissen fanden wir, daß Glycerin im menschlichen Blut in ziemlich konstanten, wenn auch geringen Mengen, die mit etwa 0,5—1,0 mg-% in der Höhe des Brenztraubensäurespiegels liegen, in freier Form vorkommt[71]. Auch in ver-

$$\text{Glycerin} + \text{ATP} \xrightarrow{\text{GK}} \text{L-}\alpha\text{-Glycerophosphat} + \text{DPN}^+ \overset{\text{GDH}}{\rightleftharpoons} \underset{\downarrow \atop \text{Hydrazin}}{\text{Dioxyacetonphosphat}} + \text{DPNH} + \text{H}^+$$

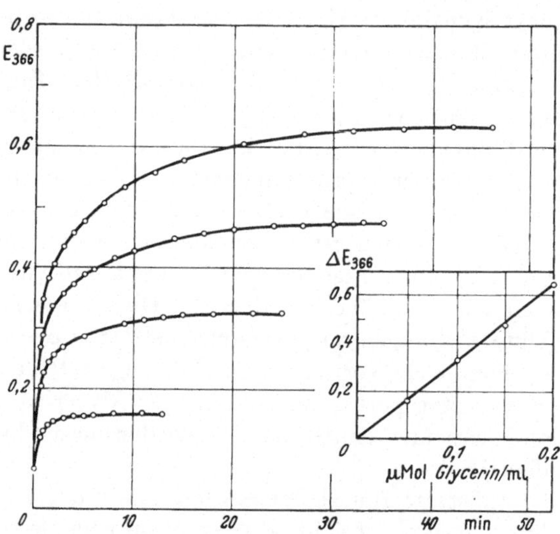

Abb. 9. Enzymatische Bestimmung von Glycerin: Optischer Test. Eichkurve mit steigenden Glycerinkonzentrationen (nach [70]).

Die Bestimmungsansätze enthielten 1,85 ml Hydrazin-Glykokoll-Puffer p_H 9,8, enthaltend 0,002 m $MgCl_2$, 0,05 ml DPN 0,02 m, 0,03 ml ATP 0,075 m, 0,02 ml Glycerophosphatdehydrogenase, Glycerin-Standardlösung 0,01 m + H_2O auf ein Endvolumen von 2 ml; Start der Reaktion mit 0,01 ml Glycerokinase, entsprechend 800 E. Ablesung gegen Vergleichscuvette, enthaltend 1,85 ml Puffer, 0,05 ml DPN und 0,1 ml H_2O; $d = 1$ cm; $t = 18°$; $\lambda = 366$ mμ

schiedenen Organen der Ratte läßt sich freies Glycerin nachweisen, wobei eine gegensätzliche Beziehung zwischen Glycerinkonzentration und Gehalt an Glycerokinase zu bestehen scheint, wie aus Tabelle 3 hervorgeht

Wie aus dieser Tabelle hervorgeht, ist die Verteilung des Enzyms Glycerokinase und damit der Umsatz von freiem Glycerin im Organismus auf Leber und Niere beschränkt, was in Parallele steht zum Stoffwechsel der Fructose, der ebenfalls fast ausschließlich an die Leber gebunden ist[72]. Hieraus erklärt sich auch die Tatsache,

Tabelle 3. Verteilung von Glycerokinase und Glycerin (Ratte)

Gewebe	Glycerokinase Einh./mg Protein	Glycerin μMol/gFrischgewicht
Leber	23,9	10,6
Niere	21,6	27,5
Herzmuskel	0	43,4
Gehirn	0	36,0
Skeletmuskel	0	—
Hoden	0	—
Lunge	0	—
Fettgewebe	0	—
Dünndarm	0	—
Hefe, auf Glycerin gezüchtet	1650	—

daß der Ausnutzung dieser beiden Substrate beim Menschen eine Grenze gesetzt ist, die übrigens für beide in etwa gleicher Höhe liegen dürfte. Der wesentlich höhere Glycerokinasegehalt einer auf Glycerin gezüchteten Hefe gegenüber tierischen Geweben wurde zum Vergleich in die obige Tabelle mit aufgenommen.

Coenzyme als Vermittler zwischen KH- und Fettstoffwechsel

Pyridinnucleotide

In engem Zusammenhang mit den Enzymen selbst tragen wohl in besonderem Maße auch bestimmte Cofermente zur gegenseitigen Regulation des KH- und Fettstoffwechsels bei. Mit der Aufklärung des Mechanismus der β-Oxydation der Fettsäuren sind hier in erster Linie die Pyridin-Nucleotide in den Blickpunkt gerückt. Die schon länger gehegte Vermutung einer funktionellen Verknüpfung zwischen Glykolyse und Fettsäuresynthese ließ sich durch den Nachweis einer DPN-abhängigen Reaktion im Fettsäurecyclus — katalysiert durch das Enzym β-Oxyacyldehydrogenase — dahingehend festigen, daß bei dieser Stufe des Fettsäureaufbaues direkt der Triosephosphatdehydrierung entstammendes DPNH als Wasserstoffdonator wirksam werden könne[18, 73].

Diese Vorstellung konnte inzwischen auch auf das TPN-TPNH-System ausgedehnt werden, nach dem von LANGDON[74] sowie von SEUBERT und LYNEN[75] in Lebermitochondrien neuerdings Enzyme aufgefunden wurden, welche die ungesättigten Acyl-CoA-Derivate durch Vermittlung des TPNH zu hydrieren vermögen („Reduzierendes Enzym des Fettsäurecyclus“[75]). Somit wäre die Funktion der hydrierten Pyridin-Nucleotide bei der Fettsäuresynthese — wie aus Abb. 10 ersichtlich wird — dahingehend zu formulieren, daß im Zuge der Glykolyse gebildetes DPNH für die Umwandlung der β-Ketoacyl-CoA-Derivate in die Oxy-Verbindungen dient, während hydriertes TPN beim zweiten Reduktionsschritt im Fettsäurecyclus, der Umwandlung der ungesättigten in die gesättigten Fettsäuren, zur Wirkung gelangt[75, 89]. Dabei mag das TPNH

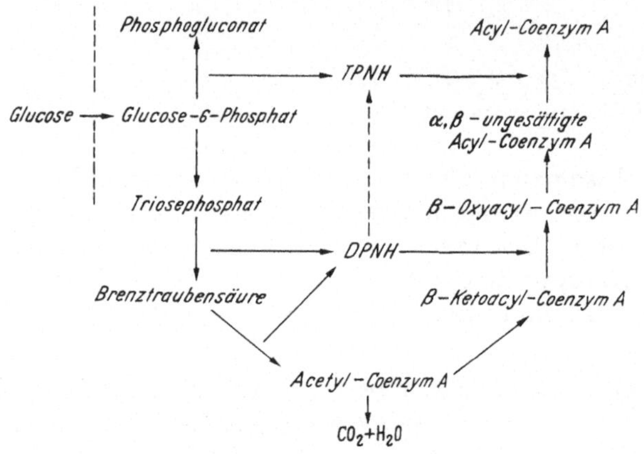

Abb. 10. Vorstellung über die Funktion der Pyridin-Nucleotide bei der Fettsäuresynthese

von verschiedenen Reaktionen hergeleitet werden, sei es durch Wasserstoffübertragung vom DPNH her[76], sei es durch Dehydrierung von Glucose-6-phosphat oder von Isocitrat u. a. Für letztere Möglichkeit spricht der Befund, daß die in vitro-Synthese von Fettsäuren aus Acetat durch Zusatz von Citrat erheblich stimuliert wird[77, 78, 91].

Diese anscheinend so übersichtliche Stellung der Pyridin-Cofermente als Vermittler zwischen Kohlenhydratabbau und Fettsynthese schien auch die schon eingangs ausführlicher besprochene Hemmung der Fettsäuresynthese aus KH bei länger dauerndem Hunger und beim Diabetes zu erklären. So ließ sich vermuten, daß infolge der in beiden Fällen vorliegenden Einschränkung des Glucoseumsatzes vermindert hydrierte Pyridin-Nucleotide anfielen und somit das die Fettsäuresynthese begünstigende Verhältnis DPNH: DPN absinken würde[73]. Die Entdeckung der zusätzlichen Notwendigkeit von TPNH bot darüber hinaus auch eine Erklärung für den von CHAIKOFF postulierten zweiten Block beim Diabetes, der zwischen Acetat und dem Aufbau höherer Fettsäuren zu suchen war[79]. So würde verständlich, daß sowohl Fructose als auch Acetat trotz ihrer ungehinderten Utilisation die Hemmung der Fettsäuresynthese in Gewebeschnitten diabetischer Lebern nicht beseitigen können, da sie die Stufe des Glucose-6-phosphates als wichtige Quelle für die TPNH-Gewinnung nicht durchlaufen[26]. In diese Anschauung ließ sich auch der schon erwähnte Befund einer herabgesetzten Aktivität der Enzyme Glucose-6-phosphat-Dehydrogenase und 6-Phosphogluconsäure-Dehydrogenase[49, 50] beim Diabetes gut einfügen.

Leider konnten diese Theorien bisher nicht in übereinstimmender Weise experimentell unterbaut werden. So kamen bei Untersuchungen über das Verhalten der Pyridin-Nucleotide beim Hunger und Diabetes sowohl verringerte[80], als auch erhöhte Quotienten DPNH : DPN[81, 49] zur Beobachtung. Der Anstieg des Verhältnisses DPNH : DPN wurde dahingehend ausgelegt, daß die Fettsäureoxydation in der diabetischen Leber ungehindert vonstatten geht, und daß hierdurch die infolge der zurückgedrängten Glykolyse verringerte Bildung von DPNH reichlich wettgemacht wird. Damit ergibt sich aber der Sachverhalt, daß DPNH, welches der β-Oxydation der Fettsäuren entstammt und somit innerhalb der Mitochondrien lokalisiert ist, nicht für den umgekehrten Vorgang der Fettsäuresynthese herangezogen werden kann, sondern daß hierfür offenbar nur cytoplasmatisches DPNH, wie es der Glykolyse entstammt, von der Zelle verwertbar ist. Damit berühren wir aber grundsätzliche Fragen, wie die Aufteilung des intracellulären Raumes, die damit verknüpften Bedingungen des Stoffaustausches u. dgl. mehr, deren Beantwortung erst zukünftigen Arbeiten vorbehalten ist.

Noch geringer sind die experimentellen Unterlagen über die physiologische Rolle des TPN bei diesen Vorgängen. Interessanterweise ist die Fettsäuresynthese in Brustdrüsengewebe in vitro nicht an die Anwesenheit von TPNH geknüpft[82]. Es erscheint aber bemerkenswert, daß der gesamte TPN-Bestand der Leber und anderer Organe — im Gegensatz zu DPN — fast ausschließlich in hydrierter Form vorgefunden wird[83], so daß man an eine Sonderstellung des TPN-TPNH-Systems für reduktive Synthesen denken kann („Druckleitung“ der Zelle für Wasserstoff nach TH. BÜCHER).

Coenzym A

Von besonderem regulatorischen Einfluß auf das Zusammenspiel von Glykolyse und Fettstoffwechsel dürfte außer den Pyridin-Nucleotiden auch das Coenzym A sein. Beim Abbau der Fettsäuren wird das CoA an mehreren Stellen wirksam: Erstens bei der Aktivierung der Fettsäuren zu den entsprechenden Acyl-CoA-Derivaten und zweitens bei der thiolytischen Spaltung der β-ketoacyl-CoA-Verbindungen im Fettsäurecyclus[18]. Andererseits ist aber auch die oxydative Decarboxylierung der Brenztraubensäure an das Vorhandensein von freiem CoA gebunden, so daß auf diese Weise Lipolyse* und Glykolyse um das CoA konkurrieren. Es wäre deshalb leicht zu verstehen, daß bei gedrosseltem BTS-Durchsatz das Verhältnis freies CoA: Acyl-CoA ansteigt und auf diesem Wege vermehrt Fettsäuren zur Oxydation kommen. Dies würde eine einfache Möglichkeit der Umschaltung von KH- auf Fettverbrennung unter Bedingungen, die eine solche erforderlich machen, also vor allem beim Hunger, beim Diabetes oder etwa bei der Thyreotoxikose, bedeuten. Darüber hinaus besteht aber auch eine Koppelung zwischen Citronensäurecyclus und Fettsäurecyclus über das bei der Verbrennung von Acetyl-CoA freiwerdende CoA, wodurch sich die Nachlieferung von Acetyl-CoA aus der β-Oxydation in Abhängigkeit von seiner Verbrennung selbst reguliert. Diese Verhältnisse sind schematisch in Abb. 11 wiedergegeben.

Man wird nun vermuten dürfen, daß es unter Bedingungen, die zu einem Anstieg des freien CoA in der Zelle führen, zu einer Durchbrechung dieses Steuerungsmechanismus kommen kann, indem nunmehr unabhängig von der Kontrolle durch den Citronensäurecyclus Fettsäuren zu Acetyl-CoA abgebaut werden. Dies führt aber zu einem Überangebot von Acetyl-CoA und endet schließlich mit der Entstehung der Ketonkörper, wobei — in einem Circulus vitiosus — neuerdings Coenzym A freigemacht wird (vgl. senkrechter Mittelpfeil in Abb. 11). In diesem Zusammenhang erscheinen außer den früher schon genannten Befunden eines erhöhten CoA-Spiegels in der Leber diabetischer Ratten[10, 92] weitere Untersuchungen von Interesse, welche auch nach Verabreichung von Wachstumshormon einen Anstieg des CoA-Gehaltes in der Leber von Ratten

---

* Als Lipolyse sollen in diesem Zusammenhang speziell die unter der Beteiligung von CoA verlaufenden enzymatischen Abbauvorgänge der Fettsäuren bis zur Stufe des Acetyl-CoA verstanden werden.

zum Ergebnis hatten[93]. Damit werden wir aber auf das letzte Kapitel meines Vortrages hingeführt, auf die Bedeutung bestimmter Zwischenstoffe für die Physiologie von Fett- und KH-Stoffwechsel.

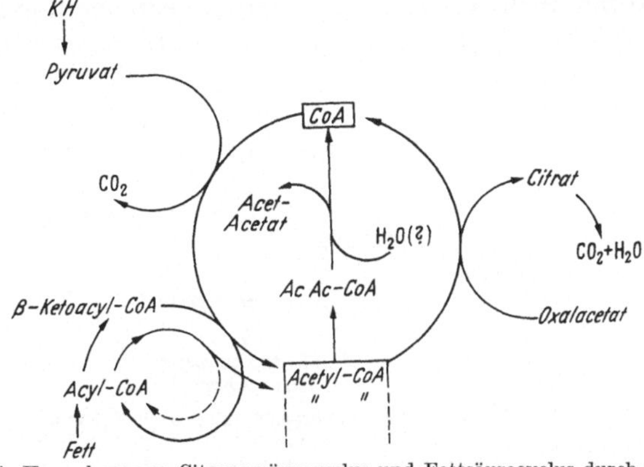

Abb. 11. Die Koppelung von Citronensäurecyclus und Fettsäurecyclus durch das Coenzym A (nach F. LYNEN[18])

Die regulatorische Bedeutung von Stoffwechselsubstraten

Nachdem vermutet werden kann, daß in der lebenden Zelle die meisten Enzyme nicht mit ihren Substraten gesättigt sind, liegt in der Veränderung der Konzentration bestimmter Zwischenstoffe nach HOLZER die primitivste Form der Stoffwechselregulation vor[73]. Um sogleich an die soeben schon angedeuteten Bedingungen der vermehrten Bildung von Ketonkörpern anzuknüpfen, verdient unter den Substraten in erster Linie die *Oxalessigsäure* unsere Aufmerksamkeit. Wie Ihnen das folgende, von F. LYNEN entworfene Schema (Abb. 12) zeigt, vermag die heute wohl allgemein bekannte Theorie vom Oxalessigsäuremangel den Entstehungsmechanismus der Acetessigsäure am besten zu erklären. Diese Vorstellung geht von der erstmals im Jahre 1914 gemachten und später wiederholt bestätigten Beobachtung[84] aus, daß Malonsäure, wie auch andere Hemmstoffe des Citronensäurecyclus, sowohl am Ganztier als auch in vitro zu einer gesteigerten Bildung von Ketonkörpern führen. Die Bedeutung der Oxalessigsäure in diesem Zusammenhang wurde in übersichtlicher Weise erstmals von BREUSCH besonders hervorgehoben[85]. Nach unseren heutigen Vorstellungen kann die Theorie kurz dahingehend zusammengefaßt werden, daß die Oxalessigsäure den limitierenden Faktor für die Oxydation von Acetyl-CoA im Citronensäurecyclus darstellt. Steigt das Verhältnis von Acetyl-

CoA : Oxalacetat an, so kommt es alternativ zur Kondensation zweier Molekeln Acetyl-CoA mit der Bildung von Acetacetyl-CoA, welches schließlich durch Abspaltung des CoA freie Acetessigsäure liefert*. Wenn auch eine Reihe von experimentellen Befunden tatsächlich auf eine Verringerung der Oxalacetatkonzentration in der

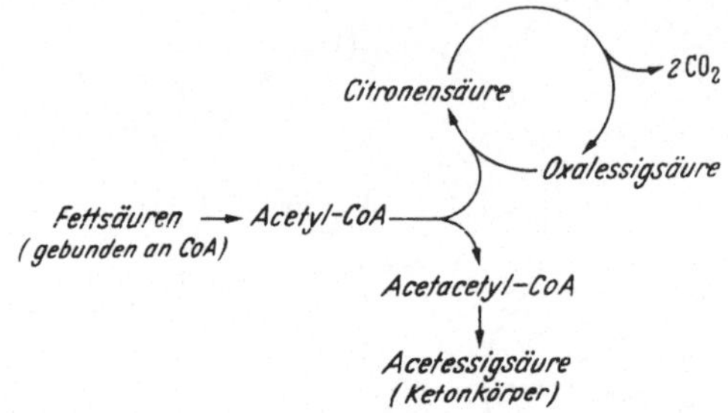

Citronensäure
$2\,CO_2$
Oxalessigsäure
Fettsäuren → Acetyl-CoA
(gebunden an CoA)
Acetacetyl-CoA
Acetessigsäure
(Ketonkörper)

Abb. 12. Mechanismus der Ketonkörperbildung (nach F. LYNEN[89])

Leber unter Acidosebedingungen schließen läßt[86], so liegen andererseits keine sicheren Anhaltspunkte dafür vor, daß der Ablauf des Citronensäurecyclus beim Diabetes behindert ist, wie dies die genannte Vorstellung erfordern würde. Dieser Widerspruch löst sich auf, wenn man das Problem von der Seite der Überproduktion an Acetyl-CoA her betrachtet. So kann nämlich — bei unverminderter Geschwindigkeit des Citronensäurecyclus — durch die im Zuge der

* *Anmerkung bei der Korrektur:* Nach jüngsten Untersuchungen entsteht freies Acetacetat nicht direkt durch hydrolytische Spaltung von Acetacetyl-CoA. Vielmehr kommt es zunächst zu einer Kondensation von Acetacetyl-CoA und Acetyl-CoA unter Bildung von β-Hydroxy-β-methylglutaryl-CoA (HMG-CoA) (1), welches nunmehr in Acetyl-CoA und Acetessigsäure gespalten wird (2)[102]:

$$(1)\quad CH_3{-}\overset{\overset{\displaystyle O}{\|}}{C}{-}CH_2{-}CO{-}S{-}CoA + CH_3{-}CO{-}S{-}CoA + H_2O \rightleftharpoons$$

$$\rightleftharpoons CH_3{-}\underset{\underset{\displaystyle CH_2-COOH}{|}}{\overset{\overset{\displaystyle OH}{|}}{C}}{-}CH_2{-}CO{-}S{-}CoA + CoA{-}SH$$

HMG—CoA

$$(2)\quad CH_3{-}\underset{\underset{\displaystyle CH_2-COOH}{|}}{\overset{\overset{\displaystyle OH}{|}}{C}}{-}CH_2{-}CO{-}S{-}CoA \rightarrow CH_3{-}\overset{\overset{\displaystyle O}{\|}}{C}{-}CH_2{-}COOH + CH_3{-}CO{-}S{-}CoA.$$

β-Oxydation der Fettsäuren vermehrte Anlieferung von Acetyl-CoA, (vgl. die Besprechung der energetischen Verhältnisse, S. 91/92). ein *relativer* Mangel an Oxalacetat und damit die Voraussetzung für die Entstehung der Ketonkörper geschaffen werden. Tatsächlich spricht einiges dafür, daß der überstürzte Abbau von Fetten und Fettsäuren ursächlich mit der Pathogenese der diabetischen Stoffwechselsituation enger verknüpft ist, als heute im allgemeinen angenommen wird.

Ein weiteres Substrat, dessen Verhalten für das Zusammenspiel von KH- und Fettstoffwechsel von Bedeutung erscheint, stellt das *Glycerin* dar. Hierüber wurde in einem vorausgehenden Abschnitt schon gesprochen[87]. An dieser Stelle sei abschließend noch einmal die besondere Position des Glycerins an der Übergangsstelle eines Teiles der in den Fetten verankerten Energie auf das Geleise der Glykolyse hervorgehoben, in deren Verlauf es auch aus Glucose — wie nunmehr experimentell exakt bewiesen wurde — gebildet werden kann[23, 88]. Umgekehrt dürfte in vivo — worauf auch von anderer Seite schon hingewiesen worden ist[35, 36] — die Konzentration an freiem Glycerin durchaus zu den Faktoren gehören, welche über das Ausmaß der Fett- und Lipoidsynthese in der Zelle zu entscheiden haben. Diese Verhältnisse verdienen naturgemäß bei der Betrachtung der Umwandlungsvorgänge von KH in Fett besondere Beachtung. Es wäre also denkbar, daß auch die Beobachtung des Glycerinstoffwechsels gewisse Rückschlüsse pathogenetischer Art zuläßt. Diesbezügliche Untersuchungen sind bei uns im Gange[71].

Damit ist natürlich das Kapitel der für den gemeinsamen Ablauf von KH- und Fettstoffwechsel bedeutsamen Substrate keineswegs erschöpft. Ich darf hier noch einmal an die Sonderstellung der Fructose und die sich daraus ergebenden physiologischen Folgerungen erinnern, ein Thema, das in einem der vorausgehenden Referate schon ausführlich behandelt worden ist[94]. Auch den verschiedenen Zwischenprodukten der Glykolyse wäre an dieser Stelle noch breiterer Raum zu gewähren, so z. B. der Brenztraubensäure, der als direkter Vorstufe der Oxalessigsäure eine wesentliche Rolle zukommt. Auch die Milchsäure, deren antiketogene Wirksamkeit schon seit langem bekannt ist[95], wäre in diesem Zusammenhang eingehender zu besprechen. Nach neuesten Untersuchungen vermag nämlich Lactat am durchströmten Leberpräparat den diabetesbedingten Defekt der Fettsäuresynthese aus Acetat ebenso wirksam zu beheben, wie Insulin selbst[96], was mit der Erhöhung des DPNH :DPN-Verhältnisses in Zusammenhang gebracht wurde. Diese Experimente könnten als Grundlage für den Versuch einer Therapie des diabetischen Komas mit L-(+)-Milchsäure dienen, wie sie schon früher aus theoretischen Erwägungen in Vorschlag gebracht worden ist[97].

Damit bin ich am Ende meiner Ausführungen angelangt, die bei der Ausdehnung des behandelten Themas sich nur auf einige besondere Abschnitte beschränken mußten. Ich hoffe aber, daß es mir gelungen ist, Ihnen einen gewissen Überblick über die in der Zelle vorliegenden Möglichkeiten zur Koordinierung von KH- und Fettstoffwechsel und die dabei in Frage kommenden Störungen vermittelt zu haben.

Literatur

1 LAWES, G. B., and J. H. GILBERT: J. Roy. Agric. Soc. England. **26**, 433 (1860); zit. bei A. KLEINZELLER, Adv. in Enzymol. 8, 299 (1948).

2 RUSKA, H., u. TH. OESTERREICHER: Arch. exper. Path. u. Pharmakol. **179**, 217 (1935).

3 FELIX, K., u. W. EGER: Dtsch. Arch. klin. Med. **182**, 623 (1938); **184**, 446 (1939).

4 SCHOENHEIMER, R., and D. RITTENBERG: J. of Biol. Chem. **114**, 381 (1936).

5 STETTEN, D, jr. and G. E. BOXER: J. of Biol. Chem. **155**, 231 (1944).

6 GURIN, S., A. M. DELLUVA and D. W. WILSON: J. of Biol. Chem. **171**, 101 (1947).

7 ANKER, H. S.: J. of Biol. Chem. **176**, 1337 (1948).

8 MEDES, G., A. THOMAS and S. WEINHOUSE: J. of Biol. Chem. **197**, 181 (1952).

9 HUTCHENS, T. T., J. T. VAN BRUGGEN, R. M. COCKBURN and E. S. WEST: J. of Biol. Chem. **208**, 115 (1954).

10 WIELAND, O., D. REINWEIN u. F. LYNEN: In Biochemical Problems of Lipids. Edit. G. POPJÁK u. E. LE BRETON. London: p. 155 Butterworth's Scientific Publications 1955.

11 HILSCHMANN, N.: Diss. München 1957.

12 FAVARGER, P., u. J. GERLACH: Helvet. physiol. Acta **13**, 91 (1955); **13**, 96 (1955).

13 FELLER, D. D.: J. of Biol. Chem. **206**, 171 (1954).

14 HAUSBERGER, F. X., S. W. MILSTEIN and R. J. RUTMAN: J. of Biol. Chem. **208**, 431 (1954).

15 FAVARGER, P., and V. HANDWERCK: In Biochemical Problems of Lipids, vgl.[10], S. 224.

16 WELLS, H. G.: J. Amer. Med. Assoc. **114**, 2177 (1940).

17 Vgl. hierzu F. LYNEN: Lipide Metabolism. Annual Rev. Biochem. **24**, 677 (1955).

[18] LYNEN, F.: Angew. Chem. **67**, 463 (1955).
[19] KORNBERG, A., and W. E. PRICER: J. of Biol. Chem. **204**, 345 (1953).
[20] KENNEDY, E. P., and S. B. WEISS: J. Amer. Chem. Soc. **77**, 250 (1955).
[21] WEISS, S. B., and E. P. KENNEDY: J. Amer. Chem. Soc. **78**, 3550 (1956).
[22] KREBS, H. A., u. H. L. KORNBERG: Erg. Physiol. **49**, 212 (1957).
[23] POPJÁK, G., R. F. GLASCOCK and S. J. FOLLEY: Biochemic. J. **52**, 472 (1952).
[24] BLOCH, K.: Annual Rev. Biochem. **21**, 273 (1952).
[25] Vgl. hierzu H. J. DEUEL and M. G. MOREHOUSE: Adv. in Carbohydrate Chemistry **2**, 120 (1946).
[26] Vgl. auch O. WIELAND: Regensb. Jb. ärztl. Fortbild. Band V, 1956/57.
[27] BOUKAERT: persönl. Mitt. an D. R. DRURY; zit. bei D. R. DRURY, Amer. J. Physiol. **131**, 536 (1940).
[28] DRURY, D. R.: Amer. J. Physiol. **131**, 536 (1940).
[29] STETTEN, D., jr. and G. E. BOXER: J. of Biol. Chem. **156**, 271 (1944).
[30] STETTEN, D., jr. and B. KLEIN: J. of Biol. Chem. **159**, 593 (1945).
[31] Vgl. die zusammenfassende Darstellung: GURIN, S.: Lipogenesis in experimental Diabetes, Proc. of the Symposium on Diabetes, Nutr. Vitamin Foundation. New York 1954.
[32] Vgl. die zusammenfassende Darstellung: CHAIKOFF, I. L.: Metabolic Blocks in Carbohydrate Metabolism in Diabetes, Harvey Lect. Ser. 47. New York: Academic Press 1951—52.
[33] CHERNICK, S. S., and I. L. CHAIKOFF: J. of Biol. Chem. **186**, 535 (1950).
[34] STETTEN, D., jr. and B. KLEIN: J. of Biol. Chem. **162**, 372 (1946).
[35] BALMAIN, J. H., and S. J. FOLLEY: Biochemic. J. **49**, 663 (1951).
[36] BALMAIN, J. H., and S. J. FOLLEY: Nature (London) **165**, 807 (1950).
[37] BRADY, R. O., and S. GURIN: J. of Biol. Chem. **187**, 589 (1950).
[38] CAMPBELL, J., I. W. F. DAVIDSON, W. D. SHAIR u. H. B. LEI: Endocrinology (Springfield, Ill.) **46**, 273 (1950).
[39] WELT, I. D., and A. E. WILHELMI: Yale J. Biol. Chem. **23**, 99 (1950).
[40] BRADY, R. O., F. D. W. LUKENS and S. GURIN: J. of Biol. Chem. **193**, 459 (1951).
[41] GREENBAUM, A. L.: Biochemic. J. **54**, 400 (1953).
[42] GREENBAUM, A. L., and P. MCLEAN: Biochemic. J. **54**, 313 (1953); **54**, 407 (1953).
[43] Literatur siehe bei H. MASKE: In Insulin und Insulintherapie. S. 35. Herausgegeben von W. STICH u. H. MASKE, München-Berlin: Urban u. Schwarzenberg, 1956.
[44] MARTIUS, C., and B. HESS: Arch. of Biochem. **33**, 486 (1951); Biochem. Z. **326**, 191 (1955).
[45] HOCH, F. L., and F. LIPMANN: Federat. Proc. **12**, 218 (1953); Proc. Nat. Acad. Sci. USA **40**, 909 (1954).
[46] MALEY, G. F., and H. A. LARDY: J. of Biol. Chem. **204**, 435 (1953).
[47] KLEMPERER, H. G.: Biochemic. J. **60**, 122 (1955).
[48] TABACHNIK, I. I. A., and D. D. BONNYCASTLE: J. of Biol. Chem. **207**, 757 (1954).
[49] GLOCK, G. E., and P. MCLEAN: Biochemic. J. **61**, 397 (1955).
[50] GLOCK, G. E., P. MCLEAN and J. K. WHITEHEAD: Biochemic. J. **63**, 520 (1956).

51 Vgl. hierzu K. LANG: In Biologie und Wirkung der Fermente. 4. Coll. d. Ges. für Physiol. Chem. S. 1. Springer-Verlag 1953.
52 POPJÁK, G., and A. TIETZ: Biochim. et Biophysica Acta **11**, 587 (1953).
53 ASHMORE, J., A. B. HASTINGS and F. B. NESBETT: Proc. Nat. Acad. Sci. USA **40**, 673 (1954).
54 LANGDON, R. G., u. D. R. WEAKLEY: J. of Biol. Chem. **214**, 167 (1955).
55 HARPER, A. E.: Biochemic. J. **64**, 14 P (1956).
56 WEBER, G., and A. CANTERO: Science, (Lancaster, Pa.) **120**, 851 (1954).
57 HAUSBERGER, F. X., u. G. GLABASNIA: Arch. exper. Path. u. Pharmakol. **207**, 409 (1949).
58 HAAGENSEN, N. R.: Danish Med. Bull. **2**, 63 (1955).
59 TUERKISCHER, E., and E. WERTHEIMER: Glycogen and adipose tissue. J. of Physiol. **100**, 385 (1942).
60 Ausführliche Literatur hierzu vgl. W. C. STADIE: Current Concepts of the Action of Insulin, Physiologic. Rev. **34**, 52 (1954).
61 LEUTHARDT, F., u. E. TESTA: Helvet. chim. Acta **33**, 1919 (1950); **34**, 931 (1951).
62 Näheres zum Fructosestoffwechsel vgl. auch W. JORDE: In Insulin und Insulintherapie, siehe unter[43], S. 136.
63 KENNEDY, E. P.: J. of Biol. Chem. **201**, 399 (1953).
64 BUBLITZ, C., and E. P. KENNEDY: J. of Biol. Chem. **211**, 951 (1954).
65 WIELAND, O., u. M. SUYTER: Biochem. Z. **329**, 320 (1957).
66 HERS, H. G.: Methods in Enzymology 1, S. 289, Edit. S. P. COLOWICK u. N. O. KAPLAN. New York: Academic Press 1955.
67 Vgl. hierzu CARR, C. J., u. J. C., KRANTZ, jr., Advances in Carbohydrate Chemistry **1**, 175 (1945).
68 WARBURG, O.: Wasserstoffübertragende Fermente Freiburg: Editio Cantor 1949.
69 BARANOWSKI, I.: J. of Biol. Chem. **180**, 535 (1949).
70 WIELAND, O.: Biochem. Z. **329**, 313 (1957).
71 FEIGENBUTZ, W.: Dissertation München 1957/58.
72 STUHLFAUTH, K.: Lävulosetherapie beim Diabetes mellitus, Insulin und Insulintherapie. S. 145; siehe unter[43].
73 Vgl. H. HOLZER: Kinetik u. Thermodynamik enzymatischer Reaktionen in lebenden Zellen und Geweben, Ergebnisse der Medizinischen Grundlagenforschung. Herausgegeben von K. FR. BAUER, Stuttgart: Georg Thieme 1956.
74 LANGDON, G. R.: J. Amer. Chem. Soc. **77**, 3550 (1956).
75 SEUBERT, W., GREULL, G. u. F. LYNEN: Angew. Chem. **69**, 359 (1957).
76 KAPLAN, N. O., S. P. COLOWICK and E. F. NEUFELD: J. of Biol. Chem. **205**, 1 (1953).
77 BRADY, R. O., and S. GURIN: J. of Biol. Chem. **199**, 421 (1952).
78 BRAND, V. v., u. E. HELMREICH: Biochem. Z. **328**, 146 (1956).
79 CHERNICK, S. S., and I. L. CHAIKOFF: J. of Biol. Chem. **188**, 389 (1951).
80 HELMREICH, E., H. HOLZER, W. LAMPRECHT u. S. GOLDSCHMIDT: Z. physiol. Chem. **297**, 113 (1954).
81 CHANG, C. C., H. M. RAWNSLEY, F. V. FLYNN and J. G. REINHOLD: Federat. Proc. **15**, 231 (1956).

[82] HELE, P., G. POPJÁK and M. LAURYSSENS: Biochemic. J. **65**, 348 (1957).
[83] GLOCK, G. E., and P. MCLEAN: Biochemic. J. **61**, 381 (1955); **61**, 388 (1955).
[84] Literatur siehe bei N. L. EDSON: Biochemic. J. **29**, 2082 (1935); **30**, 1855 (1936).
[85] BREUSCH, F. L.: Adv. in Enzymol. **8**, 343 (1948).
[86] Weitere Literatur hierzu vgl. O. WIELAND: Klin. Wschr. **1954**, 385.
[87] Vgl. hierzu auch die sehr ausführliche Monographie: Glycerol. Edit. C. S. MINER u. N. N. DALTON, New York: Reinhold Publ. Corp. 1953. Baltimore: Waverly Press Inc.
[88] POPJÁK, G., G. D. HUNTER and T. H. FRENCH: Biochemic. J. **54**, 238 (1953).
[89] LYNEN, F.: Klin. Wschr. **1957**, 213.
[90] BATES, M. W., J. MAYER and S. F. NAUSS: Federat. Proc. **13**, 450 (1954).
[91] BRADY, R. O., M. ABDEL-MEGID and E. R. STADTMAN: J. of Biol. Chem. **222**, 795 (1956).
[92] TOMPKINS, G: Persönl. Mitt., zit. in 91.
[93] BARTLETT, P. D., P. GRIMMET, L. BEERS u. S. SKALATA: Federat. Proc. **14**, 177 (1955).
[94] LEUTHARDT, F.: Stellung der Fruktose im KH-Stoffwechsel, 8. Coll. d. Ges. f. Physiol. Chem. Mosbach 1957.
[95] SHAPIRO, I.: J. of Biol. Chem. **108**, 373 (1935).
[96] HAFT, D. E.: Federat. Proc. **15**, 517 (1956).
[97] BÜCHER, TH.: Persönl. Mitt. 1956.
[98] Vgl. TH. BÜCHER: Diskussionsbemerkung zum Vortrag HORECKER, S. 53, 8. Coll. d. Ges. f. Physiol. Chem. Mosbach 1957.
[99] LYNEN, F.: Persönliche Mitteilung.
[100] REITER, M., und J. NOÉ: Biochem. Z. **328**, 454 (1957).
[101] EGELI, E. S., u. H. ALP: Z. klin. Med., im Druck.
[102] LYNEN, F.: Vortrag Universität Okoyama (Japan), 26. 10. 1957.

Diskussion

STRACK (Leipzig): Der Vortragende erwähnte, daß beim Diabetes noch vieles unklar ist. Dies sei an einem Beispiel erhärtet: exstirpiert man einem diabetischen Hund die Hypophyse, so braucht man ihm kein Insulin zuzuführen; die Stoffwechselvorgänge laufen dann wieder normal ab. Fermentbestimmungen helfen uns hier nicht weiter, da sich die Erscheinungen im Gesamtorganismus durch sie nicht deuten lassen.

HOLZER (Freiburg): Sie haben erwähnt, daß in der diabetischen Leber die ATP-Konzentration vermindert ist. Früher haben wir vermutet, daß daher die vom ATP abhängigen Coenzyme ebenfalls vermindert seien. Nun finden Sie das Coenzym A vermehrt; ist das nur das freie Coenzym A? Können Sie auch etwas über die Summe von freiem und Acyl-Coenzym A aussagen?

WIELAND (München): Unsere Untersuchungen lassen keinen Schluß zu, ob es sich hier um freies Coenzym A oder Acyl-Coenzym A handelt.

HOLZER: Ist die Oxalessigsäure in der diabetischen Leber bestimmt worden?

WIELAND: Nach Untersuchungen von FROHMANN und ORTEN soll Oxalessigsäure unter anderem vermindert sein.

DECKER (Hannover): Durch Bestimmung von AV-Differenzen wurde festgestellt, daß bis zu 70% des Organumsatzes z. B. bei Herz- und Skeletmuskel auf Konto der freien Fettsäuren des Serums gehen. Bisher hat man doch immer angenommen, daß die Organe vorwiegend den Blutzucker verbrennen. Das Gehirn nimmt keine freien Fettsäuren aus dem Serum auf.

WIELAND: Das ist gut verständlich, da der Herzmuskel von allen Organen am meisten Fettstoffwechselenzyme enthält.

BRUNS (Düsseldorf): Wir haben in der letzten Zeit Oxalessigsäure im Knochen bestimmt. Bei Carcinompatienten ist stets nur eine sehr geringe Menge Oxalessigsäure vorhanden, die in der Agonie der letzten Wochen ansteigt.

THOMAS (Göttingen): STRACK hat schon vor mehr als 25 Jahren bei Hunden einen Tröpfchen-Dauereinlauf ins Duodenum mit Glycerin durchgeführt [STRACK: Ber. sächs. Akad. Wiss. 84, 149, 168 (1932), BLUM: Diss. med. Leipzig 1934]. Wenn zu keinem Zeitpunkt mehr zugeführt wird, als resorbiert und umgesetzt werden kann, fließt kein oder nur wenig Glycerin durch den Harn wieder ab. Man kann also die minimalen und die maximalen Umsatzgrößen des Glycerins sozusagen im steady state auf diese Weise bestimmen. Bei gleichmäßiger Zufuhr von etwa 8 g Glycerin pro kg Körpergewicht und Tag beginnt der Hund eben Glycerin auszuscheiden. Mehr als 12—13 g/kg vermag er nicht zu verarbeiten, diese Höchstgrenze wird erst bei einem sehr großen Überschuß an Glycerin (rd. 20 g/kg/Tag) erreicht. Beim Glycerinumsatz wird Phosphorsäure festgelegt, die Harnausscheidung sinkt, und im Vollblut sind die Werte für anorganischen P um etwa 2—3mg-%, die für organisch gebundenen P um 15—20 mg-% erhöht. In solchen Dauerversuchen werden also 8—13 $\times$ 4,32 = 35 — 56 Cal. umgesetzt; Hunde von 15—20 kg haben einen Grundumsatz im Tag pro kg von 31 Cal., einen Umsatz mit üblicher Arbeitsleistung bei „Wachsein" im Stoffwechselkäfig, in dem sie sich bewegen konnten, je nach Größe von 50—70 Cal./kg. Es läßt sich also auf längere Zeit der Energiededarf unter unseren Versuchsbedingungen allein durch Glycerin zu einem erheblichen Anteil decken. Die umgesetzten Maximalmengen nahmen mit der Versuchsdauer ab. Diese Tatsache läßt darauf schließen, daß limitierende Faktoren im Stoffwechsel des Tieres vorhanden sind. Als solche werden wohl alle die Enzyme oder einzelne ihrer Bausteine anzusehen sein, die verbraucht und bei uns überhaupt nicht nachgeliefert wurden. Meine Frage geht also dahin, ob es denkbar ist, daß Coenzym A oder auch andere Enzymbausteine rasch genug nachgeliefert und auch eingebaut werden können? Denn dann könnte die Höchstgrenze des Glycerinumsatzes noch hinaufgesetzt werden.

Zu Herrn DECKERS Bemerkung möchte ich sagen, daß es doch längst bekannt ist, daß ohne alle Schwierigkeit mit Fett allein das ganze Energiebedürfnis des Körpers gedeckt werden kann, z. B. im protrahierten Hungerzustand vom 3. oder 4. Hungertag ab.

FELIX (Frankfurt): Herr DECKER hat von den freien Fettsäuren gesprochen.

THOMAS: Gerade solche müssen doch verbraucht werden, wenn man vom Fett lebt. Und da nicht alle Zellen einen Vorrat von Fett eingelagert haben werden, der für längere Zeiten ausreicht, muß dann eben Depotfett übers Blut auf die Wanderschaft geschickt werden.

DECKER: Bisher nahm man an, daß die Fettsäuren zuerst in der Leber in Glucose umgewandelt würden.

THOMAS: Kein vernünftiger Stoffwechselphysiologe geht noch von dieser längst veralteten Vorstellung aus. Sie geht auf PETTENKOFER und VOIT zurück. Sie konnten vor bald 100 Jahren nur die CO_2- und H_2O-Abgaben und nicht gleichzeitig auch den O_2-Verbrauch in Tagesversuchen bestimmen. Damit sie also im Ernährungsgleichgewicht aus der CO_2-Abgabe allein den Verbrauch von Kohlenhydrat und Fett berechnen konnten, entwickelten sie die Vorstellung, daß im Stoffwechsel immer zunächst der wasserlösliche Zucker und erst, wenn er mangelt, das schwerer assimilierbare wasserunlösliche Fett verbrenne. Ihre Vorstellung wurde durch Mastversuche gestützt und galt auch noch, als bei gleichzeitiger Bestimmung des O_2-Verbrauchs der Respiratorische Quotient direkt — in Tages- oder Stundenversuchen — bestimmbar wurde. Nur bei Mast war der RQ $>$ 1,00 und zeigte zusammen mit der C- und O-Bilanz an, daß überschüssiger Zucker der Nahrung als Fett deponiert worden war. Es war kein weiter Schritt, von dieser Vorstellung ausgehend, diejenige zu entwickeln, wonach auch der in jedem Augenblick an jedem Ort überschüssige Zucker in Fett umgewandelt und andererseits gleichzeitig an anderen Orten bei fehlendem Zucker gespeichertes Fett oxydiert werden sollte und mit ihm die energetischen Bedürfnisse bestritten werden konnten. Der beobachtete RQ liegt je nach der Ernährungslage immer zwischen dem der Fettsäureverbrennung von $<$ 0,70 und dem der Fettspeicherung, der Umwandlung von Kohlenhydrat in Fett von $>$ 1,00.

Heute, wo man die intermediären Vorgänge beim Umsatz von Zucker und Fett besser kennt als damals, braucht man nicht mehr eine Zuckerbildung aus Fett zu postulieren, die mit einem Energieverlust von 26% einhergeht, sondern weiß, daß sowohl bei Zucker- wie bei Fettumsatz als der eigentliche Brennstoff der Zelle die „aktive“ Essigsäure anzusehen ist. Diesen neueren Erkenntnissen muß man auch die Vorstellungen anpassen, die ein lebendiges Bild vom Zusammenspiel der Nährstoffe im ganzen Organismus und im Ernährungsgleichgewicht geben.

WIELAND: Zur Beantwortung der Frage, ob man durch Zufuhr von Fermenten oder Co-Fermenten den Umsatz steigern kann, möchte ich sagen, daß man durch Gabe von Fermenten per os natürlich nichts erreicht, da sie vollständig abgebaut werden. Sie intravenös zuzuführen, ist wegen der Gefahr einer Anaphylaxie nicht möglich. Ob Cofermente, die von außen an die Zellen herangebracht werden, auch die für die Aktion notwendigen Strukturen des Zellinnern erreichen, ist meines Wissens nicht sichergestellt. LAMPRECHT hat neuerdings Versuche ausgeführt, aus denen er entnimmt, daß ATP vom Herzmuskel aufgenommen wird.

LAMPRECHT (München): Wir haben die AV-Differenz des Herzens gemessen, und zwar die Summe von ATP, ADP und AMP bestimmt. Dabei bleibt immer eine gewisse Differenz zwischen einführendem und ausführendem Gefäß, die sogenannte AV-Differenz. Es ist eigenartig, daß diese fast genau proportional der Sauerstoffeinsparung des Herzmuskels ist. Nimmt man nämlich als Energiequelle 10000 cal. pro Molekül ATP an, dann spart der Herzmuskel in dieser Zeit fast das gleiche Energieäquivalent an Sauerstoff ein.

WIELAND: Das ist ein Schluß, aber kein sicherer Beweis.

KRAUT (Dortmund): Nachdem wir soviel über Regulationsmechanismus gehört haben, halte ich es für angebracht, zu fragen, wie wird denn im Körper reguliert? Wir haben untersucht, wie hoch der RQ im Laufe des Tages ist, wenn z. B. Arbeit zwölf Stunden nach der letzten Nahrungsaufnahme geleistet wird. Da findet man sehr große Schwankungen. Es scheint so, als ob der Körper nicht auf eine bestimmte Mittellinie einreguliert, sondern einmal vorwiegend Fett, das andere Mal Kohlenhydrat verbrennt. Im allgemeinen verbrennt der Körper die beiden in dem Verhältnis, in dem sie an den Vortagen in der Ernährung enthalten waren. Der RQ muß selbstverständlich im ganzen der Nahrungsaufnahme entsprechen, aber es ist keineswegs selbstverständlich, daß das z. B. bei Arbeitsleistung zwölf Stunden nach der Nahrungsaufnahme auch so ist. Man müßte im Gegenteil annehmen, daß der Körper vorher überschüssige Kohlenhydrate in Fett verwandelt hat, und daß dann nach dieser Pause Fett erhöht verbrannt wird. Das ist aber tatsächlich nicht der Fall; wir konnten in sehr vielen Untersuchungen feststellen, daß der RQ dem entspricht, was der Mensch vorher gegessen hat. Das ist doch eigentlich nur so zu deuten, daß die Umwandlung von Kohlenhydraten in Fett nicht sehr groß ist, bzw. daß das immer wieder reguliert wird, und daß der Körper im allgemeinen die Nahrungsstoffe so speichert, wie er sie zugeführt bekommen hat. Wenn lange Zeit Arbeit ohne Nahrungszufuhr geleistet wird, nehmen allerdings die Kohlenhydratvorräte früher ab als die Fettvorräte, aber auch nur in verhältnismäßig geringem Maße. Die Regulation ist also im ganzen gesehen auf das Substrat eingestellt, und zwar auf das Substrat Kohlenhydrat und Fett, wie es mit der Nahrung aufgenommen worden ist.

HOCK (Mannheim): Ich möchte noch etwas zu der Frage der Umwandlung von Fettsäuren in Kohlenhydrate sagen. Wie mehrfach schon betont wurde, findet sie nur in sehr geringem Umfang wahrscheinlich über den Citronensäurecyclus statt. Die Wiederkäuer verhalten sich anders. Sie nehmen vor allen Dingen niedere Fettsäuren auf und wandeln sie hauptsächlich in Glucose um, wie DEXTER und PFLEIDERER in Versuchen mit ^{14}C-markierter Propionsäure, Buttersäure und Capronsäure gezeigt haben. Aus der Glucose bildet die Milchkuh Milchzucker. Markierte Essigsäure wird in die Säuren des Milchfettes umgewandelt.

WIELAND: Aus Mangel an Zeit bin ich auf die Sonderstellung der ungeradzahligen Fettsäuren nicht näher eingegangen. Nach den neuesten Untersuchungen von OCHOA wird an die Propionsäure CO_2 fixiert und Bernsteinsäure gebildet, die über Succinyl-Coenzym A in den Citronensäurecyclus eintritt. Propionsäure könnte auch noch über Acrylsäure, Milchsäure, Brenztraubensäure in Zucker umgewandelt werden; allerdings ist dieser Weg meines Wissens jetzt unwahrscheinlich geworden.

Im Pansen des Wiederkäuers wird durch Gärung eine große Menge von Propionsäure gebildet. Ferner scheiden gesunde Wiederkäuer Acetonkörper aus, weil sie im Verhältnis zu viel Fettsäuren und zu wenig Kohlenhydrate mit der Nahrung aufnehmen.

BÜCHER (Marburg/L.): Bei der Aufstellung einer Bilanz über die schnell mobilisierbaren Substrate für die Hauptketten des Intermediärstoffwechsels sollte auch an die relativ große Menge freier Aminosäuren im Serum und in den Organen gedacht werden.

Zur Frage Herrn HOLZERS nach dem Spiegel des Oxalacetats in der Leber: Die Aktivität der Malat-Dehydrogenase des extramitochondrialen Raumes der Leber ist von derjenigen der Lactat-Dehydrogenase nicht um Größenordnungen unterschieden. Die Gleichgewichtskonstante der Wasserstoffübertragung auf das DPN-System ist für Malat um den Faktor 5 kleiner als für Lactat. Der Malat-Spiegel beträgt etwa ein Fünftel des Lactat-Spiegels. Nimmt man an, daß die beiden über das DPN-System des extramitochondrialen Raumes gekoppelten Reaktionen wegen der hohen Aktivität der Enzyme dem statischen Zustand angenähert sind, dann sollte der Spiegel des Oxalacetats zwischen 5% und 1% des Spiegels des Pyruvat betragen. Dieser Wert liegt unterhalb der Empfindlichkeitsgrenze der heute zur Verfügung stehenden Methoden. Diese Überlegung gilt allerdings nur für den extramitochondrialen Raum und für Zustände, in denen die Aktivität der genannten Dehydrogenasen nicht ganz wesentlich gesenkt ist.

RAPOPORT (Berlin): Die vorgeschlagene Lactattherapie ist schon vor vielen Jahren allerdings von einem anderen Gesichtspunkte aus, nämlich als Alkalitherapie zur Korrektur des niedrigen p_H-Wertes im diabetischen Koma angewandt worden. Dabei erwies sie sich in Abwesenheit von Insulin als unwirksam.

Sodann wollte ich darauf hinweisen, daß die Verbrennung der Ketonkörper, die in der Leber gebildet werden, durch die Muskulatur des diabetischen Organismus, wie von verschiedenen Autoren gezeigt wurde, in normalem Umfange vor sich geht. Daraus ergibt sich die Schlußfolgerung, daß in der Leber vor allem eine Überproduktion und nicht so sehr eine Unterverwertung der Ketonkörper vorliegt. Es ist im allgemeinen wichtig, im Auge zu behalten, daß immer doppelte Effekte, einerseits auf die Leber, und andererseits auf die Peripherie, insbesondere die Muskulatur, auftreten. Es ist kaum angängig, wie es in letzter Zeit mehrfach geschah, daß Verfeinerungen der Methodik mit Einengung des biologischen Objektes einhergehen, und daß z. B. aus Untersuchungen an Veränderungen der Leber allein Schlüsse auf das Gesamtgeschehen des Diabetes gezogen werden.

Die an und für sich hochinteressante Ähnlichkeit zwischen Hunger und Diabetes in bezug auf den Stoffwechsel der Leber mahnt zur Vorsicht in der Deutung der Befunde. Die Tatsache, daß in glykogenarmen Lebern von Hungertieren gleichartige Veränderungen an Coenzymen, wie z. B. ATP, und Zwischenstoffwechselprodukten, wie sie bei Diabetes gefunden wurden, vorliegen, bedeutet meiner Ansicht nach, daß sie für den Diabetes nicht charakteristisch sind und daß die spezifische Stoffwechselstörung an einer verborgenen Stelle gesucht werden muß.

Was die Beobachtungen von Herrn LAMPRECHT betrifft, so schien es mir, daß er AV-Differenzen im Vollblut bestimmt hatte: da die Nucleotide vorwiegend in den cellulären Elementen vorkommen, wäre es wichtig, den Hämatokrit zu wissen. Wollte man die Veränderungen auf die Blutzellen beziehen, müßte man annehmen, daß während des Durchgangs durch das Herz die Nucleotide aus den Blutzellen herausdiffundieren, was in Anbetracht der Kürze der Durchgangszeit und der Langsamkeit der Permeation der Blutzellen recht unwahrscheinlich ist.

WIELAND: Es ist mir bekannt, daß man Lactat in Fällen von Leberkoma und dergleichen therapeutisch eingesetzt hat. Meine Frage bezog sich jedoch speziell auf die Wirkung des Lactats beim Coma diabeticum. Was nun Ihre zweite Frage und Ihren Einwand anbelangt, daß die Ketonkörper wohl verwertet werden können, das habe ich nicht bestritten. Wenn wir jedoch von einer diabetischen Ketose sprechen, meinen wir damit die Anhäufung von Ketonkörpern im Blut, die dadurch zustande kommt, daß viel mehr produziert als verwertet werden können. Diese gehen tatsächlich energetisch verloren.

DISCHE (New York): Ich möchte hier auf einen Regulationsmechanismus hinweisen, auf den wir bei Versuchen über den Citronensäurecyclus in roten Blutkörperchen stießen. Gibt man steigende Mengen von Äpfelsäure zu einem Hämolysat, dann steigt der Sauerstoffverbrauch entsprechend an. Von Brenztraubensäure genügen schon sehr kleine Mengen zur Sättigung des Systems. Wird ihre Konzentration darüber hinaus erhöht, dann steigt der Sauerstoffverbrauch nicht weiter an. Setzt man nun Brenztraubensäure und Apfelsäure in molaren Konzentrationen von 1/100—1/4000 gemeinsam zu, so addieren sich die Wirkungen nicht. Ersetzt man dagegen die Brenztraubensäure durch Bernstein- oder Citronensäure, dann addieren sich die beiden Prozesse wie im Fall von Äpfelsäure allein. Wir fanden es höchst interessant, daß die Äpfelsäurekonzentration im Cytoplasma anscheinend sehr niedrig ist. Geht sie über ein gewisses Niveau hinaus, dann treten offenbar Störungen auf.

LYNEN (München): Darf ich etwas zur Bildung der Ketonkörper in der Leber sagen! Es ist schwierig, die Entstehung der Ketonkörper und ihre Abhängigkeit von anderen Faktoren des Stoffwechsels zu verstehen, vor allem auch deswegen, weil wir über den chemischen Mechanismus der Acetessigsäurebildung in der Leber noch nichts Sicheres wissen. Lange Zeit nahm man an, daß die Acetessigsäure durch hydrolytische Spaltung aus dem Acetacetyl-Coenzym A entsteht. Das ist sicher falsch. Herr Dr. BUBLITZ, der eine Zeitlang in meinem Laboratorium arbeitete, und nach ihm andere Gäste beschäftigten sich mit der Frage der Bildung von Acetessigsäure aus Acetacetyl-Coenzym A durch Enzyme und fanden, daß mindestens 2 enzymatische Katalysatoren hierbei beteiligt sind. Wir fanden keinen Anhaltspunkt dafür, daß der Mechanismus, den STERN und DRUMMOND für diese Reaktion vorgeschlagen haben, nämlich die primäre Übertragung des Acetessigsäurerestes von Coenzym A auf Glutathion und anschließende Spaltung, bei unseren Versuchen eine Rolle spielen. Diese Frage müssen wir noch offenlassen. Es ist gut möglich, daß wir neue Gesichtspunkte für unsere Diskussion finden, wenn dieser Mechanismus aufgeklärt ist.

Glycolipides des Bactéries, Plantes et Animaux inférieurs

Par

Edgar Lederer*

Institut de Biologie Physico-Chimique, Paris V

Les substances que nous examinons dans la présente revue sont caractérisées par la combinaison d'une ou de plusieurs molécules lipidiques (généralement d'acides gras) avec une ou plusieurs molécules de sucres.

La liaison acide gras-sucre est le plus souvent du type ester et hydrolysable en milieu alcalin; les liaisons glycosidiques de sucres avec des alcools gras sont stables en milieu alcalin et sont hydrolysables en milieu acide.

Les glycolipides sont solubles dans certains solvants organiques comme l'éther, le benzène, le chloroforme; ils sont généralement insolubles dans l'éther de pétrole, peu ou pas solubles dans l'acétone.

Nous avons inclus dans la présente revue les lipopolysaccharides de bactéries gram-négatives qui sont hydrosolubles, mais dont la partie lipidique est un glycolipide et semble jouer un rôle biologique important.

Les constituants lipidiques des glycolipides sont souvent des acides gras banaux; chez les bactéries et les cryptogames ce sont surtout des acides β-hydroxylés normaux ou ramifiés.

Les sucres des glycolipides sont le plus souvent des hexoses (galactose, mannose, rhamnose) ou des disaccharides, tels que le tréhalose ou le cellobiose. Dans les lipopolysaccharides des bactéries gram-négatives et dans l'alcool ascarylique de l'oeuf d'*Ascaris* on trouve des bisdésoxy-hexoses nouveaux: abequose, tyvelose et ascarylose.

Nous excluons de la présente revue les cérébrosides et leurs dérivés, substances caractérisées par la présence de sphingosine

* Nous dédions cette revue au Professeur F. Wessely (Vienne), à l'occasion de son 60ème anniversaire.

et qui sont surtout des constituants importants des tissus nerveux des vertébrés*; ces substances seront mentionnées dans le rapport du Dr. LAUENSTEIN[1].

Les glycolipides examinés dans la présente revue ont le plus souvent des activités biologiques très prononcées; certaines de ces substances ont une action toxique intense, qu'il s'agisse des antibiotiques de *Pseudomonas*, du «cord factor» des Mycobactéries ou des lipopolysaccharides des bactéries gram-négatives. Les glycolipides de l'oeuf d'*Ascaris* pourraient servir de protection contre l'action des enzymes du tube digestif de l'hôte.

Bactéries

Mycobactéries

Chez les Mycobactéries on trouve plusieurs types de glycolipides: des esters de tréhalose, des phosphatides contenant du mannose et de l'inositol et des «cires» à poids moléculaire relativement élevé[4, 5].

Esters de tréhalose

«*Graisses*». — ANDERSON et NEWMAN[6] ont constaté en 1933 que les «graisses»** des Mycobactéries contiennent un sucre non-réducteur, le *tréhalose* (α-D-glucopyranosido-α-D-glucopyranoside)

---

* La présence de cérébrosides chez les invertébrés n'est nullement certaine; les indications de McCOLL et ROSSITER[2] sur l'existence de cérébrosides dans le tissu nerveux de *Loligo*, *Limulus* et *Libinia* mériteraient d'être vérifiées; le même doute subsiste en ce qui concerne les cérébrosides isolés de *Cysticercus fasciolaria* par SALISBURY et ANDERSON[3].

** Le schéma d'extraction développé par ANDERSON et son école[9] permet de diviser les lipides des Mycobactéries en plusieurs groupes. Par immersion de bacilles vivants dans un mélange d'alcool et d'éther (1:1) et par renouvellement répété de ce solvant, on obtient un premier extrait que l'on sépare au moyen d'acétone en trois groupes:

«graisses», solubles dans l'acétone à froid
phosphatides, insolubles dans l'acétone bouillante
cires A, solubles dans l'acétone à chaud, insolubles à froid.

Le résidu bactérien est ensuite épuisé par le chloroform; cet extrait est également séparé en trois parties:

cires B (ou «cires molles» d'ANDERSON) solubles dans un mélange d'éther et de méthanol
cires C, solubles dans l'acétone à chaud
cires D, insolubles dans l'acétone bouillante.

qu'ils ont isolé à l'état cristallisé à partir des graisses de trois souches humaines; nous avons retrouvé le tréhalose dans les graisses de la souche humaine «Brévannes»[7] et dans celle de *M. phlei*[8]. Aucun des esters de tréhalose de ces «graisses» n'a encore été isolé à l'état pur; il semble qu'il y ait une série de produits différant par le nombre de molécules d'acides gras liées avec le sucre (ASSELINEAU et TOUBIANA[10])*.

*Cord factor***. — ROBERT KOCH[12] avait déjà remarqué que certaines souches de bacilles tuberculeux forment en milieu de culture des «cordes»: les bacilles restent agglomérés sous forme de filaments. MIDDLEBROOK, DUBOS et PIERCE[13] ont montré que la formation de «cordes» est caractéristique des souches virulentes: tandis que les souches avirulentes de *Mycobacterium tuberculosis* poussent en culture sous forme d'amas irréguliers, les souches virulentes et les souches atténuées telles que le B. C. G. présentent des «serpentine cords» caractéristiques.

La formation des «cordes» pouvait être due à une substance sécrétée par les bacilles virulents; c'est ce que BLOCH[14] démontra en 1950 lorsqu'il trouva que l'extraction de bacilles virulents vivants, par l'éther de pétrole, permet d'obtenir une fraction lipidique toxique; les bacilles traités par l'éther de pétrole restaient vivants, mais ils n'étaient plus réunis sous forme de «cordes» et leur virulence était diminuée.

Le lipide toxique extrait de souches formant des cordes a été appelé «cord factor»; le terme de cord factor n'est d'ailleurs pas censé indiquer que la substance est responsable de la formation des cordes, mais seulement qu'elle se trouve essentiellement dans des souches formant des cordes.

L'activité biologique caractéristique du «cord factor» peut être résumée comme suit: injectées à des souris, par voie intrapéritonéale, à des intervalles de quelques jours, 3 à 5 doses de 5μg de «cord factor» pur, en solution dans du Bayol, tuent au moins la

---

* Selon ANDERSON[9] on pensait généralement qu'il n'y avait que peu de glycérol dans les lipides des Mycobactéries; des résultats récents montrent cependant qu'on y trouve bien des glycérides, et même en quantité assez appréciable (ASSELINEAU et TOUBIANA[10]; BLOCH, DEFAYE, LEDERER et NOLL[9,11].

** Nous avons résumé récemment en détail la chimie et les aspects biologiques de l'action du cord factor[15]. Voir aussi la revue de NOLL[16].

moitié des animaux après 1 à 3 semaines; une seule injection intraveineuse de 10 à 25 μg environ a le même effet; à l'autopsie, les animaux sont trouvés porteurs de lésions hémorragiques du poumon.

Le «cord factor» a la propriété caractéristique d'augmenter la virulence de souches atténuées; c'est ainsi par exemple que des animaux infectés par le B. C. G. peuvent être tués par des doses subléthales de «cord factor»[13]. D'autre part, une seule injection intrapéritonéale de «cord factor», qui, en elle-même, n'a pas d'action nocive, aggrave et accélère le cours d'une infection tuberculeuse; des souris ayant reçu des injections de «cord factor» avant l'infection meurent plus rapidement que les contrôles[19].

Le «cord factor» est considéré comme un des facteurs responsables de la virulence des Mycobactéries; les différences de virulence observées d'une souche à l'autre seraient en rapport avec les quantités de «cord factor» produites par ces souches[17, 20].

Isolement et constitution chimique. — L'isolement du «cord factor» pur a été possible à partir des «cires C» de plusieurs souches de Mycobactéries; après des chromatographies répétées sur acide silicique et sur silicate de magnésium on obtient le «cord factor» pur sous forme d'une cire incolore fondant à 40°, $[\alpha]_D + 30°$[21, 22].

La saponification du «cord factor» donne environ 86% *d'acide mycolique* et 13% de *tréhalose.*

Rappelons que les acides mycoliques sont des constituants caractéristiques des Mycobactéries; découverts en 1938 par LESUK et ANDERSON[23] ils ont fait l'objet d'études détaillées dans notre laboratoire[4, 5, 24–26].

Les acides mycoliques de souches humaines et bovines de *Mycobacterium tuberculosis* sont des acides β-hydroxylés portant en α une longue chaîne non ramifiée en $C_{24}H_{49}$ (I)[22]. Le reste R de la molécule comprenant environ 60 atomes de carbone, porte le plus souvent une fonction oxygène ($-OH$, ou $-OCH_3$, ou CO) et trois chaînes[25, 26].

(I)
$$R\text{—}CH(OH)\text{—}\underset{\displaystyle C_{24}H_{49}}{\underset{|}{CH}}\text{—}COOH$$

En nous basant sur une hypothèse de la biosynthèse de ces acides par la condensation «selon CLAISEN» de plusieurs molécules d'acides gras normaux, nous avons proposé les formules (II) et

(III) comme «meilleure image de la structure des acides mycoliques de souches humaines et bovines»[15].

(II) $$C_{25}H_{51}-\underset{}{\overset{OH}{CH}}-\underset{C_{16}H_{33}}{CH}-CH_2-\underset{C_{16}H_{33}}{CH}-\overset{OH}{CH}-\underset{C_{24}H_{49}}{CH}-COOH$$

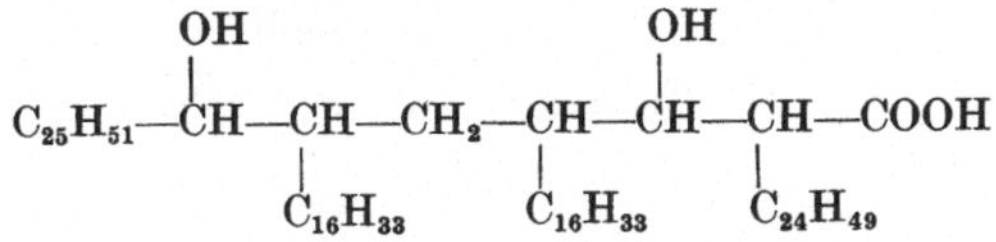

(III) $$C_{25}H_{51}-CH_2-\underset{C_{16}H_{33}}{CH}-\overset{OH}{CH}-\underset{C_{16}H_{33}}{CH}-\overset{OH}{CH}-\underset{C_{24}H_{49}}{CH}-COOH$$

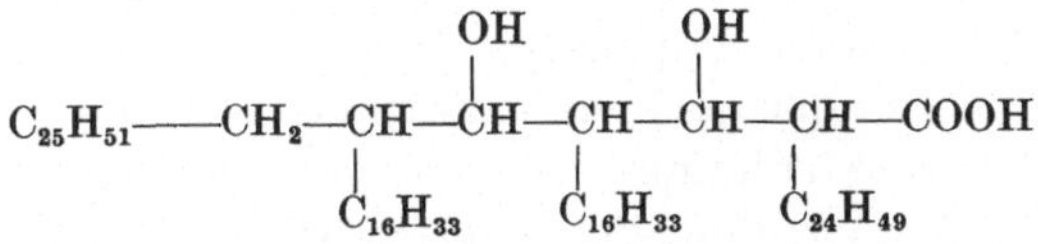

L'étude chromatographique et spectrographique du triméthyl-O-D-glucose obtenu par hydrolyse du «cord factor» méthylé a montré qu'il s'agissait du triméthyl-2,3,4-D-glucose; ceci prouve que le «cord factor» est un dimycoloyl-6,6′ tréhalose (IV)[27].

Cord Factor

(IV)

$CH_2O-CO-\underset{C_{24}H_{49}}{CH}-\overset{OH}{CH}-C_{60}H_{120}(OH)$

$OC-\underset{C_{24}H_{49}}{CH}-\overset{OH}{CH}-C_{60}H_{120}(OH)$

$C_{186}H_{366}O_{17} \pm 10\ CH_2$

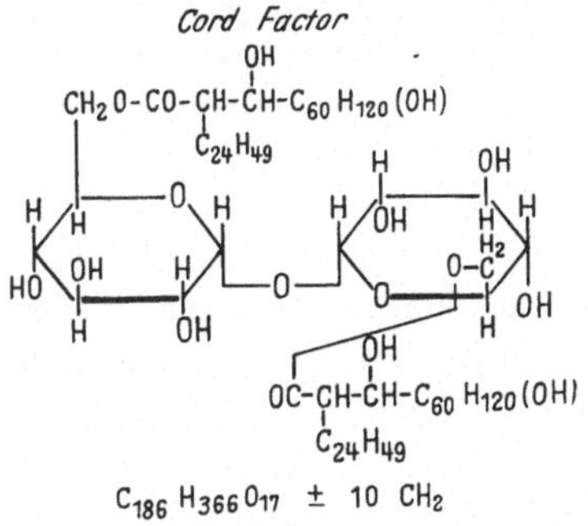

Synthèses. — Cette structure a été confirmée par la synthèse (Gendre et Lederer[28]; Noll[29]). Au cours de ces synthèses nous avons également préparé des 6-mono et des 6,6′,2-trimycolates de tréhalose.

Dans le but d'étudier l'influence de la structure chimique d'esters de tréhalose sur leur activité biologique comme «cord factor», nous avons également synthétisé plusieurs homologues inférieurs du «cord factor», notamment des 6-mono, des 6,6′-di et des 6,6′,2-triesters du tréhalose avec l'acide eicosyl-2 hydroxy-3 tétracosanoïque synthétique (V) et avec l'acide eicosyl-2 tétracosène-2 oïque (VI) (POLONSKY, FERRÉOL, TOUBIANA et LEDERER[30])

$$\text{(V)} \qquad CH_3(CH_2)_{20}CH(OH)\underset{\displaystyle C_{20}H_{41}}{\underset{|}{CH}}-COOH$$

$$\text{(VI)} \qquad CH_3(CH_2)_{20}CH{=}\underset{\displaystyle C_{20}H_{41}}{\underset{|}{C}}-COOH$$

Structure chimique et activité biologique. — Les essais biologiques effectués jusqu'à ce jour (par H. BLOCH, New York) ne permettent de donner que quelques indications générales sur le rapport entre la structure chimique des esters de tréhalose ou d'autres sucres et l'activité typique de «cord factor».

Les 6-mycolates de monoses (D-glucose, D-galactose, D-glucosamine[31]) sont toxiques[32] mais n'ont pas la propriété caractéristique du «cord factor» d'aggraver l'infection tuberculeuse; les 2-mycolates correspondants et les mycolamides de la D-glucosamine ne sont pas toxiques.

Parmi les esters de tréhalose, les 6,6'-dimycolates ont l'activité caractéristique de «cord factor», les 2,2'-dimycolates sont inactifs dans le test du «cord factor». Les 6,6'-dimycolates sont les plus actifs, les 6-mono- et les 6,6',2-trimycolates sont moins actifs.

L'influence de la structure de l'acide estérifiant le tréhalose peut être caractérisée comme suit; même des esters béhéniques (p. ex. le 6,6'-dibéhénate de tréhalose) sont actifs, mais seulement à des doses dépassant 0,1 mg. Le 6,6'-diester du tréhalose avec l'acide mycolique synthétique $C_{44}H_{88}O_3$ (V) possède environ 50% de l'activité du «cord factor» naturel; les esters du tréhalose avec l'acide (VI) sont inactifs comme «cord factor» à des doses de 0,1 mg.

Etant données les variations de structure observées dans les acides mycoliques de différentes souches[22, 23] il n'est pas étonnant de constater que les préparations de «cord factor» isolées de différentes souches contiennent quelquefois des acides mycoliques différents; c'est ainsi que les «cord factors» d'une souche H37-Rv streptomycino-résistante et du BCG contiennent un acide dihydroxy-3,x-mycolanoïque $C_{87}H_{174}O_4 \pm 5CH_2$ tandis que celui de la souche humaine «Brévannes» contient un acide hydroxy-3 méthoxy-x mycolanoïque $C_{88}H_{176}O_4 \pm 5CH_2$ ([27]). Certaines souches bovines contiennent des mélanges de mono- et dimycolates de tréhalose et des souches «anormales» ou saprophytes contiennent des mycolates de tréhalose dans lesquels l'acide mycolique est du type $C_{83}H_{166}O_4 \pm 5CH_2$ (VII) que l'on trouve chez *M. phlei* ou *M. smegmatis*[33] (H. DEMARTEAU-GINSBURG et G. MICHEL, essais inédits).

(VII) $$(HO)—C_{58}H_{116}CH\,(OH)\,\underset{\displaystyle |\atop\displaystyle C_{22}H_{45}}{CH}—COOH$$

Phosphatides. ANDERSON, LOTHROP et CREIGHTON[34] ont décrit un phosphatide d'une souche humaine du bacille tuberculeux dans lequel les acides gras sont liés à une fraction hydrosoluble phosphorylée contenant du glycérol et un «polyoside»; après déphosphorylation de ce dernier ils ont obtenu un *dimannoside d'inositol* ($[\alpha]_D + 74°$) appelé manninositose.

Dans une étude plus récente, VILKAS et LEDERER[35] ont montré que le phosphatide d'un mutant streptomycino-résistant de H37Rv peut être séparé en deux fractions principales: l'une, F. 164° est le sel de magnésium d'un acide phosphatidique, l'autre, F. 208° est le sel de magnésium d'un phosphatidyl-inosito-di-D-mannoside (VIII). Il reste à déterminer si les deux molécules de mannose sont chacune directement liées à l'inositol (VIII b), ou si celui-ci est porteur d'un groupement dimannosidique (VIIIa). Les acides gras de ce phosphatide sont un mélange d'acide palmitique et stéarique.

(VIII)

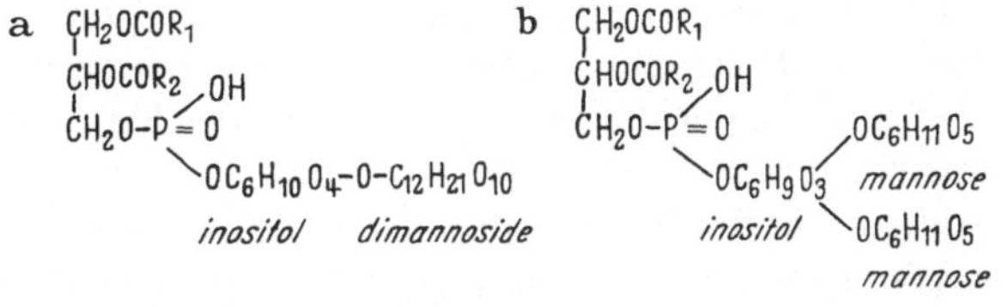

a
$$\begin{array}{l} CH_2OCOR_1 \\ | \\ CHOCOR_2\;\;OH \\ | \qquad\qquad\;\; / \\ CH_2O-P=O \\ \qquad\quad \searrow OC_6H_{10}O_4-O-C_{12}H_{21}O_{10} \\ \qquad\qquad\;\; \textit{inositol} \qquad \textit{dimannoside} \end{array}$$

b
$$\begin{array}{l} CH_2OCOR_1 \\ | \\ CHOCOR_2\;\;OH \\ | \qquad\qquad\;\; / \\ CH_2O-P=O \qquad\qquad OC_6H_{11}O_5 \;\; \textit{mannose} \\ \qquad\quad \searrow OC_6H_9O_3 \\ \qquad\qquad\;\; \textit{inositol} \qquad OC_6H_{11}O_5 \;\; \textit{mannose} \end{array}$$

Phosphatidyl-inosito-dimannoside de Mycobactéries (a ou b)

Le D-mannose est le sucre caractéristique des phosphatides des Mycobactéries (ANDERSON[9, 34]). Dans un seul cas il a été possible de séparer, par chromatographie sur acide silicique, une faible fraction de phosphatide contenant du glucose à la place du mannose (MICHEL et LEDERER[36]).

La composition des phosphatides des Mycobactéries diffère non seulement de celle des phosphatides des Plantes et des Animaux par la présence de mannose, mais aussi par l'absence de choline et de colamine (pour une exception concernant cette dernière, voir[36]). On trouve par contre, quelquefois dans la fraction phosphatidique des Mycobactéries des acides aminés, surtout la L-ornithine (GENDRE et LEDERER[37]).

Cires D. La fraction des cires insoluble dans l'acétone bouillante que nous appelons «cire D» est essentiellement constituée par un (ou plusieurs) glycolipide*[4, 5]; elle fait partie des «cires purifiées» d'ANDERSON[9]; elle est d'autre part extrêmement voisine du «PmKo» de CHOUCROUN[38].

Les difficultés d'obtention de préparations pures ont jusqu'ici empêché l'étude détaillée de la structure des cires D. Les analyses mentionnées ci-dessous concernent des préparations de cires D qui étaient certainement encore loin d'être pures.

La cire D de la souche humaine Test, la mieux étudiée chimiquement[40], fond vers 220°, renferme environ 1% d'azote et 0,12% de phosphore. Sa saponification libère 50% d'acides gras de poids moléculaire moyen 280. L'acide mycolique est lié au polysaccharide sous forme d'ester, par son carboxyle[40].

La partie hydrosoluble contient un polysaccharide, $[\alpha]_D = +34°$, d'un poids moléculaire d'environ 7000 à 8000, composé d'arabinose, de galactose et de mannose. La chromatographie sur papier permet de déceler, dans un hydrolysat acide, *trois acides aminés*: alanine, acide L-glutamique, acide *meso* α, ε-diaminopimélique et une hexosamine**. D'après des dosages d'azote aminé et des essais de dinitrophénylation, il est vraisemblable que ces quatre substances aminées sont engagées dans des liaisons peptidiques (ASSELINEAU et CASTEL, essais inédits).

Des résultats préliminaires permettent de penser que dans la cire D étudiée, une molécule d'un tétrapeptide composé d'alanine,

---

* Nous avons souvent appelé cette fraction «lipopolysaccharide»; or nous proposons d'appeler dorénavant «*glycolipides*» les substances liposolubles et de réserver le nom de «*lipopolysaccharides*» pour désigner des substances hydrosolubles.

** La cire D de la souche Test contient environ 0,6% d'alanine, 1% d'acide L-glutamique, 1% d'acide diaminopimélique et 1% d'hexosamine (ASSELINEAU et CASTEL, essais inédits).

d'acide glutamique, d'acide diamino-pimélique et d'hexosamine est liée avec le polysaccharide qui comporterait environ 40 molécules de monoses (arabinose, galactose et mannose) et serait estérifié par 5 molécules d'acide mycolique.

Toutes les souches *humaines* de *M. tuberculosis* examinées jusqu'ici contiennent, dans leurs cires D *les mêmes trois acides aminés* (alanine, acide glutamique et acide α, ε-diamino-pimélique[25]); les fractions correspondantes des souches bovines et saprophytes sont dépourvues d'acides aminés. Nous avons vérifié que les cires D constituent la seule fraction lipidique des Mycobactéries qui contienne de l'acide α, ε-diamino-pimélique[41].

Rappelons que la paroi cellulaire d'un grand nombre de bactéries gram-positives contient également en proportion importante une hexosamine et les trois acides aminés: alanine, acide glutamique et α, ε-diamino-pimélique; ce dernier est quelquefois remplacé par la lysine, qui en dérive par décarboxylation[42–44a].

Selon une communication personnelle de S. NOJIMA (Tokio), les cires D contiennent environ 3% d'inositol; nous avons confirmé la teneur en inositol de nos préparations de cires D (ASSELINEAU, essais inédits) mais nous l'attribuons à la contamination des cires D par des phosphatides (le phosphatidyl-inosito-dimannoside mentionné ci-dessus contient 15% d'inositol), car ces mêmes préparations de cires D contiennent également du glycérol et des acides gras inférieurs.

Propriétés biologiques des cires D. — Deux propriétés importantes des cires D sont à signaler: leur rôle dans l'établissement de *l'hypersensibilité retardée*[47, 48] et leur rôle comme *adjuvants* en immunologie[49, 49a, 50*].

Lipides liés. Après épuisement des bacilles par des solvants neutres, il reste encore dans les résidus bacillaires environ 10% de lipides («firmly bound lipids», selon ANDERSON[19]) que l'on peut libérer par des traitements acides ou alcalins du résidu bacillaire. Une partie de ce lipide consiste en un glycolipide ayant des pro-

---

* Les phosphatides qui contaminent les préparations de cires D n'ont, à eux seuls, aucune des activités biologiques manifestées par les préparations de cires D. Signalons que des fractions phosphatidiques extraites du bacille tuberculeux agissent comme antigènes dans la fixation du complément de sérum d'animaux ou d'humains tuberculeux (MACHEBOEUF, LÉVY et FAURE[45]; PANGBORN[46]).

priétés très proches de celles des cires D; à l'hydrolyse on obtient environ 50% d'acide mycolique et 50% d'un polysaccharide. Il n'y a pas d'acides aminés, même dans les fractions provenant de souches humaines, sans doute à cause des conditions acides utilisées pour la libération de ces lipides[25].

Autres glycolipides des Mycobactéries. — HAWORTH, KENT et STACEY[39] ont décrit un polysaccharide obtenu à partir d'un complexe antigénique extrait du bacille tuberculeux par de l'urée; ce polysaccharide ($[\alpha]_D = +25°$ est lié à des lipides dont la nature n'a pas été déterminée; son poids moléculaire est d'environ 12,000; après méthylation et hydrolyse, les auteurs anglais ont obtenu 12,8% de 2,3,5-triméthyl méthyl-D-arabofuranoside, 30,9% de 3,5-diméthyl méthyl-D-arabofuranoside, 33,8% de 2,3,6-triméthyl méthyl-D-galactopyranoside, 14,4% de 3,4-diméthyl méthyl-D-mannopyranoside et 8% de diméthyl-D-glucosaminide, ce qui indique une structure ramifiée.

Ce polysaccharide diffère de celui isolé des cires D surtout par sa forte teneur en glucosamine, ce dernier n'en contenant que 1% environ.

STACEY, KENT et NASSAU[39a] ont décrit des complexes extraits de bacilles humides par de l'urée ou de l'hydroxy-propionamidine. Ces fractions qui sont acido-résistantes et hydrosolubles, renferment 27% de lipides éthérosolubles, 40% de lipides insaponifiables, 16% d'un polysaccharide spécifique, 4% d'acide désoxyribonucléique et 4% d'un constituant peptidique. A l'électrophorèse, elles apparaissent comme presqu'homogènes. Le polysaccharide de ce complexe contient un pentose et un sucre aminé.

Corynebactéries

GOUBAREV et ses collaborateurs[52, 53] ont trouvé dans le bacille diphtérique (*Corynebacterium diphtheriae*) des esters de polysaccharides contenant du galactose et du mannose. ALIMOVA[54] a également trouvé des esters de tréhalose et de mannose avec des acides hydroxylés; on ignore encore les détails de structure de ces substances que GOUBAREV a proposé d'appeler «microsides».

Lactobacilles

Un phosphatide des *Lactobacillus acidophilus* étudié par CROWDER et ANDERSON[55] contenait 20% d'un polysaccharide constitué essentiellement de galactose, glucose et fructose.

Pseudomonas

Des bacilles du genre *Pseudomonas* excrètent dans le milieu de culture des glycolipides qui contiennent du L-rhamnose et possèdent des *propriétés antibiotiques.*

Acide pyolipique: BERGSTRÖM, THEORELL et DAVIDE[56] ont isolé du milieu de culture de *P. pyoceanea* une huile incolore, facilement soluble dans les solvants organiques, qu'ils ont appelé *acide pyolipique.* L'hydrolyse acide de l'acide pyolipique donne une mole de L-rhamnose et une mole d'acide β-D-hydroxy-décanoïque*. L'acide pyolipique est donc le L-rhamnoside de l'acide β-D-hydroxy-décanoïque. Deux acides homologues, les acides β-hydroxy-octanoïque et β-hydroxy-dodécanoïque sont présents en faible quantité dans l'acide pyolipique brut.

Rhamno-lipide de P. aeruginosa. JARVIS et JOHNSON[57] ont isolé du milieu de culture de *P. aeruginosa* un lipide cristallisé. F. 86°, $[\alpha]_D$ −84°, soluble dans la plupart des solvants organiques sauf l'éther de pétrole, de caractère acide (P. M. 663). Ce lipide possède la formule $C_{32}H_{60}O_{14}$; par hydrolyse acide, il libère un sucre qui a été identifié au L-rhamnose, et de l'acide β-hydroxy-décanoïque F. 47−48°, $[\alpha]_D = -21°$. A côté de ce dernier a pu être isolé un acide de poids moléculaire double, qui fournit par saponification, deux molécules d'acide β-hydroxydécanoïque. Par suite, JARVIS et JOHNSON[57] proposent pour ce rhamno-lipide la formule (IX).

```
        [      H              H                                      ]
        [  ┌───C───O─┐  ┌───C─O─CH─CH2─COO─CH─CH2─COOH               ]
        [  │ H─C─OH  └──┼─H─C─OH (CH2)6      (CH2)6                  ]
        [  O H─C─OH     O H─C     CH3         CH3                    ]  H2O
(IX)    [  │HO─C─H      │ HO─CH                                      ]
        [  └───C─H      └───CH                                       ]
        [      CH3          CH3                                      ]
```

Rhamnolipide de Pseudomonas aeruginosa
(Jarvis et Johnson)

HAUSER et KARNOVSKY[58, 59] ont étudié les conditions de formation et la biosynthèse de ce glycolopide en milieu synthétique.

* La configuration D de cet acide a été suggérée par LEMIEUX et GIGUERE[60] et prouvée par SERCK-HANSSEN et STENHAGEN[61].

Lipopolysaccharides de Bactéries gram-négatives

Depuis les premiers travaux fondamentaux de BOIVIN et MESROBEANU[62] de nombreux auteurs ont étudié les lipopolysaccharides des Bactéries gram-négatives; WESTPHAL et LÜDERITZ[63] ont récemment résumé de façon magistrale la chimie et les propriétés biologiques de ces substances.

Les bactéries gram-négatives du groupe *E. coli*, *Salmonella*, *Brucella*, etc. contiennent des lipopolysaccharides spécifiques qui sont liés dans la cellule à des protéines et à des lipides. Ces substances, appelées aussi «O-endotoxines» ou «O-antigènes» sont généralement douées d'une forte toxicité et pyrogénicité[63]. Elles sont fortement leucotactiques (MEIER et SCHÄR[64]); quelques-uns de ces lipopolysaccharides ont la propriété de provoquer la nécrose de tissu tumoral (SHEAR et coll.[66–68]).

MEIER et NEIPP[69] ont trouvé que l'activité chimiothérapeutique des sulfamides est augmentée par l'administration de lipopolysaccharides de bactéries gram-négatives; MEIER et KRADOLFER[70,71] ont étudié l'activité virucide et antiallergique de ces substances.

Dans le présent exposé nous nous intéresserons surtout à la *partie lipidique* de ces composés; elle a été relativement peu étudiée jusqu'ici; pourtant, des travaux récents en montrent toute l'importance, puisque cette partie lipidique semble quelquefois manifester les mêmes propriétés biologiques que les lipopolysaccharides intacts. L'extraction de bacilles gram-négatives par le diéthylèneglycol selon MORGAN et PARTRIDGE[72] fournit avec un rendement de 5 à 10% des complexes à haut poids moléculaire (de 1à 20 millions) composés selon le type: *lipopolysaccharide-protéine-phospholipide*. Ce dernier, qui fait environ 10% du complexe peut en être détaché par l'action du formamide; on l'appelle «lipide B» pour le distinguer du «lipide A» contenu dans le lipopolysaccharide même.

Le lipide ou phospholipide B de *Shigella dysenteriae* analysé par MORGAN et PARTRIDGE[72] est éthérosoluble, contient 1,8% de N et 3,9% de P. (N:P=1 : 1) et semble être une «céphaline» banale; on n'attribue actuellement aucune activité biologique à ce «lipide B» (voir aussi[73]).

Des lipopolysaccharides libres, dépourvus de protéines et de lipides B peuvent être obtenus selon MORGAN et PARTRIDGE[72] et BINKLEY, GOEBEL et PERLMAN[74], à partir des antigènes complets ou, selon Westphal, Lüderitz et Bister[75], directement à partir des bactéries par extraction avec un mélange de phénol et d'eau.

Structure chimique des lipopolysaccharides. — Le tableau 1 indique la composition chimique des diverses préparations de lipopolysaccharides obtenues à partir de bactéries gram-négatives.

Phospholipide A. — En traitant ces lipopolysaccharides avec de l'acide normal à chaud pendant 30 min on détache le «lipide A» que nous appelerons «phospholipide A»; il est généralement peu soluble dans l'éther et soluble dans le chloroforme ou la pyridine. Le tableau 2 (selon Westphal et Lüderitz[63]) donne quelques détails sur ces phospholipides A que la forte teneur en hexosamine caractérise comme *glycolipides*.

Ikawa, Koepfli, Mudd et Niemann[81] ont analysé un phospholipide obtenu à partir d'un lipopolysaccharide de *E. coli* qui provoque l'hémorragie de tissu tumoral. Après hydrolyse acide ils ont identifié de l'acide glycérophosphorique, les acides laurique, myristique, palmitique et D-(—)β-hydroxymyristique et les substances azotées suivantes: D-glucosamine, éthanolamine, acide aspartique et une nouvelle substance diaminée, la nécrosamine (4,5-diamino-eicosane) (X)

(X) $CH_3(CH_2)_{14}CH(NH_2)CH(NH_2)CH_2CH_2CH_3$

L'absence des acides glutamique et α, ε-diamino-pimélique, de sérine et de thréonine a été vérifiée par chromatographie sur papier.

Selon Westphal et Lüderitz[63] le phospholipide A de *E. coli* et de *S. abortus equi* doit sa teneur en azote surtout à l'hexosamine (environ 75% pour *E. coli*, environ 90% pour *S. abortus equi*). A côté de cette substance, l'électrophorèse sur papier permet d'identifier les acides glutamique et aspartique.

Westphal et Lüderitz[63] émettent l'hypothèse que l'hexosamine est liée dans le lipopolysaccharide avec le polysaccharide et le phospholipide A et que les acides amino-dicarboxyliques établissent la liaison entre ce dernier et la protéine de l'antigène complet. La structure de l'antigène complet serait ainsi la suivante: polysaccharide-hexosamine-phospholipide A-acide amino-dicarboxylique-protéine.

Suivant la méthode d'hydrolyse, des parties plus ou moins grandes de protéine peuvent rester liées avec le lipopolysaccharide.

Une hydrolyse douce d'un lipopolysaccharide intact de *S. abortus equi* effectuée par Westphal et Lüderitz[82] a permis de

Tableau 1. *Composition de lipopolysaccharides de bactéries*

Espèce de bactéries	Désignation de la préparation	C
Brucella melitensis	AP, «Aminopolyhydroxy-compound»	48—50
B. dysenteriae Shiga	«Undegraded polysaccharide (méthode alcaline) (méthode au phénol)	
B. Dysenteriae Shiga (O 16-Prigge)	Lipopolysaccharide	
Shigella sonnei	«Lipocarbohydrate»	45,4
Shigella sonnei (Variante)	«Lipocarbohydrate»	
Shigella flexneri	CT «Toxic carbohydrate»	
Salmonella abortus equi	Lipopolysaccharide	48,6
Salmonella typhi O 901	Lipopolysaccharide	
Salmonella paratyphi B (*Kröger*) . .	Lipopolysaccharide	48,4
Salmonella enteridis Gärtner	Lipopolysaccharide	49,1
Serratia marcescens . . . . (B. *prodigiosus*)	«Hemorrhage-producing polysaccharide»	47,5
E. coli	Fract. 2, «tumorhemorrhagic agent» Fract. B_1	45,3
E. coli O 8 (Kröger)	«Polysaccharidpyrogen»	48,4
E. coli O 18 (Kauffmann)	Lipopolysaccharide	47,2
Pasteurella Pestis	Lipopolysaccharide	45
Shigella dysenteriae	Lipopolysaccharide	

Tableau 2. *Composition du phospholipide A de quelques lipopoly-*

Espèce de bactéries	Rendement en phospholipide A à partir du lipopolysaccharide %	F.	C
Brucella melitensis	20—26		60—62
Shigella sonnei	29		
Shigella flexneri	~10		63,3
Salmonella abortus equi . . .	~26	192—196° C	62,3
Serratia marcescens . . . . (*B. prodigiosus*)	16		
Escherichia coli	~24	175—180° C	57,3
E. coli O 8 (Kröger) . . .	~13	195—196° C	61,1
Pasteurella pestis	~37		
Shigella dysenteriae	~ 7		

saisir un «lipide A_1» qu'on doit considérer comme un phospholipide A lié à une partie osidique provenant du lipopolysaccharide. Le lipide A_1 est insoluble dans le chloroforme, mais soluble dans la pyridine et représente environ 45% du lipopolysaccharide intact.

gram-négatives (selon Westphal et Lüderitz[51])

H	N	P	(C)-CH_3	Hexos-amine	Références
7,5	5,4	0,5—0,6			Miles et Pirie[76]
	2,07	0,57			Morgan et Partridge[72]
	1,82	0,75			Morgan et Partridge[72]
	2,2	3,0	3,5	12,1	Westphal et Lüderitz[63]
7,1	2,8	3,9		8,3	Jesaitis et Goebel[77]
	2,0	2,4		7,7	Goebel et Jesaitis[78]
	2,72	1,72		16,4	Binkley, Goebel et Perlman[74]
7,3	1,3	2,8	3,2	8,7	Westphal et Lüderitz[63]
	1,6	3,0	2,6	8,8	Westphal et Lüderitz[63]
7,1	1,4	2,6	3,4	7,7	Westphal et Lüderitz[63]
7,2	1,1	2,2	3,2	7,3	Westphal et Lüderitz[63]
7,1	2,2	1,1			Hartwell et Shear[68]
	1,9	1,4—1,7		17—18	Nieman et coll.[81]
7,7	3,2	1,5—1,7		15—17	Nieman et coll.[81]
6,8	1,0	2,1	4,8	5,9	Westphal et Lüderitz[63]
6,0	1,7	2,6	1,9		Westphal et Lüderitz[63]
7,6	1,6	2,2			Davies[97]
	2,04	0,8			Davies, Morgan, Record[79]

saccharides de bactéries gram-négatives (selon Westphal et Lüderitz[51])

H	N	P	(C)-CH_3	Hexos-amine	Références
9,4—10	4,3—4,6	1,4—1,6			Miles et Pirie[76]
	1,4	1,3			Jesaitis et Goebel[77]
9,5	2,7	3,3			Tal et Goebel[80]
9,4	1,6	2,0	3,44	17,9	Lüderitz et Westphal[63]
	1,9	1,1			Hartwell et Shear[68]
10,1	3,3	1,6		12	Niemann et coll.[81]
9,4	1,9	2,3		17,8	Westphal, Lüderitz et coll.[83]
	1,7	2,2			Davies[97]
					Davies, Morgan, Record[79]

Il contient 9,3% d'hexosamine et du galactose*. Aucun des autres sucres présents dans le lipopolysaccharide ne s'y trouve. Une

* Čmelik[84] a décrit un phosphatide contenant du galactose qu'il a obtenu par extraction directe de *S. typhosa*.

hydrolyse plus poussée du lipide A_1 donne du galactose libre, une matière azotée et le phospholipide A, soluble dans le chloroforme. Toute l'hexosamine du lipide A_1 se retrouve dans le phospholipide A.

Au cours de l'hydrolyse douce, conduisant à la libération du lipide A_1, il y a également libération d'abéquose nouveau bisdésoxyaldohexose découvert par WESTPHAL et LÜDERITZ[82] (voir ci-dessous) et de polysaccharide dégradé, dépourvu de lipide. Le schéma suivant (Tableau 3), résume, selon WESTPHAL et LÜDERITZ[63] l'hydrolyse par étapes du lipopolysaccharide de *S. abortus equi*.

Rôle biologique du phospholipide A. — Des travaux récents de WESTPHAL et coll. et de ROWLEY et coll. semblent indiquer qu'une partie au moins des propriétés biologiques des endotoxines des bactéries gram-négatives est dûe au phospholipide A et que la partie polysaccharidique n'intervient que pour solubiliser le lipide.

Tableau 3. *Hydrolyse par étapes du lipopolysaccharide de S. abortus equi* (WESTPHAL et LÜDERITZ[63])

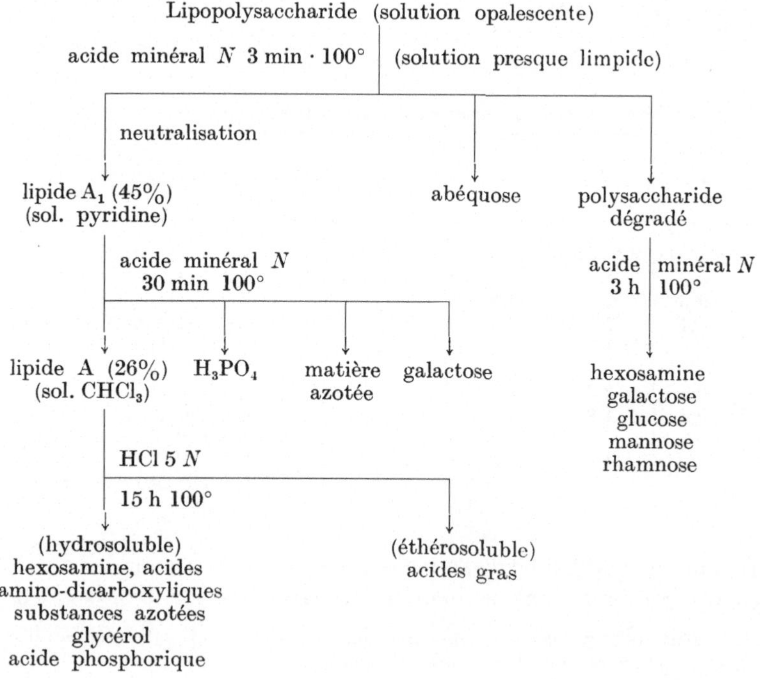

Westphal, Lüderitz, Keiderling et Eichenberger[83] ont réussi à transférer le phospholipide A du polysaccharide bactérien sur une protéine inerte (caséine, p. ex.) et ont trouvé que cette «lipocaséine» était fortement toxique et pyrogène. De même, Westphal et Lüderitz[63] rapportent que tandis que le phospholipide A n'est que faiblement pyrogène à des doses de 100 μg/kg, son activité est décuplée par émulsion en présence de Tween et augmentée de mille fois par la copulation avec un support à haut poids moléculaire. (Voir aussi[85]).

Les mêmes auteurs [86] ont étudié l'influence de divers réactifs (alcali, periodate) et de la chaleur sur l'activité biologique des lipopolysaccharides et en concluent que le polysaccharide porte l'activité sérologique, tandis que le lipide (phospholipide A) est responsable de l'affinité pour les érythrocytes, de la toxicité et de la pyrogénicité.

Landy et coll.[87, 88], Dubos et Schaedler[89, 90, 91] ainsi que Rowley ont montré qu'on peut augmenter temporairement la résistance de la souris à l'infection par des bactéries gram-négatives, en lui injectant de très faibles quantités (de l'ordre de 0,5 μg) de lipopolysaccharides de bactéries gram-négatives; l'augmentation de la résistance semble être consécutive à une augmentation de la teneur du sang en properdine (Landy et Pillemer[92]).

Récemment, Howard, Rowley et Wardlaw[93] ont montré que le phospholipide A de *E. coli* a à peu près le même effet sur l'augmentation de la résistance que le lipopolysaccharide entier. Si l'activité du phospholipide A n'est que le dixième ou moins de celle du lipopolysaccharide initial, on peut penser, selon les auteurs anglais, que cette différence est dûe au fait que dans le lipopolysaccharide, le phospholipide A se trouve très finement dispersé et peut ainsi exercer son activité maximale.

Ces essais montrent tout l'intérêt d'une étude chimique approfondie de la structure du phospholipide A; car si la préparation synthétique d'un lipopolysaccharide de bactérie gram-négative est actuellement tout à fait impossible, la synthèse d'un phospholipide A paraît tout à fait possible, une fois sa structure déterminée.

Si, toutefois, certaines des activités biologiques des lipopolysaccharides peuvent être exercées par le phospholipide A seul, d'autres, comme l'action nécrosante sur le tissu tumoral, semblent caractéristiques des lipopolysaccharides intacts. (IKAWA, KOEPFLI, MUDD et NIEMANN[94]; RATHGEB et SYLVÈN[95]).

Les sucres des lipopolysaccharides. La partie polysaccharidique des lipopolysaccharides, séparée du phospholipide A, contient une série de sucres caractéristiques. Presque tous les lipopolysaccharides de bactéries gram-négatives contiennent de la *glucosamine*, du *galactose* et du *glucose*; ils sont en outre caractérisés par la présence fréquente d'*heptoses*, de *rhamnose* et de «composants rapides», c'est à dire de *bisdésoxyhexoses* qui se déplacent sur les chromatogrammes plus rapidement que le rhamnose.

WESTPHAL et LÜDERITZ[63] ont caractérisés plus particulièrement deux de ces derniers: *l'abequose* de *S. abortus equi* et le *tyvelose* de *S. typhi* que PON et STAUB[96] avaient également observés. Ces deux sucres sont des diastéréoisomères $C_6H_{12}O_4$; la formule ramifiée envisagée d'abord pour ces substances a été abandonnée en faveur de la formule non ramifiée de 3,6-bisdésoxyaldohexoses, (XI)*. (WESTPHAL et LÜDERITZ, communication personelle).

(XI) $CH_3CH(OH)CH(OH)CH_2CH(OH)CHO$

DAVIES[97] a observé dans le polysaccharide de *S. paratyphosum A* et *S.cholerae suis* un sucre migrant encore plus rapidement que le tyvelose (R_{Rh} = migration par rapport au rhamnose: abequose 1,18, tyvelose 1,30, sucre non identifié 1,44).

L'ascarylose des ascarosides A, B et C (voir ci-dessous) a dans plusieurs solvants le même R_f que le tyvelose.

Cryptogames

Une étude de LEMIEUX, HASKINS et collaborateurs sur des *Ustilaginales* cultivés *in vitro* a conduit à l'isolement de plusieurs glycolipides intéressants.

HASKINS[98] a trouvé que la rouille du blé, *Ustilago zeae* peut utiliser des sucres pour produire une substance qui précipite dans le milieu de culture sous forme de longues aiguilles. LEMIEUX et coll.[99] ont montré que ce produit, F. 147, $[\alpha]_D + 7°$ qu'ils ont appelé *acide ustilagique* est un mélange de D-glucolipides de formule moyenne $C_{32}H_{62-66}O_{17}$. L'hydrolyse alcaline de l'acide ustilagique a donné une substance amorphe appelée *acide gluco-*

* Selon le spectre infrarouge, ces sucres existent entièrement sous une forme cyclique, dépourvue de groupement aldéhydique libre.

ustilique, les acides acétique, L-β-hydroxy-caproïque, L-β-hydroxy-caprique et une faible quantité d'acide caproïque.[100] Remarquons que les acides β-hydroxylés d'*Ustilago* sont de configuration L, tandis que ceux de *Pseudomonas* sont de configuration D (LEMIEUX et GIGUERE[60]).

LEMIEUX[101] a montré que la méthanolyse de l'acide gluco-ustilique donne deux molécules de D-glucose et les esters méthyliques d'un mélange de deux acides appelés *acides ustiliques A* et B.

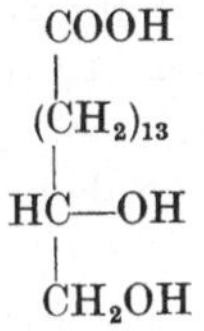

COOH
|
$(CH_2)_{13}$
|
HC—OH
|
CH_2OH

(XII)

COOH
|
HC—OH
|
$(CH_2)_{12}$
|
HC—OH
|
CH_2OH

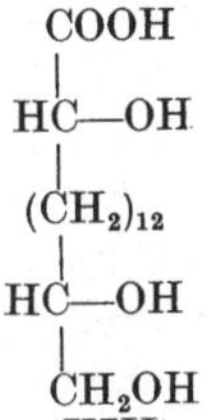

(XIII)

L'acide ustilique A, F. 113° $[\alpha]_D = -8°$ est l'acide 15-D, 16-dihydroxyhexadecanoïque (XII) et *l' acide ustilique B*, F. 141°, $[\alpha]_D = -10°$ est l'acide 2 D, 15 D, 16-trihydroxyhexadecanoïque (XIII).

Dans l'acide gluco-ustilique il y a environ 2 molécules d'acide ustilique A pour une molécule d'acide ustilique B. LEMIEUX, THORN et BAUER[102] ont montré que dans l'acide gluco-ustilique, un des hydroxyles des acides ustiliques est lié sous forme de glucoside avec le D-cellobiose. Les acides gluco-ustiliques ont donc la structure (XIV) où $R = C_{16}H_{31}O_3$ ou $C_{16}H_{31}O_4$.

(XIV)

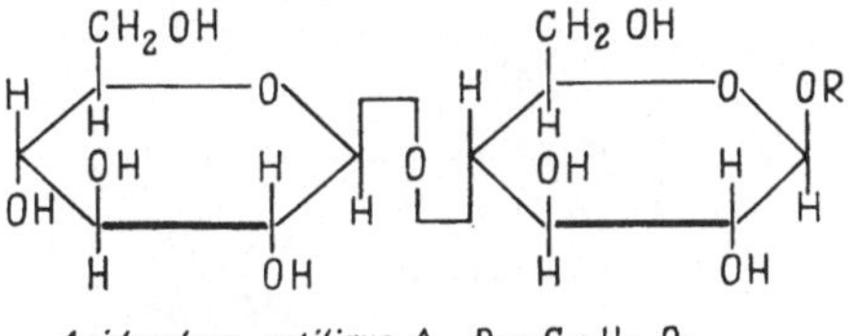

Acide gluco-ustilique A $R = C_{16}H_{31}O_3$

Acide gluco-ustilique B $R = C_{16}H_{31}O_4$

(Lemieux, Thorn et Bauer)

LEMIEUX et CHARANDUK[103] ont montré que *l'acide ustilagique* consiste en 65—70% d'un acide monoacétyl-mono-L-β-hydroxy-caproyl-gluco-ustilique et en 25—30% d'un acide monoacétyl-mono-L-β-hydroxy-capryl-gluco-ustilique.

BOOTHROYD, THORN et HASKINS[104] ont étudié la biosynthèse de l'acide ustilagique formé par *Ustilago zeae* en présence de glucose-1-^{14}C. La dégradation de l'acide ustilagique formé a montré qu'une grande partie du glucose du milieu est incorporée directement dans l'acide ustilagique, sans scission de la chaîne carbonée, tandis qu'une autre partie est formée à partir de molécules en C_3 provenant du glucose du milieu. La synthèse des chaînes grasses de l'acide ustilagique s'effectue à partir de morceaux en C_2 probablement suivant le mécanisme mis en évidence pour d'autres organismes.

HASKINS et THORN[105] ont étudié les facteurs ayant une influence sur la production d'acide ustilagique par *Ustilago zeae* et ont réussi à atteindre une production d'acide ustilagique de 23 g par litre de milieu de culture.

Ils ont aussi [106] trouvé que l'acide ustilagique a des propriétés antifongiques et antibactériennes prononcées et une toxicité relativement faible pour le rat.

Récemment, BOOTHROYD, THORN et HASKINS[107] ont décrit une huile extracellulaire formée dans le milieu de culture d'une souche d'*Ustilago* (PRL 627); cette huile est remarquable par sa densité spécifique élevée (1.035 à 25°) et par la grande quantité formée: jusqu'à 15 g par litre de milieu de culture. Cette huile ne contient que des traces de glycérol (0,2%) et sa saponification a donné l'acide acétique et des acides saturés et insaturés de C_6 à C_{18}; la partie hydrosoluble obtenue après saponification contient des quantités équimoléculaires de D-mannose et de *meso*-érythritol et semble identique au D-mannopyranosyl-1-*meso*-érythritol (XV) isolé par les mêmes auteurs directement du milieu de culture.

(XV)

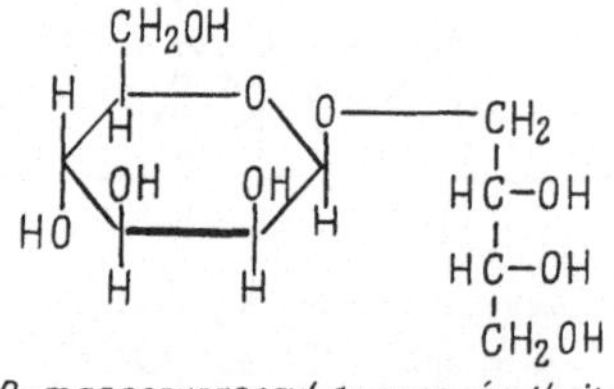

D-mannopyranosyl-1-meso-érythritol
(Boothroyd, Thorn et Haskins)

Phanérogames

CARTER, McCLUER et SLIFER[108] ont récemment décrit deux galactosyl-glycérides de farine de blé. Un extrait benzénique de farine de blé a été séparé en quatre fractions par une distribution à contre-courant entre le n-heptane et le méthanol à 95%: un stérol qui précipitait spontanément de l'heptane, une lipoprotéine précipitable des deux phases par l'acétone, un triglycéride, soluble dans l'heptane et un mélange de glycolipides contenant 20% de sucre, soluble dans le méthanol.

L'analyse détaillée de ce mélange a montré qu'il s'agissait d'esters d'acides gras supérieurs avec deux substances hydrosolubles séparables par chromatographie sur charbon; l'une a été identifiée au β-D-galactopyranosyl-1-glycérol (XVI), l'autre au β-D-galactopyranosyl-1, 6 β-D-galactopyranosyl-1-glycérol (XVII)*.

(XVI)

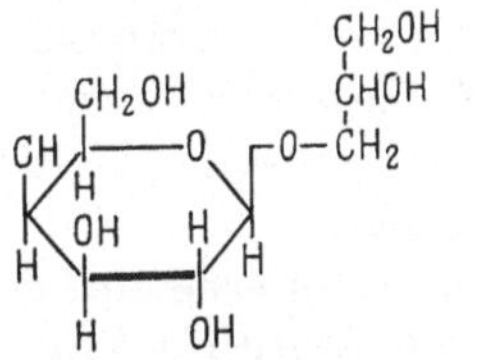

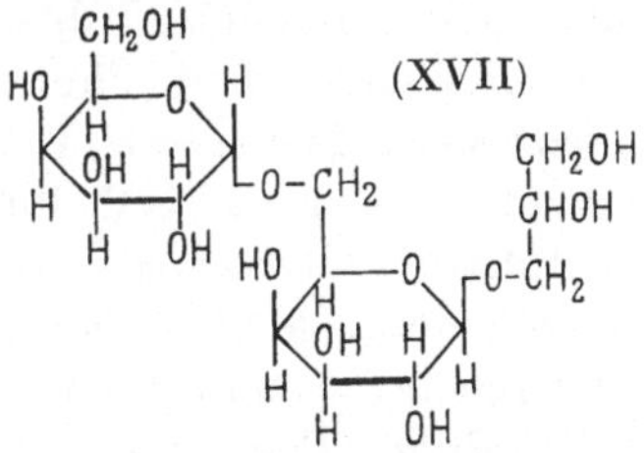

β-D-galactopyranosyl-1-glycérol
(Carter, McCluer et Slifer)

(XVII)

α-D-galactopyranosyl-1,6-β-D-galactopyranosyl-1-glycérol
(Carter, McCluer et Slifer)

Un inositophospholipide de fèves de Soja, étudié par HAWTHORNE et CHARGAFF(111) est caractérisé par sa teneur en galactose et arabinose et en un troisième constituant réducteur non identifié.

(XVIII)

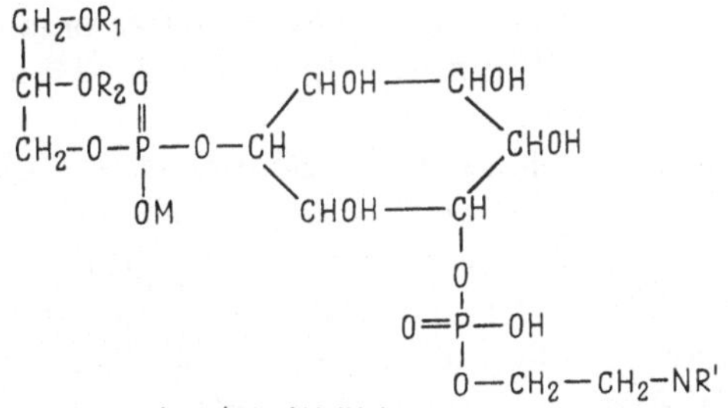

Phosphatide d'arachide (Malkin)
R' = trisaccharide contenant 2 moles de L-arabinose et 1 mole de D-galactose
M = un cation

* Rappelons que des algues rouges (*Floridées*) contiennent un α-D-galactopyranosyl-2-glycérol (floridoside) (COLIN[109], PUTMAN & HASSID[110]) et un α-D-galactopyranosyl-1-glycerol (iso-floridoside) (LINDBERG[110a]); des esters de ces substances ne semblent pas avoir été trouvés dans les lipides des algues rouges.

MALKIN et ses coll.[112, 113] ont décrit un phosphatide d'Arachide (*Arachis hypogaea*) contenant de la colamine et de l'inositol avec deux P pour un N; chaque molécule de phosphatide contiendrait deux molécules d'arabinose pour une molécule de D-galactose. Une hydrolyse donne un disaccharide d'arabinose et de galactose.

Les auteurs anglais attribuent à ce phosphatide la structure (XVIII); remarquons que, selon cette formule, les sucres seraient liés sous forme de N-glycosides.

Animaux inférieurs

Les glycolipides des animaux inférieurs commencent à peine à être connus; deux types ont été décrits récemment: les ascarosides d'*Ascaris* et un glycolipide de l'huître (*Ostreas gigas*).

Les ascarosides. FLURY[114] et FAURÉ-FRÉMIET[115] ont trouvé en 1912 que la plus grande partie de l'insaponifiable *d'Ascaris megalocephala* et *d'Ascaris lumbricoïdes* consiste en une substance F. 83° à laquelle ils ont donné le nom *d'alcool ascarylique.*

FAURÉ-FRÉMIET a montré que la membrane interne de l'oeuf *d'A. megalocephala* (*Parascaris equorum*) est contituée par un corps gras qui existait déjà dans l'oocyte à l'état de grains réfringents. En épuisant par l'acétone des ovaires ou des oeufs d'*Ascaris*, il obtient une substance cireuse fondant vers 45° dont la saponification fournit l'alcool ascarylique, F. 82°. D'après FAURÉ-FRÉMIET, l'alcool ascarylique est un produit caractéristique du métabolisme de l'oocyte et ne se trouve pas dans les autres organes d'*Ascaris*. Cependant BRAND et WINKELJOHN[116] ont isolé l'alcool ascarylique de mâles *d'Ascaris lumbricoïdes.*

Selon une étude chimique de SCHULZ et BECKER[117], l'alcool ascarylique aurait la formule $C_{33}H_{68}O_4$ et contiendrait deux hydroxyles acylables; les deux autres atomes d'oxygène seraient présents sous forme d'éther-oxydes. La formation d'une substance à odeur d'acroléine par chauffage de l'alcool ascarylique a conduit ces auteurs à supposer la présence de glycérol dans la molécule de l'alcool ascarylique.

Ayant repris récemment l'étude de l'alcool ascarylique de *Parascaris equorum* (= *A. megalocephala*) nous avons montré qu'il s'agissait d'un mélange de trois glycosides que l'on peut séparer par chromatographie et que nous avons proposé d'appeler ascarosides A, B et C suivant leur ordre d'élution[119].

Chacun des ascarosides donne par hydrolyse acide un *aglycone lipidique* et une ou deux molécules d'un sucre $C_6H_{12}O_4$ que nous avons appelé *ascarylose*.

L'ascarylose est un bisdésoxy-aldohexose $C_6H_{12}O_4$ que nous avons caractérisé par sa p, p'-nitrobiphénylsulfonylhydrazone F. 152° et sa p-toluènesulfonylhydrazone F. 124°. Nous envisageons pour l'ascarylose la formule d'un 3,6-bisdésoxy-aldohexose.

L'ascaroside A, F. 79—80° $[\alpha]_D = -55°$, $C_{34}H_{68}O_4 \pm CH_2$ est scindé en milieu acide en une mole d'un alcool secondaire non ramifié, F. 70°, $C_{28}H_{58}O \pm CH_2$ et une mole d'ascarylose. La formule (XIX) peut être proposée pour l'ascaroside A.

```
            Ascaroside A
            C33H66O4
         H3C(CH2)24 CHCH3
                    |
                    O
                    |
                  HC-O-┐
                  HCOH |
(XIX)              CH2 |
                  HCOH |
                  HC---┘
                    |
                   CH3
          F 80° [α]D = -55°
```

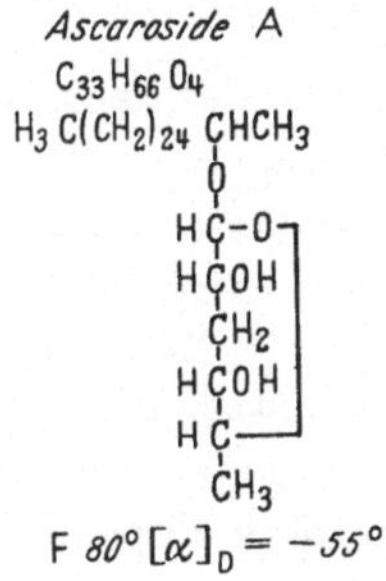

L'ascaroside B, F. 83—84° $[\alpha]_D = -49°$, $C_{37}H_{74}O_5$ est scindé en milieu acide en une mole de dihydroxy-2,6 hentriacontane, F. 94°, $C_{31}H_{64}O_2$ et une mole d'ascarylose. Nos résultats conduisent pour l'ascaroside B à la formule (XX)*.

```
              Ascaroside B
              C37H74O5
      H3C(CH2)24 CH(CH2)3 CHCH3
                 |        |
                 O        O
                 |        |
                 H      HC-O-┐
                        HCOH |
(XX)                     CH2 |
                        HCOH |
                        HC---┘
                          |
                         CH3
           F 84° [α]D = -49°
```

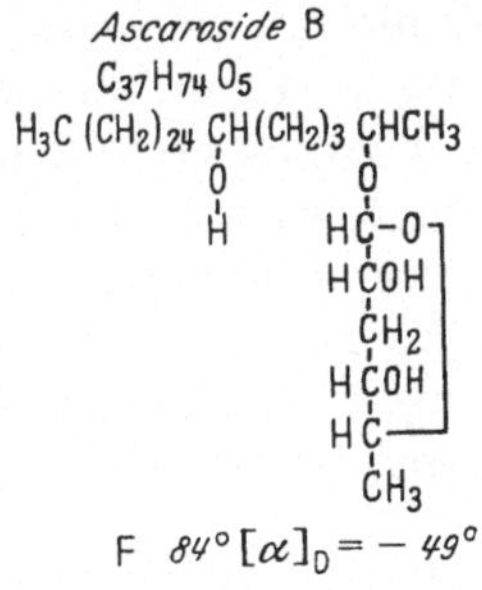

L'ascaroside C, F. 93—95° $[\alpha]_D = -77° 5$, $C_{43}H_{84}O_8$ est scindé en milieu acide en une mole du même dihydroxy-2,6 hentriacontane

* L'ascarylose est fixé sur l'un ou l'autre des hydroxyles de l'aglycone; la configuration stérique des hydroxyles de l'ascarylose est encore unconnue.

obtenu à partir de l'ascaroside B et deux moles d'ascarylose. Ces résultats conduisent pour l'ascaroside C à la formule (XXI).

$$
\text{(XXI)} \quad
\begin{array}{c}
\textit{Ascaroside C} \\
C_{43}H_{84}O_8 \\
H_3C(CH_2)_{24}CH{-}(CH_2)_3{-}CHCH_3 \\
\text{two O-linked units, each: } HC{-}O{-},\ HCOH,\ CH_2,\ HCOH,\ HC{-},\ CH_3 \\
F\ 95^\circ\ [\alpha]_D = -78^\circ
\end{array}
$$

L'ascarylose est un isomère des deux bisdésoxysucres, *abequose*, $[\alpha]_D = -15°$, et *tyvelose*, $[\alpha]_D = +25°$ extraits par WESTPHAL, LÜDERITZ, FROMME et JOSEPH[120] de lipopolysaccharides de bactéries gram-négatives (*Salmonella abortus equi* et *Salmonella typhi*). L'ascarylose $[\alpha]_D = -24°$ est nettement différent de l'abequose par son R_f et sa rotation optique; par contre l'ascarylose présente de grandes analogies avec le tyvelose, notamment l'identité des R_f dans différents systèmes de solvants; la rotation optique de ces deux sucres est cependant de signe contraire.

L'ester cireux F. 45° isolé par FAURÉ-FRÉMIET[115] de l'oeuf non fécondé de *Parascaris equorum* est un mélange d'acétates et de propionates d'ascarosides. Les lipides des membranes *d'Ascaris lumbricoïdes* (du porc) consistent essentiellement en un monoacétate d'ascaroside B (FOUQUEY et POLONSKY, essais inédits)*.

Glycolipide de l'huître. AKIYA et NAKAZAWA[121] ont isolé de la chair de l'huître (*Ostreas gigas*) un glycolipide (poudre hydroscopique insoluble dans l'acétone, F. 258—260°) ayant un poids moléculaire de 1050 environ et dont l'hydrolyse acide donne 15,5% de L-fucose et 30,4% de D-glucose. Des études de méthylation conduisent les a auteurs japonais à attribuer au sucre de ce glycolipide la structure d'un D-glucopyranose 4 ↔ 1 D-glucopyranose 4 ↔ 1 L-fucopyranose.

La nature des acides du glycolipide semble encore inconnue.

Nous remercions Monsieur J. ASSELINEAU pour des discussions et suggestions qui ont facilité la rédaction de cette revue.

* Pour la biochimie des lipides d'Ascaris, voir FAIRBAIRN[118].

Bibliographie

1 LAUENSTEIN, K.: 8. Mosbacher Colloquium. Berlin: Springer Verlag 1957.
2 McCOLL, J. D., et R. J. ROSSITER: J. Cellul. Comp. Physiol. **36**, 241, (1950); J. Exper. Biol. **28**, 116 (1951).
3 SALISBURY, L. F., and R. J. ANDERSON: J. of Biol. Chem. **129**, 505 (1939).
4 LEDERER, E.: Chimie et biochimie des lipides des Mycobactéries. Rapport au II° congrès internat. Biochimie, Paris 1952.
5 ASSELINEAU, J.: Lipides du bacille tuberculeux: composition chimique et activité biologique. Progrès Explor Tbc. **5**, I, Bâle et New York: Karger 1952.
6 ANDERSON, R. J., and M. S. NEWMAN: J. of Biol. Chem. **101**, 499 (1933).
7 AEBI, A., J. ASSELINEAU et E. LEDERER: Bull. Soc. Chim. biol. **35**, 661 (1953).
8 BARBIER, M.: Thèse de Doctorat. Univ. Paris 1953.
9 ANDERSON, R. J.: The chemistry of the lipoids of the tubercle bacillus and certain other microorganisms.
Fortschr. Chem. **3**, 135 (1939).
10 ASSELINEAU, J., et R. TOUBIANA: Essais inédits.
11 BLOCH, H., J. DEFAYE, E. LEDERER and H. NOLL: Biochim. et Biophysica Acta **23**, 312 (1957).
12 KOCH, R.: Mitt. k. Gesundheitsamt **2**, I (1884).
13 MIDDLEBROOK, G., R. J. DUBOS and C. PIERCE: J. of Exper. Med. **76**, 175 (1947).
14 BLOCH, H.: J. of Exper. Med. **91**, 197 (1950).
15 LEDERER, E: «Le cord factor, lipide toxique de Mycobacterium tuberculosis» A. Stoll Festschrift, p. 384—394, Bâle 1957.
16 NOLL, H.: The Chemistry of cord factor, a toxic glycolipid of M. Tuberculosis. Adv. Tbc. Res. 7. p. **149**. Bâle/New York: Karger, 1956
17 BLOCH, H.: J. of Exper. Med. **92**, 507 (1950).
18 BLOCH, H. and H. NOLL: Trans. Nat. Tbc. Assoc. N. Y. **49**, 94 (1953).
19 BLOCH, H., and H. NOLL: Brit. J. Exper. Path. **36**, 8 (1955).
20 BLOCH, H.: A Ciba Foundation Symposium on experimental Tuberculosis 131 (1955).
21 NOLL, H., and H. BLOCH: J. of Biol. Chem. **214**, 251 (1955).
22 ASSELINEAU, J., et E. LEDERER: Biochim. et Biophysica Acta **17**, 161 (1955).
23 LESUK, A., and R. J. ANDERSON: J. of Biol. Chem. **126**, 505 (1938).
24 ASSELINEAU, J., et E. LEDERER: Biochim. et Biophysica Acta **7**, 126 (1951).
25 ASSELINEAU, J., et LEDERER: Chimie des lipides bactériens. Progr. Chim. Subst. Nat. **10**, 170—273 (1953).
26 ASSELINEAU, J., and E. LEDERER: Experimental Tuberculosis; a Ciba Foundation Symposium p. 14. London 1955.
27 NOLL, H., H. BLOCH, J. ASSELINEAU et E. LEDERER: Biochim. et Biophysica Acta **20**, 299 (1956).
28 GENDRE, Th., et E. LEDERER: Bull. Soc. Chim. France **1956**, 1478—1482.
29 NOLL, H.: Essais inédits.

[30] POLONSKY, J., G. FERREOL, R. TOUBIANA et E. LEDERER: Bull. Soc. Chim. France **1956**, 1471.

[31] ASSELINEAU, J., et E. LEDERER: Bull. Soc. Chim. France **1955**, 1232.

[32] ASSELINEAU, J., H. BLOCH et E. LEDERER: Biochim. et Biophysica Acta **15**, 136 (1954).

[33] BARBIER, M., et E. LEDERER: Biochim. et Biophysica Acta **14**, 246 (1954).

[34] ANDERSON, R. J., W. C. LOTHROP and M. M. CREIGHTON: J. of Biol.
[36] Chem. **125**, 299 (1938).

[35] VILKAS, E., et E. LEDERER: Bull. Soc. Chim. biol. **38**, 111—121 (1956).

[36] MICHEL, G., et E. LEDERER: C. r. Acad. Sci. (Paris) **240**, 2454—55 (1955).

[37] GENDRE, TH., et E. LEDERER: Ann. Acad. Sci. Fenn. ser. II, Chemica N° 60, 313—320 (1955).

[38] CHOUCROUN, N: Rev. Tbc. **56**, 203 (1947).

[39] HAWORTH, W. N., P. W. KENT and M. STACEY: J. Chem. Soc. London **1948**, 1220.

[39a] STACEY, M., P. W. KENT and E. NASSAU: Biochim. et Biophysica. Acta **7**, 146 (1951).

[40] ASSELINEAU, J. N. CHOUCROUN et E. LEDERER: Biochim. et Biophysica Acta **5**, 197 (1950).

[41] GENDRE, T., et E. LEDERER: Biochim. et Biophysica. Acta **8**, 49 (1952).

[42] CUMMINS, C. S., and H. HARRIS: J. Gen. Microbiol. **14**, 583 (1956).

[43] SALTON, M. R. J.: Biochim. et Biophysica Acta **8**, 510 (1952); **10**, 512 (1953).

[44] SNELL, E. E., N. S. RADIN and M. IKAWA: J. of Biol. Chem. **217**, 803 (1955).

[44a] STRANGE, R. E., and J. F. POWELL: Biochemic J. **58**, 80 (1954).

[45] MACHEBOEUF, M. A., G. LEVY et M. FAURE: Bull. Soc. Chim. biol. **17**, 1194, 1201, 1210 (1935).

[46] PANGBORN, M. C.: Tuberculology **16**, 134 (1956).

[47] RAFFEL, S.: J. Inf. Dis. **82**, 267 (1948); Experientia (Basel) **6**, 410 (1950).

[48] RAFFEL, S., J. ASSELINEAU and E. LEDERER: Ciba Foundation Symposium on Experimental Tuberculosis 174 (1955).

[49] FREUND, J.: Amer. J. Clin. Path. **21**, 645 (1951).

[49a] FREUND, J.: Adv. Tbc. Res. **7**, 130 (1956).

[50] WHITE, R., J. BERNSTOCK, N. JOHNS and E. LEDERER: Immunology **1**, (1958) sous presse.

[51] COLOVER, J.: Brain **77**, 435 (1954).

[51a] COLOVER, J., and R. CONSDEN: Nature (London) **177**, 749 (1956).

[52] GOUBAREV, E. M.: Uspekhi Sovremennoi Biol. **31**, 108 (1951).

[53] GOUBAREV, E. M., E. K. LUBENETS and V. V. GALAEV: Biokhimiya **18**, 37 (1953).

[54] ALIMOVA, E. K.: Biokhimiya **20**, 516 (1955).

[55] CROWDER, J. A., and R. J. ANDERSON: J. of Biol. Chem. **104**, 487 (1934).

[56] BERGSTRÖM, S., H. THEORELL and H. DAVIDE: Arch. of Biochem. **10**, 165 (1946).

[57] JARVIS, F. G., and M. J. JOHNSON: J. Amer. Chem. Soc. **71**, 4124 (1949).

[58] HAUSER, G., and M. L. KARNOVSKY: J. Bacter. **68**, 645 (1954).

59 Hauser, G., and M. L. Karnovsky: J. of Biol. Chem. **224**, 91 (1957).
60 Lemieux, R. U., and J. Giguere: Canad. J. of Chem. **29**, 678 (1951).
61 Serck-Hanssen, K., and E. Stenhagen: Acta chem. scand. **9**, 866 (1955).
62 Boivin, A., et L. Mesrobeanu: Rev. Immunol. **1**, 553 (1935); **2**, 113 (1936); **3**, 319 (1937); **4**, 197 (1938).
63 Westphal, O., u. O. Lüderitz: Angew. Chem. **66**, 407 (1954).
64 Meier, R., u. B. Schär: Experientia (Basel) **10**, 376 (1954).
65 Shear, M. J.: Proc. Soc. Exper. Biol. a. Med. **34**, 325—26 (1936).
66 Shear, M. J., and H. B. Andervont: Proc. Soc. Exper. Biol. a. Med. **34**, 323—325 (1936).
67 Shear, M. J., and F. C. Turner: J. Nat. Cancer Inst. **4**, 81—97 (1943).
68 Hartwell, J. L., M. J. Shear and J. R. Adams: J. Nat. Cancer Inst. **4**, 107—122 (1943).
69 Meier, R., u. L. Neipp: Schweiz. med. Wschr. **86**, 249 (1956).
70 Meier, R., u. F. Kradolfer: Experientia (Basel) **12**, 235 (1956).
71 Meier, R., u. F. Kradolfer: Experientia (Basel) **12**, 213 (1956).
72 Morgan, W. T. J., and S. M. Partridge: Biochemic. J. **34**, 169 (1940); **35**, 1140 (1941).
73 Davies, D. A. L., W. T. J. Morgan and W. Mosimann: Biochemic. J. **56**, 572 (1954).
74 Binkley, F., W. F. Goebel and E. Perlman: J. of Exper. Med. **81**, 331 (1945).
75 Westphal, O., O. Lüderitz u. F. Bister: Z. Naturforsch. **7b**, 148 (1952).
76 Miles, A. A., and N. W. Pirie: Brit. J. Exper. Path. **20**, 83, 278 (1939).
77 Jesaitis, M. A., and W. F. Goebel: J. of Exper. Med. **96**, 409 (1952).
78 Goebel, W. F., and M. A. Jesaitis: J. of Exper. Med. **96**, 425 (1952).
79 Davies, D. A. L., W. T. J. Morgan and B. R. Record: Biochemic. J. **60**, 290 (1955).
80 Tal, C., and W. F. Goebel: J. of Exper. Med. **92**, 25 (1950).
81 Ikawa, M., J. B. Koepfli, S. G. Mudd and C. Niemann: J. Amer. Chem. Soc. **75**, 1035, 3439 (1953).
82 Westphal, O., u. O. Lüderitz: 6° Congrès Internat. Microbiol. Rome 1953, Nr. 400 (1954).
83 Westphal, O., O. Lüderitz, E. Eichenberger u. W. Keiderling: Z. Naturforsch. **7b**, 536 (1952).
84 Čmelik, S.: Z. physiol. Chem. **302**, 20 (1955).
85 Neter, E., O. Westphal, O. Lüderitz, E. A. Gorzynski u. E. Eichenberger: J. Immunol. **76**, 377 (1956).
86 Westphal, O., O. Lüderitz, E. Eichenberger u. E. Neter: Dtsch. Z. Verdauungs- u. Stoffwechselkrkh. **15**, 170—80 (1955); C. A. 3550—c (1956).
87 Landy, M.: Ann. N. Y. Acad. Sci. **66**, 292 (1956).
88 Johnson, A. G., S. Gaines and M. Landy: J. of Exper. Med. **103**, 225—46 (1956).
89 Dubos, R. J., and R. W. Schaedler: J. of Exper. Med. **104**, 53 (1956).
90 Rowley, D.: Brit. J. Exper. Path. **37**, 223 (1956).
91 Rowley, D.; Ann. N. Y. Acad. Sci. **66**, 304 (1956).

[92] Landy, M., and L. Pillemer: J. of Exper. Med. **104**, 383 (1956).
[93] Howard, J. G., D. Rowley and A. C. Wardlaw: Nature (London) **179**, 314 (1957).
[94] Ikawa, M., J. B. Koepfli, S. G. Mudd and C. Niemann: J. Nat. Cancer Inst. **14**, 1195 (1954).
[95] Rathgeb, P., and B. Sylvèn: J. Nat. Cancer Inst. **14**, 1099, 1109 (1954).
[96] Pon, G., et A. M. Staub: Bull. Soc. Chim. biol. **34**, 1132 (1952).
[97] Davies, D. A. L.: Biochemic. J. **63**, 105—116 (1956).
[98] Haskins, R. H.: Canad. J. Res. **28**, 213 (1950).
[99] Lemieux, R. U., J. A. Thorn, C. Brice and R. H. Haskins: Canad. J. Chem. **29**, 409 (1951).
[100] Lemieux, R. U. Canad. J. Chem. **29**, 415 (1951).
[101] Lemieux, R. U. Canad. J. Chem. **31**, 396 (1953).
[102] Lemieux, R. U., J. A. Thorn and H. F. Bauer: Canad. J. Chem. **31**, 1054 (1953).
[103] Lemieux, R. U., and R. Charanduk: Canad. J. Chem. **29**, 759 (1951).
[104] Boothroyd, B., J. A. Thorn and R. H. Haskins: Canad. J. Chem. **33**, 289 (1955).
[105] Haskins, R. H., and J. A. Thorn: Canad. J. Bot. **29**, 585 (1951).
[106] Thorn, J. A., and R. H. Haskins: Canad. J. Bot. **29**, 403 (1951).
[107] Boothroyd, B., J. A. Thorn and R. H. Haskins: Canad. J. Biochem. a. Physiol. **34**, 10 (1956).
[108] Carter, H. E., R. H. McCluer and E. D. Slifer: J. Amer. Chem. Soc. **78**, 3735 (1956).
[109] Colin, H.: Bull. Soc. Chim. 5, **4**, 277 (1937).
[110] Putman, E. W., and W. Z. Hassid: J. Amer. Chem. Soc. **76**, 2221 (1954).
[110a] Lindberg, B.: Acta chem. scand. (Copenh.) **9**, 1097 (1955).
[111] Hawthorne, J. N., and E. Chargaff: J. of Biol. Chem. **206**, 27 (1954).
[112] Malkin, T.: Colloque Internat. sur les problèmes biochimiques des lipides p. 62 Bruxelles 1953.
[113] Hutt, H. H., T. Malkin, A. G. Poole and P. R. Watt: Nature (London) **165**, 314 (1950).
[114] Flury, F.: Arch. Exper. Path. u. Pharmakol. **67**, 275 (1912).
[115] Faure-Fremiet, E.: J. Physiol. path. **15**, 509 (1913); **16**, 808 (1915).
[116] Brand, T. von, and M. I. Winkeljohn: Proc. Helminthol. Soc. Wash. D. C. **12**, 62 (1945).
[117] Schulz, F. N., u. M. Becker: Biochem. Z. **265**, 253 (1933).
[118] Fairbairn, D.: Canad. J. Biochem. Physiol. **33**, 31, 122, 130 (1955); **34**, 39, 182 (1956).
[119] Fouquey, C., J. Polonsky et E. Lederer: Bull. Soc. Chim. biol. **39**, 101 (1957).
[120] Westphal, O., O. Lüderitz; I. Fromme u. N. Joseph: Angew. Chem. **65**, 555 (1953).
[121] Akiya, S., and Y. Nakazawa: J. Pharm. Soc. Japan **75**, 1332, 1335 (1955): Chem. Abstr. 10008—c,e (1956).

Die Glykolipide der höheren Tierreihe

Von

K. Lauenstein*

Aus dem Physiologisch-Chemischen Institut der Universität Köln

Mit 3 Textabbildungen

Die zuckerhaltigen Lipide wurden bis vor 20 Jahren unter dem Begriff der Cerebroside zusammengefaßt. Man verstand darunter Lipide, die je ein Molekül Sphingosin, Fettsäure und Hexose als Bausteine enthielten und die fast ausschließlich aus dem Nervengewebe isoliert worden waren. In der Folgezeit wurden mehrere andere, komplizierter aufgebaute zuckerhaltige Lipide aus Organen des Tierkörpers isoliert. Es erschien daher zweckmäßig, die ganze Gruppe als Glykolipide (Glykosphingoside) zu bezeichnen, deren strukturell einfachstes Beispiel die Cerebroside sind. Der Grundkörper aller tierischen Glykolipide ist die in der älteren Literatur als Ceramid bezeichnete amidartige Fettsäureverbindung des Sphingosins. Diese Substanz wurde auch tatsächlich ohne

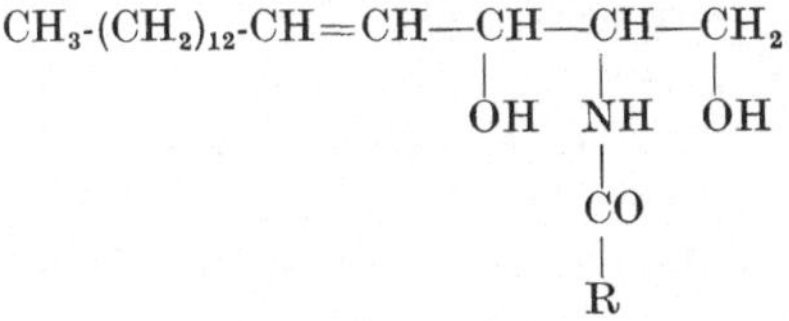

$$\begin{array}{lllll}
CH_3\text{-}(CH_2)_{12}\text{-}CH{=}CH{-} & CH{-} & CH{-} & CH_2 \\
 & | & | & | \\
 & OH & NH & OH \\
 & & | & \\
 & & CO & \\
 & & | & \\
 & & R &
\end{array}$$

Abb. 1. Ceramid

vorherige Hydrolyse als Lignocerylsphingosin aus Leber, Lunge, Milz und aus dem Stroma der Rindererythrocyten dargestellt[1–6]. Es ist nicht ausgeschlossen, daß dies Ceramid erst während der Aufarbeitung des Rohlipids entstanden ist, jedoch könnten die höheren Ausbeuten von Lignocerylsphingosin aus fetalem Hirn gegen diese Annahme sprechen.

* Jetzige Anschrift: Biochemisches Laboratorium der Farbenfabriken Bayer AG., Wuppertal-Elberfeld.

Die Cerebroside im engeren Sinne kann man sich durch glykosidische Bindung einer Hexose an eine der zwei Hydroxylgruppen des Ceramids entstanden denken. NAKAYAMA[7] konnte zeigen, daß die Hexose in C_1-Stellung des Sphingosins gebunden ist. Bei der Hexose handelt es sich überwiegend um Galaktose. Jedoch scheinen, soweit es mit neueren Methoden untersucht worden ist, immer auch kleine Mengen Glucose vorzuliegen. WOOLF[8] fand bei der Gaucher-Krankheit, bei der meist fast ausschließlich Glucose als Baustein des krankhaft gespeicherten Cerebrosids gefunden wird, auch kleine Mengen Lactose. Dieser Befund bedarf aber noch der Bestätigung. Als Fettsäuren liegen vor allem C_{24}-Säuren vor, so daß wir je nach dem Vorkommen von Lignocerinsäure, Nervonsäure, Oxynervonsäure und Cerebronsäure die entsprechenden Cerebroside Kerasin, Nervon, Oxynervon und Cerebron unterscheiden können. Es sei aber festgestellt, daß es sich bei allen vier Cerebrosiden, vielleicht mit Ausnahme des Cerebrons, sowohl in bezug auf die Fettsäure als auch in bezug auf den Hexoserest noch um uneinheitliche Stoffe handelt.

Ein Teil dieser Cerebroside liegt als Sulfatide[9] vor. Dabei ist eine der Hydroxylgruppen des Galaktoserestes mit Schwefelsäure verestert. Die Sulfatide scheinen insofern eine Sonderstellung einzunehmen, als sie sich im Gegensatz zu den einfachen Cerebrosiden und zu den Gangliosiden bei Isotopenversuchen stoffwechselmäßig praktisch inert erwiesen[10].

1942 stellte KLENK[11] aus Hirn eine neue Klasse der Glykolipide, die Ganglioside, dar. Die Ganglioside fanden sich vor allem in der grauen Substanz des Gehirns[12], wurden später aber auch in der Milz[13] und in dem Pferdeerythrocyten-Stroma[14–16] gefunden. Außer den Bausteinen der einfachen Cerebroside enthalten die Ganglioside Neuraminsäure und zum Teil Hexosamin[17]. Alle bisher dargestellten Ganglioside sind nicht einheitliche Substanzen. Es ist zu hoffen, daß die Auftrennung der einzelnen Komponenten mit modernen Methoden, wie z. B. die Säulenmethode von SVENNERHOLM[18], mit der Zeit gelingen wird (s. a. Weiss[36]). KLENK[16] schlug eine hypothetische Bausteinformel vor, die den Vorteil bietet, die meisten Analysenbefunde zu decken und außerdem die Verwandtschaft der Ganglioside mit den später zu besprechenden Glykolipiden der Milz und des Erythrocytenstromas aufzuzeigen.

Die Doppelformel wurde gewählt, um den Aminozuckerrest im molaren Verhältnis den anderen Hexoseresten (Galaktose und Glucose) zuordnen zu können. Diese Formel entspricht den Bausteinanalysen der Hirn- und Milzganglioside. Die von SVENNERHOLM chromatographisch isolierte Substanz würde der rechten

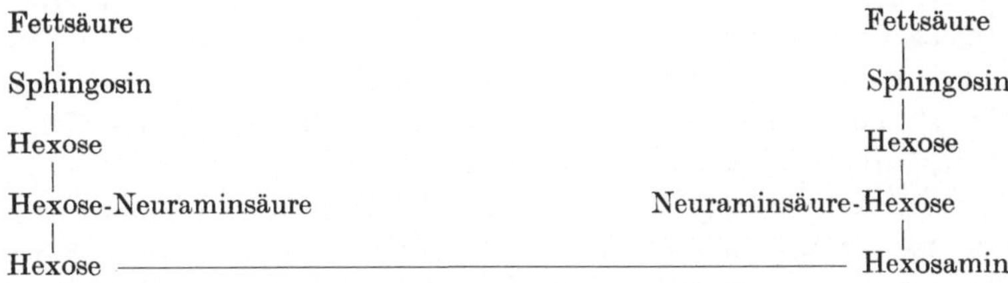

Abb. 2. Hirn- und Milzgangliosid

Hälfte der Formel entsprechen. Ebenso können die Ganglioside des Pferdeerythrocytenstromas, die teils Aminozucker enthalten, teils aminozuckerfrei sind, als Spaltstücke einer Muttersubstanz obiger Formel erklärt werden. Der typische Baustein aller Ganglioside ist die Neuraminsäure. Ihre Konstitution ist inzwischen im Anschluß an die Ergebnisse von BLIX u. Mitarb. sowie KLENK u. Mitarb. auf Grund der Arbeiten von GOTTSCHALK[19, 20], HEIMER und MEYER[21], KUHN und BROSSMER[22] sowie WEYGAND und RINNO[23] weitgehend aufgeklärt worden. Ihr Aufbau entspricht der Formel, die zuerst von GOTTSCHALK vorgeschlagen wurde, dem jetzt auch, zusammen mit CORNFORTH und DAINES[24] die Synthese gelungen

```
          COOH
           |
  ┌────────C—OH
  |        |
  |        CH2
  |        |
  O     HOCH
  |        |
  |      HC—NH—CO—CH3
  |        |
  └────────CH
           |
         HC—OH
           |
         HC—OH
           |
          CH2OH
```

Abb. 3. N-Acetyl-neuraminsäure

ist. Neuraminsäure enthält als wesentlichen Baustein neben Brenztraubensäure N-Acetyl-glucosamin. Die Existenz eines Aminozuckers im Molekül der Neuraminsäure war gleichzeitig von Lauenstein und Altman[25] auf Grund biosynthetischer Versuche mit C^{14}-Glucose vermutet worden.

Bemerkenswert ist noch, daß die Neuraminsäure des Pferdestroma-Gangliosids keine N-Acetyl-, sondern eine N-Glykolyl-Verbindung ist[26, 27]. Das von Folch[28] isolierte Strandin ist ein Gangliosid, das bei weiterer Aufarbeitung den typischen Neuraminsäuregehalt der Ganglioside aufweist[29, 30].

Die letzte Gruppe der Glykolipide stellen die Substanzen dar, die aus der Milz und aus den Erythrocytenstromen verschiedener Tiere von den japanischen Forschern[14, 26, 31–33] und von Klenk u. Mitarb.[13, 15, 16, 34] isoliert wurden. Neben den oben schon beschriebenen Gangliosiden des Pferdestromas fand sich eine ganze Anzahl neuraminsäurefreier Glykolipide mit mehreren Hexoseresten, die eine fast lückenlose Reihe zwischen den einfachen Cerebrosiden und den Gangliosiden entsprechend der Klenkschen Doppelformel darstellen. Als Beispiele seien das Lignoceryl-sphingosin-galactosamin-trihexosid des Menschenstromas und das Lignoceryl-sphingosin-glucosamin-tetrahexosid des Rinderstromas angeführt[34]. Im Pferdestroma findet sich überwiegend ein Gangliosid: Lignoceryl-sphingosin-neuraminsäure-dehexosid[14, 15]. Diese Glykolipide weisen artspezifische Unterschiede in bezug auf den vorliegenden Aminozucker auf. So findet man Galaktosamin beim Menschen, Glucosamin beim Rind und Neuraminsäure beim Pferd. Sie sind weiterhin interessant, weil sie nach den japanischen Forschern die Fähigkeiten besitzen, die Erythrocytenagglutination einer bestimmten Blutgruppe durch den entsprechenden Isoantikörper zu verhindern. Dieser Zusammenhang mit den Blutgruppensubstanzen wird durch die oben aufgeführte Artspezifität noch betont. Zudem soll das Verhältnis von Glucosamin zu Galaktosamin in Beziehung zu den verschiedenen menschlichen Blutgruppen stehen.

Abschließend sei noch erwähnt, daß eine von Rosenberg, Howe und Chargaff[35] gewonnene Gangliosidfraktion, die noch ein Polypeptid enthält, ähnlich wie die Mucopolysaccharide, als Substrat für das receptor destroying encyme (RDE) dienen kann, wobei Neuraminsäure abgespalten wird. Gewöhnliche Ganglioside haben diese Eigenschaft nicht. Wegen der Verwandtschaft mit den Mucinen bezeichnet CHARGAFF diese Substanz einschließlich der anderen Ganglioside als Mucolipide.

Literatur

1 THANNHAUSER, S. J., u. E. FRÄNKEL: Z. physiol. Chem. **203**, 183 (1931).
2 FRÄNKEL, E., u. F. BIELSCHOWSKY: Z. physiol. Chem. **213**, 58 (1932).
3 TROPP, C., u. V. WIEDERSCHEIM: Z. physiol. Chem. **222**, 39 (1933).
4 TROPP, C.: Z. physiol. Chem. **237**, 178 (1935).
5 SCHUWIRTH, K.: Z. physiol. Chem. **263**, 25 (1940).
6 KLENK, E., u. K. LAUENSTEIN: Z. physiol. Chem. **291**, 249 (1952).
7 NAKAYAMA, T.: J. of Biochem. **37**, 309 (1950).
8 WOOLF, L. I.: Biochemic. J.: **56**, 16 (1954).
9 BLIX, G.: Z. physiol. Chem. **219**, 82 (1933).
10 RADIN, N. S., F. B. MARTIN and J. R. BROWN: J. of Biol. Chem. **224**, 499 (1957).
11 KLENK, E.: Z. physiol. Chem. **273**, 76 (1942).
12 KLENK, E., u. H. LANGERBEINS: Z. physiol. Chem. **270**, 185 (1941).
13 KLENK, E., u. F. RENNKAMP: Z. physiol. Chem. **273**, 253 (1942).
14 YAMAKAWA, T., and S. SUZUKI: J. of Biochem. **38**, 199 (1951); **39**, 175 (1952).
15 KLENK, E., u. H. WOLTER: Z. physiol. Chem. **291**, 260 (1952).
16 KLENK, E., u. K. LAUENSTEIN: Z. physiol. Chem. **295**, 164 (1953).
17 BLIX, G.: Skand. Arch. Physiol. **80**, 46 (1938).
18 SVENNERHOLM, L.: Acta chem. scand. (Copenh.) **9**, 1033 (1955); Nature (London) **177**, 524 (1956).
19 GOTTSCHALK, A.: Nature (London) **176**, 881 (1955).
20 GOTTSCHALK, A.: Yale J. Biol. Med. **28**, 525 (1956).
21 HEIMER, R., and K. MEYER: Proc. Nat. Acad. Sci. USA **42**, 718 (1956).
22 KUHN, R., u. R. BROSSMER: Chem. Ber. **87**, 123 (1956); Angew. Chem. **69**, 534 (1957).
23 WEYGAND, F., u. H. RINNO: Z. physiol. Chem. **306**, 177 (1957).
24 CORNFORTH, J. W., M. E. DAINES and A. GOTTSCHALK: Proc. Chem. Soc. **1957**, 25.
25 LAUENSTEIN, K., and K. I. ALTMAN: Nature (London) **178**, 917 (1956).
26 YAMAKAWA, T.: J. of Biochem. **43**, 867 (1956).
27 KLENK, E., and G. UHLENBRUCK: Meeting Ciba Foundation, London, April 1957.
28 FOLCH, J., S. ARSOVE and A. MEATH: J. of Biol. Chem. **191**, 819 (1951).
29 DAUN, H.: Diss. Univ. Köln 1952.
30 CHATAGNON, C., u. P. CHATAGNON: Bull. Soc. Chim. biol. **35**, 1319 (1953); **36**, 373 (1954).
31 YAMAKAWA, T., M. MATSUMOTO, S. SUZUKI and T. IIDA: J. of Biochem. **43**, 41 (1956).
32 YAMAKAWA, T., M. MATSUMOTO and S. SUZUKI: J. of Biochem. **43**, 63 (1956).

[33] MATSUMOTO, M.: J. of Biochem. **43**, 53 (1956).
[34] KLENK, E., u. K. LAUENSTEIN: Z. physiol. Chem. **288**, 220 (1951); **291**, 249 (1952).
[35] ROSENBERG, A., C. HOWE and E. CHARGAFF: Nature (London) **177**, 234 (1956).
[36] WEISS, B.: J. of Biol. Chem. **223**, 523 (1956).

Diskussion

DISCHE (New York): Ist es bewiesen, daß die Neuraminsäure bei den Gangliosiden an der Hexose hängt und nicht am Hexosamin?

LAUENSTEIN: Nein. Aber sie ist bei den Mucopolysacchariden nach Untersuchungen von GOTTSCHALK wahrscheinlich an eine Hexose gebunden.

KLENK (Köln): Im Stroma von Pferdeerythrocyten findet man neben diesem Gangliosid, das hexosaminfrei ist, noch — was LAUENSTEIN vergaß, zu erwähnen — in ebenso großen Mengen ein D-Hexosid, also ein Cerebrosid, das keine Neuraminsäure enthält. Es besteht aus Fettsäure, Sphingosin und zwei Molekülen Hexose und entsteht wahrscheinlich aus dem Gangliosid durch Abspaltung der Neuraminsäure, die in diesem Fall sicher an einer Hexose sitzt. Daraus können wir vielleicht schließen, daß die Neuraminsäure auch bei den übrigen Gangliosiden nicht an einem Hexosamin hängt, sondern an einer Hexose. Ich möchte hier an das Trisaccharid erinnern, das KUHN aus Milch isolierte und das Lactose und Lactaminsäure, bzw. N-Acetyl-Neuraminsäure, aber kein Hexosamin enthält. Daher muß die Neuraminsäure hier mit einer der beiden Hexosen verbunden sein.

DISCHE: Ich möchte in diesem Zusammenhang gewisse polymerisierte Zucker erwähnen, die wir vorläufig Polysaccharide nennen wollen, und die mit gewissen Fasern des Kollagens im Glaskörper verbunden sind. Sie enthalten Galaktose, Glucose und wenig Hexosamin, das jedoch, auf das Gesamtmolekül bezogen, etwa dem Hexosamingehalt der Ganglioside entspricht. Diese Polysaccharide enthalten keine Neuraminsäure, aber Glucuronsäure, welche außerordentlich schwer abzutrennen ist.

CREMER (Mainz): Ist das Peptid aus Wachs D durch Proteasen hydrolysierbar? Sie erwähnten, daß es L-Glutaminsäure enthält. Weiß man etwas über die beiden anderen Aminosäuren? Meines Wissens finden sich in den Zellwänden von Pneumokokken D-Aminosäuren.

LEDERER: Das Zellpeptid wurde von STRANGE und POWELL aus England genauer untersucht. Wir haben nicht versucht, das Peptid aus Wachs D enzymatisch abzuspalten, da das Wachs D lipoidlöslich ist und sich daher durch Enzyme schlecht abbauen läßt.

Was Ihre zweite Frage anbelangt: die Glutaminsäure in dem Peptid wurde biologisch als L-Glutaminsäure erkannt. Über die optische Aktivität des Alanin weiß man noch nichts. Die Diamino-pimelinsäure liegt als meso-Diamino-pimelinsäure vor. Man kann sie chromatographisch von den optisch aktiven Formen abtrennen.

Vielleicht unterscheiden sich die bakteriellen Glykolipoide doch grundlegend von den anderen, von denen Herr LAUENSTEIN sprach. In den letzteren ist die Fettsäure nämlich immer *amidartig* mit dem Sphingosin verbunden, während in den Glykolipoiden, welche wir in Bakterien und niederen Pflanzen finden, die Fettsäure mit dem Zucker *verestert* ist. Ich vergaß übrigens zu erwähnen, daß in unbefruchteten Ascaris-Eiern die Ascaroside, die Glykoside von Fettalkoholen sind, außerdem noch mit Essigsäure und Propionsäure verestert sind (also wieder Fettsäuren an Zucker gebunden). Im Augenblick der Befruchtung scheint eine Verseifung stattzufinden, die sehr rasch vor sich geht. Der gesamte Fettstoff wird dann — vielleicht nur, weil er an Dichte verliert — als Fettschicht an die Oberfläche des Eies gewissermaßen zentrifugiert.

Bei unseren Untersuchungen mit H. Bloch über die Aktivität von synthetischen Mykolsäure-Zuckerverbindungen fanden wir, daß ein Mykolamid von Glucosamin nicht toxisch ist, während dieselbe Mykolsäure mit dem Hydroxyl in 6 des Glucosamin verestert eine toxische Verbindung darstellt. Es scheint also gerade diese Esterbindung zwischen einem Zucker und einer hochmolekularen Säure eine stark toxische Wirkung zu haben.

Wie kommt nun eine solche Wirkung zustande? Gestern hörten wir von den verschiedenen Kompartimenten A, B und C usw. Es scheint ziemlich sicher, daß sich diese Stoffe, die viele Hydroxylgruppen und einen großen Lipoidrest enthalten, an der Zellmembran und wahrscheinlich auch an den Trennmembranen zwischen den Kompartimenten anreichern und dadurch auch in sehr geringer Menge auf Gleichgewicht, Diffusion, Permeabilität u. dgl. dieser verschiedenen Kompartimente einwirken. Übrigens sind diese Verbindungen sehr starke Emulgatoren. Es ist bemerkenswert, daß wir beim Studium der Literatur über Synthesen von Fettsäureestern der Zucker fanden, daß die Sugar Research Foundation/New York höhere Fettsäureester von Disacchariden als „Detergents" patentieren ließ.

Werle (München): Sind weitere biologische Wirkungen der Ascaroside bekannt?

Lederer: Sie scheinen nur eine Schutzfunktion und keine toxische Wirkung zu haben.

Fischer (Frankfurt/M.): Vor einigen Wochen erzählte mir Pillemer, es sei Landy gelungen, lipopolysaccharidähnliches Material aus menschlichem Gewebe zu isolieren, das in der gleichen Größenordnung pyrogen wirke wie die von Westphal gereinigten Bakterienstoffe. Zu dieser Zeit lagen noch keine Analysen vor. Es scheint mir, daß es dem Properdinproblem eine gewisse Wendung gibt, daß auch im Organismus hoch toxische Stoffe vorkommen, die unter Umständen beim Zellzerfall frei werden. Ist hierüber Genaueres bekannt?

Klenk: Vor einiger Zeit schickte ich Herrn Westphal Ganglioside. Er prüfte sie und fand, daß sie zwar eine gewisse Wirksamkeit besitzen, die jedoch wesentlich geringer ist als die der pyrogenen Glykolipoide.

Dische: Meines Wissens gelang es auch Shear u. Mitarb., eine ganze Reihe von polysaccharidhaltigen Extrakten aus tierischem Gewebe mit TCE herzustellen, die alle pyrogen wirken. Es handelt sich um sehr konplizierte Gemische. Die aktive Komponente ist noch unbekannt.

DUSPIVA (Heidelberg): Herr LEDERER berichtete über Stoffe, die gegen Abbau stabil sind. Es gibt eine Ausnahme. Die Larve der Wachsmotte ist imstande, das Bienenwachs abzubauen, nicht durch eigene Fermente, sondern durch Bakterien, die in ihrem Darm leben. Diese Wachsmotte soll nach METALNIKOW auch die Hüllen von Tuberkelbacillen abbauen. Weiter fand ich, daß bei pflanzensaugenden Insekten die Trehalase sehr verbreitet ist und sowohl im Darm als auch in der Speicheldrüse vorkommt. Darf ich fragen, was über die Bedeutung der Trehalose bekannt ist?

BUTENANDT (München): Man weiß, daß der Blutzucker der Insekten Trehalose ist und nicht Glucose. Die Insekten haben ihre eigene Biochemie und ihren besonderen Intermediärstoffwechsel. Neben Trehalose enthält das Insektenblut noch Glycerin.

BÜCHER (Marburg): Dazu möchte ich fragen, ob etwas über das Reservekohlenhydrat der Insekten bekannt ist?

BUTENANDT: Nein. Der Insektenmuskel kann Fett unmittelbar verbrennen.

BÜCHER: Er muß aber auch viel Glykogen enthalten.

WERLE: Die Biene saugt meines Wissens Zucker, der Glucose enthält. Sie hat — wenn ich mich recht erinnere — einen Blutzuckerspiegel von 600 mg-% Glucose. Ist ihr Honigvorrat erschöpft, dann kann sie nicht mehr fliegen. Handelt es sich hier um Trehalose oder um Glucose?

BUTENANDT: Das weiß ich nicht genau. Es ist — glaube ich — auch noch nicht bei allen Insekten untersucht. Aber sehr häufig findet man bei ihnen nur Trehalose im Blut und keine Glucose.

Phosphatkreislauf und Pasteur-Effekt

Von

Feodor Lynen

(unter experimenteller Mitarbeit von **Karl Joachim Netter**, **Auguste Schuegraf** und **Gerta Stix**)

Max-Planck-Institut für Zellchemie, München, und Chemisches Universitätslaboratorium München, Institut für Biochemie

Mit 11 Textabbildungen

Eine der großartigen Leistungen lebender Organismen ist ihre Fähigkeit, die Stoffwechselvorgänge zu verändern und den wechselnden Lebensbedingungen anzupassen. So wird die Energie, die zur dauernden Bewegung des Zellgetriebes erforderlich ist, durch Oxydation geliefert, wenn Sauerstoff verfügbar ist, dagegen durch die Gärung, wenn Sauerstoff fehlt. Die Geschwindigkeit dieser Prozesse hängt von der physiologischen Verfassung der Organismen ab. Sie steigt an, wenn Mikroorganismen in die Vermehrungsphase treten oder wenn Muskeln aus dem Ruhezustand zur Aktivität übergehen.

Vielfach spielen nervöse und hormonelle Faktoren bei der Steuerung des Energiewechsels im höheren Organismus eine maßgebliche Rolle. Nun trifft man aber auch bei der Betrachtung primitiver Formen des Lebens, wie etwa der Einzeller, denen Nervenzellen und Hormone fehlen, auf Regulationsmechanismen, und tatsächlich sind solche „primitive" Kontrollmechanismen, wie Stadie[1] sie bezeichnete, auch im höheren Organismus anzutreffen. Sie übernehmen auch dort die grundlegenden Steuerfunktionen, denen dann hormonelle oder nervöse Wirkungen noch überlagert sein können.

Verzeichnis der Abkürzungen: AMP = Adenosinmonophosphat; ADP = Adenosindiphosphat; ATP = Adenosintriphosphat; DPN^+ = Diphosphopyridinnucleotid; DNP = 2,4-Dinitrophenol; FDP = Fructose-1,6-diphosphat; G-1-P = Glucose-1-phosphat; G-6-P = Glucose-6-phosphat; P_0, O P = Orthophosphat; 7′-P = gebundenes Phosphat, das bei der Hydrolyse in 1n HCl bei 100° in 7 Minuten abgespalten wird; TP = Triosephosphat.

Einer dieser primitiven Steuerungsmechanismen ist der „Pasteur-Effekt", ein Phänomen, das in allen aerob lebenden Zellen anzutreffen ist und das LOUIS PASTEUR[2] im Rahmen seiner berühmten Untersuchungen über die Gärungsvorgänge entdeckte[3]. Als er Zellen, die unter anaeroben Bedingungen lebten, in Sauerstoff brachte, bewirkte die nun einsetzende Atmung, daß die Gärung kleiner wurde und manchmal sogar ganz verschwand.

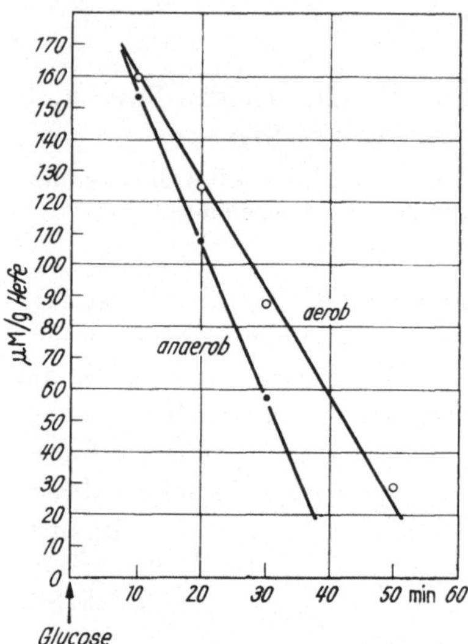

Abb. 1. Glucoseaufnahme aerob und anaerob. 7000 γ Glucose/ml; 200 mg Hefe/ml in 0,02 M Citratpuffer p_H 5,4; aerob (o): unter O_2; anaerob (•): Atmung durch Zugabe von HCN (Endkonzentration m/1000) gehemmt. Temperatur 15°

Das Bemerkenswerte an dieser Umschaltung von Gärung auf Atmung ist aber die Tatsache, daß während der Anoxybiose der Totalumsatz an Kohlenhydrat wesentlich größer ist als unter Sauerstoff. Hier äußert sich das Prinzip hoher Ökonomie, wie es den Lebensvorgängen eigentümlich ist. Denn es ist zu bedenken, daß die totale Verbrennung des Traubenzuckers zu CO_2 und Wasser (686 kcal/Mol) sehr viel mehr Energie liefert als die fermentative Spaltung zu Alkohol und CO_2 oder zu Milchsäure (50—57 kcal). Deshalb trachtet die gärende Zelle danach, das energetische Defizit des Elementarvorgangs durch einen erhöhten Stoffumsatz auszugleichen.

Von der Existenz des „Pasteur-Effekts" kann man sich in einem leicht auszuführenden Versuch überzeugen (Abb. 1). In diesem Experiment wurden gleiche Mengen Hefezellen in Zuckerlösung aufgeschlämmt und der Glucoseschwund aus der Lösung bei Atmung und Gärung auf analytischem Wege verfolgt. Wie man sieht, nimmt die Glucose im Versuch mit gärenden Zellen schneller ab als in der Kontrolle mit atmender Hefe. Dieser Versuch, bei welchem, der Angabe OTTO WARBURGS[4] folgend, die Gärung nicht durch Entzug des O_2, sondern durch Vergiftung der Atmung mit m/500-Blausäure induziert wurde, zeigt noch etwas anderes. Er beweist nämlich, daß alle Theorien unrichtig sind, die den Pasteur-Effekt durch eine direkte Wirkung des Sauerstoffs auf Gärungsenzyme erklären wollen, denn in beiden Versuchen war die Sauerstoffkonzentration die gleiche. Es ist nicht der Sauerstoff, sondern die durch ihn ausgelöste *Atmung*, welche die Zuckeraufnahme durch die Hefezellen hemmt.

Tabelle 1. *Bilanz des Glucoseverbrauchs aerob und anaerob*[80]

$T = 25°$		Q_{Glucose} (%)	
		anaerob	aerob
Glucoseverbrauch		—3,085 (100)	—1,950 (100)
Abbau durch	Gärung	—1,945	—0,343
	Atmung		—0,356
Σ Glucoseabbau		—1,945 (63)	—0,699 (36)
Assimilation		—1,145 (37)	—1,251 (64)

Die aerobe Hemmung des Glucoseverbrauchs macht in dem hier wiedergegebenen Versuch etwa ein Drittel des anaeroben Werts aus. Noch eindrucksvoller tritt aber der Pasteur-Effekt zutage, wenn man den tatsächlichen Zuckerabbau in beiden Versuchen vergleicht. Wie Tab. 1 zeigt, wird ein großer Teil der von den Zellen aufgenommenen Glucose von den Zellen assimiliert. Dem Absolutbetrag nach ist der assimilierte Anteil des Zuckers, der nach sorgfältigen Untersuchungen von Stier und Newton [5, 6] sowie Pickett und Clifton[7] hauptsächlich zum Aufbau glykogenartiger Polysaccharide dient, bei atmenden und gärenden Hefezellen von etwa der gleichen Größe. Wegen des geringeren Zuckerumsatzes fällt aber die Assimilation, wie dies Winzler und Baumberger[8] durch Wärmemessungen, van Niel und Anderson[9] sowie Pickett und Clifton[7] durch chemische Analysen bereits nachweisen konnten, im aeroben Versuch sehr viel stärker ins Gewicht. In der Versuchsreihe der Tab. 1 macht die Assimilation aerob 64%, anaerob nur 37% des umgesetzten Zuckers aus. Das ergibt für den tatsächlichen Zuckerabbau aerob bzw. anaerob ein Verhältnis von 1:3 und somit einen beachtlichen Pasteur-Effekt.

Eine Theorie des Pasteur-Effekts hat demnach zwei verschiedene Wirkungen der Atmung zu erklären:

1. Die Hemmung des Zuckerabbaues und
2. die Hemmung der Zuckerresorption.

Da der erste Effekt sich vom zweiten in quantitativer Hinsicht unterscheidet, sollen beide Phänomene getrennt behandelt werden. Es kann dabei zunächst noch offenbleiben, ob nicht beide Effekte letztlich doch eine gemeinsame Ursache haben.

1. Die Hemmung des Zuckerabbaues

Da es heute erwiesen ist, daß die vollständige Oxydation des Zuckers mit den gleichen chemischen Umsetzungen eingeleitet wird wie die Vergärung, geht es also zunächst um die Frage, warum in den *atmenden Zellen* diese unter der Wirkung spezifischer Enzyme stehenden chemischen Umsetzungen *langsamer* ablaufen als in den gärenden Zellen. Das Grundphänomen, durch welches die Geschwindigkeit chemischer Reaktionen in den Zellen bestimmt wird, ist das Wechselspiel zwischen Enzym und Substrat. Die Mengen an aktivem Enzym und an Substrat begrenzen den Umsatz, so daß jegliche Veränderung der Enzymaktivität oder der Substratkonzentration — falls sich dies unterhalb des Sättigungsbereichs abspielt — die Geschwindigkeit beeinflussen muß. Diese Tatsachen wurden zur Erklärung des Pasteur-Effekts im Laufe der letzten drei Jahrzehnte verschiedentlich herangezogen[10]. Zu einer wichtigen neuen Konsequenz führte schließlich die Erkenntnis, daß an bestimmten chemischen Reaktionen des Atmungs- und Gärungssystems die gleichen Cofaktoren, wie Orthophosphat, die Adenosinpolyphosphate oder das Diphosphopyridinnucleotid, teilnehmen. Sie werden von der Zelle bereitgestellt und sind daher, anders als die Nahrungsstoffe und deren Abwandlungsprodukt, mengenmäßig beschränkt, weshalb sich Atmungs- und Gärungsprozeß darein teilen müssen. Mit dieser neuen Erkenntnis war der Boden bereitet für eine Theorie, unabhängig von mir[11] und von JOHNSON[12] im Jahre 1941 aufgestellt, welche den Pasteur-Effekt auf die Konkurrenz von Atmung und Gärung um das anorganische Phosphat und das Adenosindiphosphat zurückführte.

Wie HARDEN und YOUNG[13] bereits zu Anfang unseres Jahrhunderts entdeckten, ist die alkoholische Gärung von der Gegenwart freien anorganischen Phosphats abhängig. Die Untersuchungen des WARBURGschen Arbeitskreises[14–16] klärten die Zusammenhänge auf. Es stellte sich heraus, daß die in die Reaktionskette eingeschaltete Dehydrierung des Phosphorglycerinaldehyds Orthophosphat benötigt und mit dem Aufbau von ATP gekoppelt ist, gemäß Gleichung (1).

$$\text{Glycerinaldehyd-phosphat} + \text{DPN}^+ + \text{P}_0 + \text{ADP} \rightleftharpoons \text{Glycerinsäure-phosphat} + \text{DPNH} + \text{H}^+ + \text{ATP} \quad (1)$$

In dieser für die Energiegewinnung durch die Gärung maßgeblichen Gleichgewichtsreaktion verläuft die Umsetzung nur dann von links nach rechts, d. h. in Richtung des Zuckerabbaues, wenn freies Phosphat und ADP vorhanden ist. Deren Konzentration wird daher unter bestimmten Bedingungen für die Kinetik der Reaktion ausschlaggebend[14, 16].

Anorganisches Phosphat und ADP werden aber unter O_2 der Gärung durch die Atmung streitig gemacht, da sie auch dort unentbehrlich sind. Bei der Entladung der Wasserstoffatome des Substrats durch O_2 über die Enzymkette der Atmung entsteht nicht nur Wasser, sondern gleichzeitig auch ATP, Gleichung (2).

$$AH_2 + {}^1/_2\,O_2 + n\,P_0 + n\,ADP \rightarrow A + H_2O + n\,ATP \quad (2)$$

In dieser Gleichung der „Atmungsketten-Phosphorylierung" bedeutet AH_2 ein dehydrierbares Substrat, der Faktor n den P/O-Quotienten des betreffenden Oxydationsvorganges, der den Wert 3 erreicht, wenn der Wasserstoff auf der Stufe der Pyridinnucleotide in die Atmungskette einmündet[17]. Wie im Falle der Gärung kontrolliert der Spiegel an freiem Phosphat und an ADP auch die Atmungsgeschwindigkeit, ein Phänomen, das von ENGELHARDT[18], LENNERSTRAND[19] und BELITZER[20] aufgefunden wurde und dessen Studium zahlreiche Arbeiten aus neuer Zeit[21] gewidmet sind. Sehr eingehend beschäftigte sich der Arbeitskreis um CHANCE[22] mit der Atmungskontrolle durch ADP.

Die Entdeckung der Regulation fermentativer und oxydativer Prozesse durch Orthophosphat oder ADP geschah in Experimenten an Zellextrakten oder an isolierten Mitochondrien. Der Nachweis der gleichen Effekte in lebenden Zellen war schwieriger[23–25], weil dort die Synthese des ATP als Folge der Dissimilation durch seine Rückspaltung in Orthophosphat und ADP, die mit der Speisung der endergonen Funktionen des Organismus einhergeht, kompensiert wird. Ohne diesen „Phosphatkreislauf", dessen beide Phasen: Phosphorylierung und Dephosphorylierung sich die Waage halten, könnten Orthophosphat und ADP ihre wichtigen katalytischen Aufgaben nicht erfüllen. Würde nämlich dieses Gleichgewicht im Leben nicht eingehalten, so würde der Stoffwechsel in kurzer Zeit zum Stillstand kommen: durch Mangel an ATP, wenn die Dephosphorylierung zu schnell, aber durch Mangel an Orthophosphat und ADP, wenn die Dephosphorylierung zu langsam erfolgte. Die Geschwindigkeit der Dephosphorylierung, die in direkter Beziehung zum Energieverbrauch der Lebensvorgänge steht, kann auf diese Weise die energieliefernde Dissimilation regulieren und in Übereinstimmung mit dem Bedarf bringen.

Die dem Pasteur-Effekt zugrunde liegende Hemmung des Zuckerabbaus durch Sauerstoff ergibt sich somit aus der Tatsache,

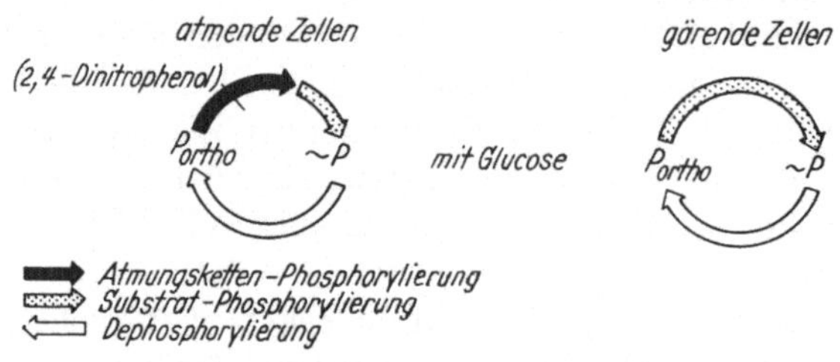

Abb. 2. Phosphatkreislauf in Hefezellen

daß unter aeroben Bedingungen Atmung und Gärung sich in die durch die Dephosphorylierung begrenzte Phosphorylierung teilen müssen, diese unter anaeroben Bedingungen dem Gärungsvorgang zur Verfügung steht. In Abbildung 2 sind die Verhältnisse schematisch gezeigt, unter der Annahme, daß aerobe und anaerobe Dephosphorylierung gleich sind. Zu dieser Annahme, die sich auch experimentell bestätigen ließ[26] (vgl. Abb. 4), ist man berechtigt, weil die Gasphase im allgemeinen den energetischen Bedarf des Organismus nicht beeinflußt. In diesem Zusammenhang sei z. B. an die Übereinstimmung von aerober und anaerober Assimilationsleistung bei Hefezellen (Tab. 1) erinnert, woraus sich auf gleichen ATP-Verbrauch für endergone Synthesen zurückschließen läßt.

Der eigentliche Anlaß zur Hemmung des anaeroben Zuckerabbaus durch die Atmung ist die Erniedrigung der für das Enzymsystem der Gärung verfügbaren Orthophosphat- oder ADP-Mengen. Als „Schrittmacher"-Reaktion[27] der Gärung, bei welcher die Kontrolle durch die Atmung eingreift, ist demnach die Dehydrierung des Phosphorglycerinaldehyds zu 3-Phosphorglycerat unter Bildung von ATP anzusehen. Bei der Veröffentlichung dieser

Theorie des Pasteur-Effekts wurde der Mangel an Orthophosphat dem Mangel an ADP, hinsichtlich der Wirkung auf die Gärung, gleichgesetzt. Es findet sich dort[28] der Satz: „Wahrscheinlich kommt die ‚Pasteursche Reaktion' durch die Konkurrenz von Atmung und Gärung um das anorganische Phosphat *und* das Adenylsäuresystem der Zelle zustande"*.

Wenn jedoch bei der Diskussion des Pasteur-Effekts das Gewicht von Anfang an auf den Phosphatmangel verlegt wurde, so waren dafür zwei Gründe maßgebend. Einmal die Beobachtung HARDENs und YOUNGs[13], daß in zellfreien Säften die Hemmung der alkoholischen Gärung, solange noch freier Zucker zugegen ist, nur durch Verbrauch des freien Phosphats zustande kommen kann, aber nicht durch Verbrauch des ADP, da ja in Gegenwart von Zucker unter Vermittlung der Hexokinase ADP aus ATP regeneriert werden kann.

Weil in den Zellextrakten die Enzyme für die Aufspaltung des ATP in ADP und Phosphat fehlen, reagieren von den 4 Molekeln ATP, die jedesmal bei der Spaltung von 1 Molekel Hexosediphosphat zu Alkohol und Kohlensäure entstehen, nicht nur 2 — wie im Leben — sondern alle 4 Molekeln mit Hexose und es entstehen nicht 1 Molekel, sondern 2 Molekeln Hexosediphosphat.

$$2 \text{ Hexose} + 2 \text{ Phosphat} = 2 \text{ Alkohol} + 2 \text{ CO}_2 + 2 \text{ H}_2\text{O} + \text{Hexosediphosphat} \quad (3)$$

Die Bilanz drückt sich in der Harden-Youngschen Gleichung aus, womit sich der Vorgang beschreiben läßt, bis das System infolge der Überführung freien Phosphats in gebundenes Phosphat an Orthophosphat verarmt und die Gärung unter die Kontrolle der Dephosphorylierung kommt. Für die Hexosediphosphat-konzentration, die dann vorliegt, ist immer die ursprünglich vorhandene Orthophosphatmenge maßgebend; eine Tatsache, auf die wir bei der Diskussion der vitalen Gärung (S. 176) zurückkommen werden.

Der zweite Grund für das Postulat des aeroben Phosphatmangels war durch das Ergebnis von Phosphatanalysen an atmenden und gärenden Hefezellen gegeben. Es zeigt sich nämlich, daß die die Orthophosphatkonzentration unter Sauerstoff niedriger ist als unter Stickstoff[11]. Werden daher Hefezellen in zuckerhaltiger

* Mit diesem Hinweis wollen wir eine Angabe berichtigen, die in der Arbeit von CHANCE und WILLIAMS[22] (S. 127) zu finden ist.

Lösung abwechselnd unter O_2 und unter N_2 geschüttelt, so pendelt das freie Phosphat zwischen dem niedrigen aeroben und dem höheren anaeroben Niveau auf und ab (Abb. 3).

Auf den ersten Blick scheinen die gefundenen Konzentrationsunterschiede aber nicht auszureichen, um die beträchtliche Verlangsamung der Triosephosphatdehydrierung durch die Atmung zu erklären. Um dieser Schwierigkeit auszuweichen, wurde bei der schon mehr als 15 Jahre zurückliegenden Veröffentlichung dieser Versuche die Annahme gemacht, daß ein Teil des mit der Molybdänblau-Methode[29] ermittelten Orthophosphats in der Zelle nicht frei, sondern in Form sehr labiler Phosphatverbindungen, z. B. als Acylphosphat, vorlag und erst bei der Bestimmung hydrolysiert wurde (vgl. auch KAMEN und SPIEGELMAN[30]). Auf Grund neuerer Erkenntnisse, nicht zuletzt auch wegen des negativen Ausfalls von Versuchen[31], merkliche Mengen Acylphosphat in atmenden oder gärenden Hefezellen nachzuweisen, ist diese Annahme zu modifizieren. Die Behauptung, daß Konzentrationsangaben, die sich durch Umrechnung analytisch gemessener Phosphatwerte auf das Volumen der Hefezellen ergeben, keine Realität besitzen, bleibt aber dennoch bestehen.

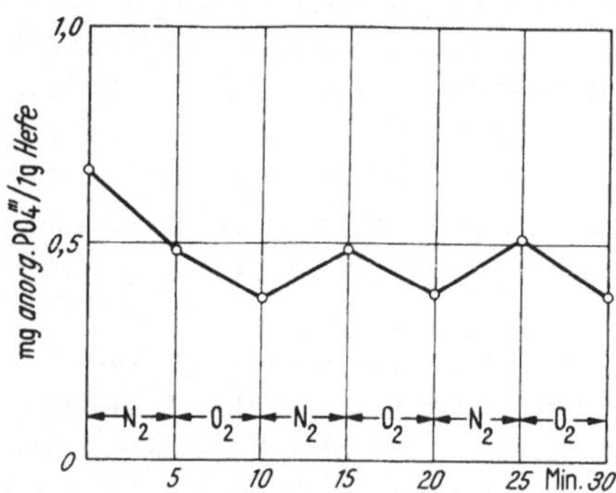

Abb. 3. Phosphatkonzentration in atmender und gärender Hefe[11]. 10%ige Hefesuspension mit 6% Glucose abwechselnd unter N_2 bzw. O_2 geschüttelt; Temperatur 30°

Als Grund für das Fehlerhafte einer solchen Rechnung ist jedoch nicht die Existenz labiler Phosphatverbindungen, sondern die ungleichmäßige Stoffverteilung innerhalb der lebenden Hefezelle anzuführen. Elektronenoptische und cytochemische Untersuchungen lassen keinen Zweifel, daß der Vergleich einer Zelle mit einem durch die Zellwand gebildeten Sack, in dessen Innern alle Bestandteile regelmäßig verteilt sind, grundfalsch ist. Tatsächlich haben wir in der lebenden Zelle ein hochorganisiertes Gebilde komplizierter Struktur vorliegen, das in verschiedene, teilweise auch durch Membranen voneinander getrennte „Räume" unterteilt ist, die unterschiedlichen Enzymgehalt aufweisen und zwischen denen ein ungehinderter Stoffaustausch nicht gesichert ist[32, 33]. Für das Zustandekommen des Pasteur-Effekts hat die Barriere, die Cytoplasma und Mitochondrien trennt, wie wir noch sehen werden, eine besondere Bedeutung. Es ist aber anzunehmen, daß auch Adsorptionsphänomene zu einer Stoffanreicherung an Zellstrukturen führen können, ganz zu schweigen von den vielen spezifischen Enzym-Substrat- oder Enzym-Coenzym-Komplexen, die in der Zelle vorliegen. Die Verhältnisse sind so verwickelt, daß eine genauere Analyse vorerst kaum möglich ist.

In diese ungleichmäßige, mosaikartige Stoffverteilung innerhalb der Zelle ist auch das Orthophosphat einbezogen. Dies beweist eine Überlegung, für welche TREVELYAN, MANN und HARRISON[34] die experimentellen Unterlagen schufen. Wir gehen von der Tatsache aus, daß der aerobe und anaerobe Zuckerabbau in der Hefe mit der Synthese glykogenartiger Polysaccharide gekoppelt ist und dieser Assimilationsprozeß einen in quantitativer Hinsicht bedeutsamen Anteil des Zuckerstoffwechsels darstellt (Tab. 1). Der Aufbau von Glykogen aus Glucose-1-phosphat unter der Wirkung von Phosphorylase, die in Hefeextrakten nachweisbar war[34, 35], kann nur erfolgen, weil das Verhältnis Orthophosphat: Glucose-1-phosphat in der Zelle unterhalb des Gleichgewichtswerts für Phosphorylase liegt. Würde das Verhältnis diesen Wert überschreiten, so müßte nach den Gesetzen der Thermodynamik Glykogen durch Phosphorolyse aufgespalten werden. Bei Ausführung der Bestimmungen an Hefezellen, die Zucker nachweislich assimilierten, fanden TREVELYAN et al.[34] jedoch überraschenderweise ein Verhältnis Orthophosphat: Glucose-1-phosphat, das weit oberhalb des Gleichgewichtswertes lag. Als Beleg dafür sind in Tab. 2 einige Analysenergebnisse zusammengestellt, die NETTER und SCHUEGRAF bei Untersuchungen in meinem Laboratorium erzielten und die die Angaben der englischen Autoren bestätigten. Die Diskrepanz zwischen Experiment und Theorie ist nur zum Verschwinden zu bringen, wenn man eine ungleichmäßige Verteilung der gefundenen Phosphate auf die inneren Räume der Zelle annimmt. Wäre z. B. das Volumenelement, in welches sich die Hexosephosphate zu verteilen vermögen, wesentlich kleiner als dasjenige des Orthophosphats, so könnte das Verhältnis Orthophosphat: Glucose-1-phosphat dort tatsächlich unterhalb des Gleichgewichtswertes der

Tabelle 2. *Orthophosphat und Hexosemonophosphatgehalt in μM/g Hefe in Bäckerhefe (aerob)*

Orthophosphat	Glucose-6-P	Glucose-1-P (ber.)	OP/G-1-P
3,90	1,44	0,073	53,5
3,30	1,48	0,075	43,0
1,65	0,88	0,044	37,5
1,60	1,00	0,050	32,0
3,75	2,04	0,103	36,4
1,50	0,72	0,036	41,5 (15° C)
4,30	2,04	0,103	41,7 (0° C)

Phosphoglucomutase[34]: $K = \frac{\text{G-6-P}}{\text{G-1-P}} = 19{,}8$

Phosphorylase[34]: $K = \frac{\text{OP}}{\text{G-1-P}} = 6{,}3$

Phosphorylase-Reaktion liegen. Eine andere Erklärung könnte von dem Orthophosphatgefälle zwischen den verschiedenen Räumen der Zelle ausgehen, das sich als Folge ihres unterschiedlichen Enzymgehaltes ausbilden muß. Dafür ergaben sich Hinweise bei einer Untersuchung, die HOLZER[36] vor mehreren Jahren in meinem Laboratorium ausführte. Er plasmolysierte Hefezellen durch Einfrieren in flüssiger Luft und trennte das aufgetaute Material sofort anschließend durch Zentrifugieren in eine, die Bestandteile des Zellsafts enthaltende „Lösung“ und einen, aus den strukturierten Elementen der Zelle bestehenden „Bodensatz“. HOLZER fand, daß bei kräftig atmenden Hefezellen ein wesentlich größerer Prozentsatz des insgesamt vorhandenen Orthophosphats im „Bodensatz“ lokalisiert war als bei gärenden oder gar bei „verarmten“ Zellen (Tab. 3), und sah darin den Beweis für die Existenz eines „Strukturphosphats“ einer — unseren damaligen Ansichten nach — überaus labilen, sowohl durch Erhitzen als auch durch Behandlung mit

Tabelle 3. *Verteilung des anorganischen Phosphats in der Hefezelle*[36]

$c_{\text{Orthophosphat}}$ (in μMol/ml)	Hefezellen		
	verarmt	atmend	gärend
in der Lösung	15,8	7,7	8,0
im Bodensatz	18,3	19,8	14,9
$c_{\text{Bodens.}} : c_{\text{Lösg.}}$	1,2	2,6	1,9
Anteil des Orthophosphats in der „festen Phase“ des Bodensatzes	15,6%	46%	34%

Trichloressigsäure momentan spaltbaren Eiweiß-Phosphat-Verbindung. Heute nehmen wir an, daß dieses „Strukturphosphat“ Orthophosphat war, das in strukturierten Bestandteilen der Zelle, wie z. B. den Mitochondrien, kumuliert vorlag.

Welche Erklärung für die Befunde von Trevelyan et al. bzw. von Netter und Schuegraf zutreffend ist, darüber läßt sich streiten; nicht zu rütteln ist aber an der Tatsache, daß die Berechnung absoluter Konzentrationswerte aus analytischen Daten, bei deren Gewinnung die Zellstruktur zerstört wurde, ohne Sinn ist und nicht als Beweisstück für oder gegen eine Theorie gewertet werden kann. Damit büßt mancher Einwand gegen die vorgetragene Theorie des Pasteur-Effekts, die sich auf Phosphatanalysen stützen, an Überzeugungskraft ein. Wir brauchen uns mit ihnen im einzelnen nicht mehr auseinanderzusetzen.

Die Aufgabe, absolute Phosphatkonzentrationen an Orten innerhalb der Zelle zu messen, ist im Augenblick noch nicht zu lösen. Man kann aber durch kinetische Untersuchungen erfahren, in welchem Umfang Orthophosphat und auch organische Phosphate in der Zelle umgesetzt werden, und kommt damit auf indirektem Wege zu einer Aussage über die Konzentrationsverhältnisse am Ort der Umsetzung. Insbesondere war es durch kinetische Messungen auch möglich, die Grundlagen der hier vorgetragenen Theorie des „Pasteur-Effekts“ zu überprüfen.

Zusammen mit Koenigsberger[26] nahm ich vor mehreren Jahren Versuche in dieser Richtung auf. Unser Untersuchungsmaterial waren Hefezellen, die sich hinsichtlich des Phosphatkreislaufs in der stationären Phase befanden. In ihnen blieb der Orthophosphatgehalt als Folge der Übereinstimmung von Phosphorylierungs- und Dephosphorylierungsgeschwindigkeit über einen längeren Zeitraum gleich. In diesen Zellen lassen sich Atmung und Gärung durch Zugabe von m/10-Blausäure vergiften[4]; damit hört die Phosphorylierung auf, so daß nur noch die Dephosphorylierung in Erscheinung tritt. Entnimmt man dem vergifteten Ansatz in zeitlicher Folge Proben und bestimmt deren Orthophosphatgehalt nach Aufschließen der Zellen mit Trichloressigsäure, so kommt man — gewissermaßen über eine Reihe von „Blitzlichtaufnahmen“ — zu einem Einblick in die Kinetik der intracellulären Vorgänge. Wie wir fanden, ist die Geschwindigkeit der Dephosphorylierung in den ersten Sekunden nach Zugabe der Blausäure am größten, nimmt aber bald ab, infolge des Verbrauchs organischer Phosphate, deren Biosynthese an die Dissimilationsprozesse gebunden ist. Die Anfangsgeschwindigkeit nach Zugabe der Blausäure, die man durch Anlegen der Tangente an den Kurvenursprung gewinnt, entspricht der Geschwindigkeit der Dephosphorylierung oder der ihr gleichen Phosphorylierung in der „stationären Phase“. Dieses Verfahren vermag nur dann zuverlässige Werte zu liefern, wenn die Phosphorylierung durch Blausäure vollständig gehemmt wird, die Vorgänge der Dephosphorylierung dadurch aber nicht beeinflußt werden. Daß diese Voraussetzung erfüllt ist, ließ sich durch Versuche an gärenden Hefezellen beweisen. Wir fanden den Quotienten: $P/CO_2 = 1$, wie er für die alkoholische Gärung theoretisch zu fordern ist[37].

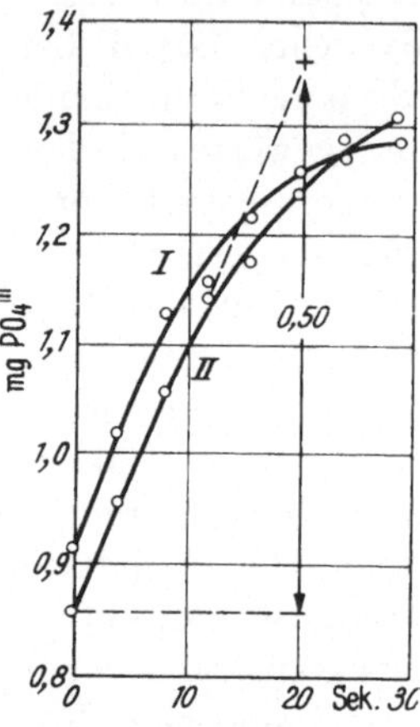

Abb. 4. Dephosphorylierung anaerob (I) und aerob (II)[26]. 4%ige Hefesuspension in 0,02 M Citratpuffer p_H 5.4 mit 0,8% Glucose; Temperatur 15°. Die aerob bzw. anaerob gehaltenen Versuchsproben zur Zeit 0 mit HCN (Endkonzentration m/10—HCN) versetzt. Die in der Abb. angegebenen Phosphatwerte beziehen sich auf 1 g Hefe

Mit diesem Verfahren war es möglich, die Übereinstimmung zwischen aerober und anaerober Dephosphorylierung, einen der Pfeiler, auf denen die Theorie des Pasteur-Effekts ruht, experimentell zu kontrollieren. Das Ergebnis dieses Vergleichs von atmenden und gärenden Hefezellen ist in Abb. 4 gezeigt. Wie man sieht, besteht in der Dephosphorylierungsgeschwindigkeit aerob und anaerob kein Unterschied.

An diesem Punkt wollen wir das Problem des Pasteur-Effekts für kurze Zeit verlassen und uns zwei Fragen zuwenden, die mit den Versuchen KOENIGSBERGERs aufgeworfen wurden. Die eine Frage betrifft den Angriffspunkt der Blausäure in der Reaktionskette der Gärung, die andere die Quellen der recht beträchtlichen Mengen Orthophosphats, die nach Vergiftung mit Blausäure freigesetzt werden. NETTER und SCHUEGRAF dehnten hierfür die analytischen Bestimmungen auf Polyphosphate und eine Reihe organischer Phosphate aus. Ihr Befund eines kontinuierlichen Anstiegs der Triosephosphate nach Zusatz der Blausäure (Abb. 5) läßt sich mit dem Abfangen derselben als Cyanhydrine erklären, wie dies von LYNEN und KOENIGSBER-

GER[37] sowie MEYERHOF und KAPLAN[38] als Ursache der Gärungshemmung durch Blausäure vermutet wurde. Ob nebenher auch die Bildung des DPN-Blausäure-Addukts, das MEYERHOF, OHLMEYER und MÖHLE[39] entdeckten, und COLOWICK, KAPLAN und CIOTTI[40] eingehend bearbeiteten, über die Unterbindung der Wasserstoffübertragung zur weiteren Gärungshemmung führt, ließ

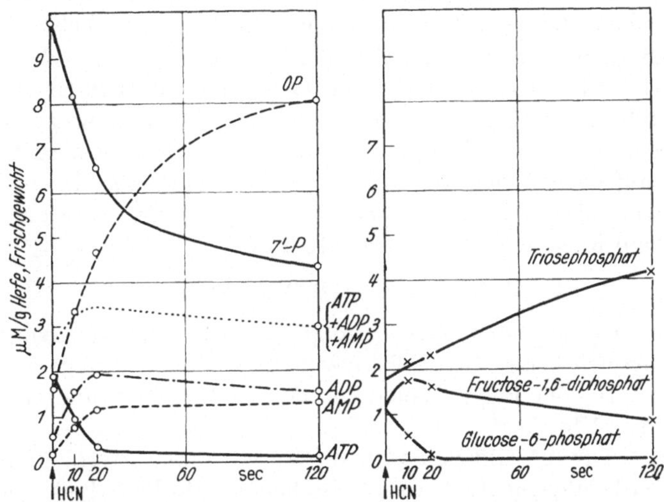

Abb. 5. Veränderung der Zwischenstoffkonzentrationen nach Vergiftung mit HCN (Endkonzentration 0,1 Mol). 10%ige Hefesuspension (Hefefabrik Oberkotzau) mit 2% Glucose in 0,02 Mol Citratpuffer p_H 5,4; Temperatur 15°

sich durch unsere Versuche nicht entscheiden. Wäre dies aber der Fall, was wir für wahrscheinlich halten, dann könnten sich beide Effekte der Blausäure addieren und zur praktisch momentanen Blockierung der Triosephosphatdehydrierung und damit der Phosphorylierung führen. Die durch m/10-HCN zusätzlich ausgelöste Hemmung der Aldolase, die sich im kurzen Anstieg und dem anschließenden langsamen Abfall der Fructosediphosphat-Kurve (Abb. 5) kundtut und die SMITH[41] auch bei Experimenten mit Hefemacerationssaft beobachten konnte, ist den anderen Blausäurewirkungen überlagert, aber für die schlagartige Gärungshemmung wohl nicht verantwortlich.

Was die zweite Frage, die Herkunft des Orthophosphats nach der Vergiftung betrifft, so läßt Abb. 5 deutlich erkennen, daß die

Orthophosphatzunahme ihr Äquivalent in der Abnahme der labilen, bei 7 min langer Hydrolyse in kochender Säure aufspaltbaren Phosphatfraktion hat, die außer ADP und ATP hauptsächlich anorganische Polyphosphate[42, 43] umfaßt. Die Abnahme dieser Fraktion übertrifft jene des ATP bei weitem. Außerdem ist auch die Zunahme an Orthophosphat und an Triosephosphat zusammen nicht unbeträchtlich größer, als sich durch den Verbrauch des im Augenblick der Vergiftung anwesenden ATP erklären ließe.

Wir glauben daher, daß sich hier die von YOSHIDA und YAMATAKA[44], von KORNBERG et al.[45] wie auch von HOFFMANN-OSTENHOF et al.[46] beschriebene reversible Phosphatübertragung zwischen anorganischen Polyphosphaten und ADP zu erkennen gibt, die zur laufenden Regeneration des bei der Phosphorylierung des Zuckers oder den Dephosphorylierungsprozessen verbrauchten ATP auf Kosten der Polyphosphate führt.

$$H_2O(HPO_3)_n + ADP \rightleftharpoons H_2O(HPO_3)_{n-1} + ATP \qquad (4)$$

In der lebenden Hefe erfolgt diese Phosphatübertragung mit beträchtlicher Geschwindigkeit (Abb. 5). Allerdings nimmt nur ein Teil der Polyphosphate an der raschen Reaktion teil, was in guter Übereinstimmung mit den Beobachtungen von JUNI, KAMEN, REINER und SPIEGELMAN[47] an mit radioaktivem ^{32}P markierten Hefezellen steht. Es ist also berechtigt, die Polyphosphate der Hefe, über deren Bildung auch eingehende Untersuchungen durch WIAME[43] und NICKERSON[48] vorliegen, als Speicher für Phosphatenergie anzusehen und in dieser Hinsicht den Phosphagenen des Tierkörpers an die Seite zu stellen.

Ein unerwartetes Resultat erbrachte die Messung der AMP-Fraktion. Auch hier löste der Zusatz von Blausäure einen schnellen Anstieg aus, der nach etwa 20 sec vorüber war. Die Quelle für dieses AMP ist überraschenderweise aber nicht in der ATP-Fraktion zu suchen, denn die Summe aus ATP, ADP und AMP stieg in den ersten 20 sec fast um den gleichen Betrag an. Außerdem entsprachen sich ATP-Abnahme und ADP-Zunahme, woraus zu folgern ist, daß die Myokinasereaktion in der ersten Phase kaum ins Gewicht fiel. Die Herkunft dieses AMP aus Acyladenylaten, die man neuerdings als Zwischenstufen verschiedener biosynthetischer Prozesse nachgewiesen hat[49, 50], wäre eine Arbeitshypothese, die experimentell geprüft werden kann.

Doch nun zurück zu den Beziehungen zwischen Pasteur-Effekt und Phosphatkreislauf. Ein wichtiges Beweisstück für die maßgebliche Rolle der Atmungsketten-Phosphorylierung beim Zustandekommen der Gärungshemmung erbrachte die Untersuchung der Wirkung von 2,4-Dinitrophenol und anderer „entkoppelnder" Agentien. Diese Stoffe beseitigen den Pasteur-Effekt[26, 51–54], wie zu erwarten ist, wenn die oxydative Phosphorylierung ausgeschaltet wird. Nach Zusatz der „Entkoppler" läuft die Atmung unkontrolliert ohne Verbrauch anorganischen Phosphats ab und bleibt daher ohne Einfluß auf die Geschwindigkeit der Gärung. Im Phosphatkreislauf unterscheiden sich solche Zellen nicht mehr von Zellen unter anaeroben Bedingungen: Die Dephosphorylierung kann jetzt auch in Gegenwart von O_2 praktisch vollständig* dem Ausgleich der Phosphorylierung durch die Gärung dienen (vgl. Abb. 2).

Als Beispiel für die Wirkung des 2,4-Dinitrophenol ist in Tab. 4 ein Versuch wiedergegeben, den STIX in meinem Laboratorium durchführte. Man sieht als charakteristische Symptome der entkoppelnden Wirkung die Stimulierung der Atmung und eine kräftige aerobe Gärung, wie diese FIELD, MARTIN und FIELD[55], KRAHL und CLOWES[56] oder PICKETT und CLIFTON[57] schon beschrieben haben.

Die Beseitigung des Pasteur-Effekts durch den Giftstoff drückt sich in der Steigerung des aeroben Glucoseabbaues von 0,7 μMol auf 1,9 μMol, d. h. auf die Höhe des anaeroben Wertes, aus.

Aus Tab. 4 ist aber noch etwas anderes zu entnehmen. Das entkoppelnde Agens beseitigt nicht nur die Hemmung des Zucker-

Tabelle 4. *Bilanz des Glucoseverbrauchs aerob* (mit und ohne 2,4-Dinitrophenol) *und anaerob*[80]

$T = 25°$	Q_{Glucose} (%)		
	anaerob	aerob	
2,4-Dinitrophenol	—	—	m/2500
Glucoseverbrauch	—3,085 (100)	—1,950 (100)	—3,020 (100)
Abbau durch Gärung	—1,945	—0,343	—1,387
Abbau durch Atmung		—0,356	—0,556
Σ Glucoseabbau	—1,945 (63)	—0,699 (36)	—1,943 (64)
Assimilation	—1,145 (37)	—1,251 (64)	—1,077 (36)

* Im Citronensäure-Cyclus wird nach Ausschaltung der Atmungskettenphosphorylierung nur noch bei der Spaltung von Succinyl-CoA ATP gebildet.

abbaus, sondern steigert auch den Zuckerverbrauch. Dinitrophenol gleicht die unter O_2 normalerweise erniedrigte Zuckeraufnahme der Hefe dem anaeroben Wert an; was ebenfalls seit längerem bekannt ist[56, 58].

Verringerung der Zuckeraufnahme durch die Atmung

Bevor der Versuch einer Erklärung dieses Befundes unternommen wird, mag eine allgemeine Erörterung der Möglichkeiten angebracht sein, die eine unterschiedliche Zuckeraufnahme unter aeroben und anaeroben Bedingungen verursachen könnten. Dafür käme zunächst die Veränderung der Permeabilität der Zellwand für Glucose in Betracht, wobei es für unsere Überlegungen unerheblich ist, ob die Zuckeraufnahme in die Zelle aktiv oder passiv erfolgt. Die Existenz eines derartigen Effekts der Atmung müßte sich darin äußern, daß die Relation zwischen Zuckeraufnahme in die Zelle und Zuckergehalt des Mediums bei niedriger Konzentration aerob und anaerob verschieden ist. In vielen Versuchsreihen, die HARTMANN in meinem Laboratorium an Hefezellen ausführte, konnte jedoch kein Unterschied festgestellt werden (Abb. 6).

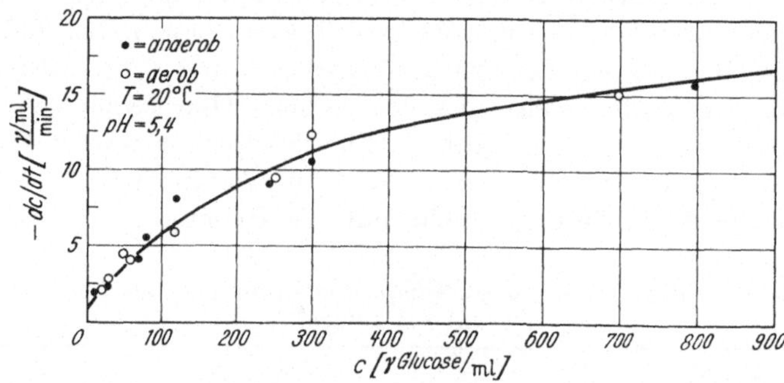

Abb. 6. Glucoseaufnahme einer 1%igen Hefesuspension aerob und anaerob

Wenn aber die Beeinflussung des Eindringens der Glucose in die Zelle zur Erklärung der verringerten aeroben Resorption ausscheidet, dann bleibt nur die Möglichkeit, daß die von Hexokinase katalysierte Phosphorylierung des Zuckers [Gleichung(5)], womit sowohl Abbau als auch Assimilation eingeleitet werden, aerob langsamer abläuft als anaerob.

$$\text{Glucose} + \text{ATP} \rightleftharpoons \text{Glucose-6-phosphat} + \text{ADP} \qquad (5)$$

Dies wäre der Fall, wenn O_2 eine direkte Hemmung der Hexokinase bewirkte. Doch hat man beim Studium des reinen, aus Hefezellen isolierten Enzyms bisher nichts Derartiges beobachtet und außerdem ließe sich dann die Wirkung von Dinitrophenol nicht erklären, in dessen Gegenwart ja der aerobe Zuckerverbrauch auf den anaeroben Wert ansteigt (Tab. 4).

Eine zweite Erklärung wäre, daß die Hexokinase durch Hexosephosphate gehemmt wird, die sich im Zellinnern anhäufen, weil ihr Abbau über die Stufe des Triosephosphats teilweise blokkiert ist (vgl. S. 177). Tatsächlich wurde auch beim Studium der Hexokinasen verschiedener tierischer Gewebe von Weil-Malherbe und Bone[59], von Cardini[61] wie auch von Crane und Sols[60] eine starke Hemmung des Enzyms durch Glucose-6-phosphat beobachtet, die zur Erklärung der Vorgänge im Tierkörper beitragen könnte. Für die Hefe steht ein solcher Mechanismus jedoch nicht zur Diskussion, da die Hefehexokinase von den Hexosephosphaten nicht beeinflußt wird[59].

In der Arbeit mit Koenigsberger[26] zog ich deshalb eine dritte Erklärung in Betracht, die von der Tatsache ausgeht, daß Atmungs- und Gärungsenzyme auf verschiedene Bereiche innerhalb der Zelle verteilt sind. Durch Fraktionierung der Homogenate tierischer Zellen ließ sich nachweisen, daß die glykolytischen Enzyme im Cytoplasma, die Enzyme der Atmungskette und des Citronensäure-Cyclus hingegen in den Mitochondrien lokalisiert sind[32, 63], was nach neueren Untersuchungen, die Nossal[64], Linnane und Still[65] sowie Holzer[66] ausführten, auch für die Hefezelle zutrifft.

Während demnach die ATP-Bildung durch die Gärung im Cytoplasma erfolgt, wird sie durch die Atmung größtenteils in die Mitochondrien verlagert, was eine gewisse Verarmung des Cytoplasmas an ATP zur Folge hat. Hier dürfte auch die Membran der Mitochondrien eine wichtige Rolle spielen. Sie schirmt deren Inneres gegen die Umgebung ab und ist für die Fähigkeit atmender Mitochondrien, anorganische Ionen aus der Umgebung aufzunehmen und im Inneren zu speichern[67, 68, 69], verantwortlich. Auch erschwert diese Membran das Eindringen größerer Molekeln, wie z. B. des DPNH[17].

Es liegt daher die Annahme nahe, daß im „mitochondralen" Raum gebildetes ATP mit anderer Geschwindigkeit umgesetzt wird als jenes des „cytoplasmatischen" Raums. Dies betrifft u. a. auch die Umsetzungen im Cytoplasma, wo sich das vollständige System der Gärungsenzyme befindet.

Mit dieser Vorstellung läßt sich die erniedrigte Zuckerresorption unter O_2 zwanglos erklären. Die Anlieferung des beim Atmungsprozeß in den Mitochondrien gebildeten ATP zur Hexokinase des

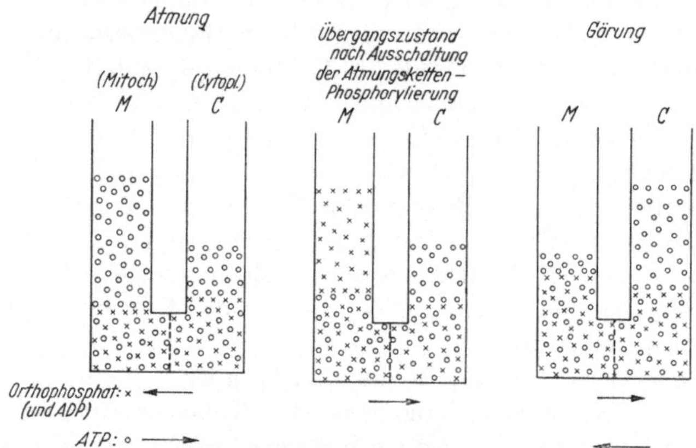

Abb. 7. Schematische Darstellung des Phosphat- und ATP-Transportes zwischen Mitochondrien und Cytoplasma

Cytoplasmas verläuft eben langsamer als bei der Gärung, wo nicht nur der Ort des ATP-Verbrauchs, sondern auch jener der ATP-Bildung im Cytoplasma liegt. Die verringerte Glucoseaufnahme unter O_2 wäre somit der Ausdruck eines ATP-Transportphänomens, ausgelöst durch die infolge des Mangels an Orthophosphat verringerte Gärung. Daß die Phosphorylierung der Glucose durch ATP aus den Mitochondrien verhältnismäßig langsam erfolgt, nimmt auch RACKER[70] an und konnte von CHANCE und HESS[71] in Versuchen an Ascites Tumorzellen auf indirektem Wege nachgewiesen werden.

Die verlangsamte ATP-Diffusion von den Mitochondrien zur Hexokinase führt zum Absinken der ATP-Konzentration im Bereich dieses Enzyms, während zum Ausgleich die ATP-Konzentration im Bereich der Mitochondrien ansteigt. Für die ADP-Verteilung in der Zelle ist dann das komplementäre Muster anzunehmen, womit zu erklären wäre, wieso ohne Änderung des Gehalts der gesamten Zelle an ATP oder ADP die Phosphorylierung des Zuckers mit unterschiedlicher Geschwindigkeit erfolgen kann.

Die Stimulierung der Zuckeraufnahme durch 2,4-Dinitrophenol (Tab. 4) ist mit dieser Vorstellung, deren Grundlagen in Abb. 7 noch einmal schematisch gezeigt werden, ebenfalls zu vereinbaren. Durch die „Entkoppelung“ der Atmungsketten-Phosphorylierung wird die ATP-Bildung wieder in das Cytoplasma zurückverlagert,

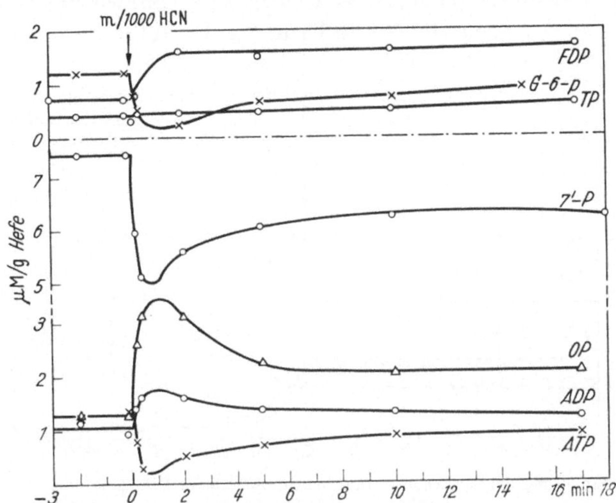

Abb. 8. Veränderung der Zwischenstoffkonzentrationen beim Übergang von aeroben (O_2) zu anaeroben (Endkonzentration m/1000 HCN) Bedingungen; Versuchsansatz s. Abb. 5

was zur Folge hat, daß sich die Phosphorylierungsrate der Glucose auf den anaeroben Wert einspielt.

Um die hier entwickelte Vorstellung experimentell zu überprüfen, verfolgten NETTER und SCHUEGRAF[72] in Versuchen an Hefezellen die Veränderungen, denen die anorganischen und organischen Phosphate beim Umschalten der Energielieferung von Atmung auf Gärung unterliegen. Wenn es zutrifft, daß die Veränderungen im Orthophosphat das Geschehen bestimmen, dann sollte sich das in der zeitlichen Aufeinanderfolge der Geschehnisse offenbaren.

Wird die Atmung von Hefezellen, die in einer kräftig belüfteten Zuckerlösung suspendiert sind, durch Zugabe von $^1/_{1000}$ Mol Blausäure (pro Liter) vergiftet, dann setzt die Gärung unmittelbar ein und erreicht in dem Versuch bei 15° bereits innerhalb zweier Minuten den stationären anaeroben Wert. Als eindrucksvollstes Ereignis dieser Atmungshemmung kommt es zu einem rapiden

Anstieg des Orthophosphats in der Zelle, auf Kosten der „labilen Phosphatfraktion" (Abb. 8). Gleichzeitig sinkt auch das ATP ab, unter entsprechender Zunahme der ADP-Werte, alles Veränderungen, die durch den Ausfall der Atmungsketten-Phosphorylierung und das Überhandnehmen der Dephosphorylierung zu erklären sind. Für unser Thema ist es wichtig zu sehen, wie das Glucose-6-phosphat der Zelle die Veränderungen des ATP mitmacht und

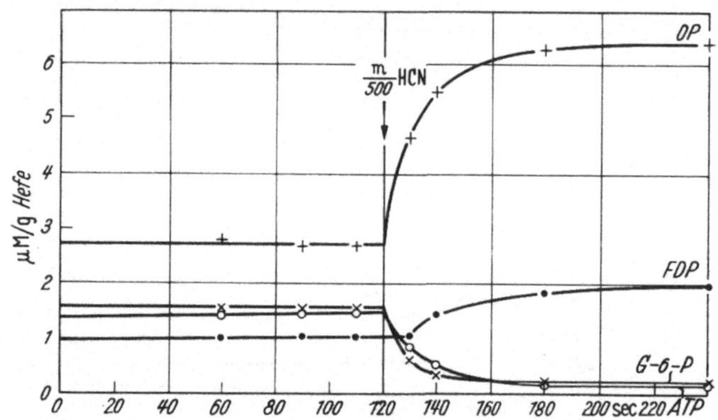

Abb. 9. Veränderung der Zwischenstoffkonzentrationen beim Übergang von Atmung zu Gärung. Versuchsansatz s. Abb. 5

nach Ausschaltung der Atmung mit großer Geschwindigkeit abnimmt. Nach diesem Befund kann es keinen Zweifel mehr geben, daß ATP aus dem mitochondralen Raum bei der ersten Phosphorylierung des Zuckers zu Glucose-phosphat beteiligt ist.

Völlig unerwartet verhält sich aber in diesen Versuchen das Fructose-1,6-diphosphat. Seine Menge zeigt in den ersten Sekunden nach Vergiftung der Atmung keinerlei Veränderung; dann folgt ein Anstieg, bis sich nach etwa 2 Minuten ein höheres, dem stationären anaeroben Zustand entsprechendes neues Niveau eingestellt hat. Diese Folge ließ sich in mehreren gleichartigen Versuchen reproduzieren (vgl. Abb. 9). Wenn aber die Hemmung der Atmung nachweislich keinen Einfluß auf die Bildung des Fructosediphosphats zeigt, dann ist daraus zu folgern, daß die Atmungsketten-Phosphorylierung dabei nicht beteiligt sein kann. Das bedeutet, daß das ATP des mitochondralen Raumes zwar bei der Phosphorylierung des Zuckers an der Hexokinase mitwirkt, aber nicht oder nicht wesentlich bei der weiteren Phosphorylierung des Hexosephosphats zu Fructosediphosphat, wahrscheinlich auf Grund unterschiedlicher Lokalisation der beiden Enzyme in der Zelle. Am zweiten Prozeß ist offensichtlich nur das im cytoplasmatischen Raum gebildete ATP, das noch aus der unter O_2 schwachen Gärung stammt, beteiligt. Mit dem Einsetzen der Gärung ist daher ein

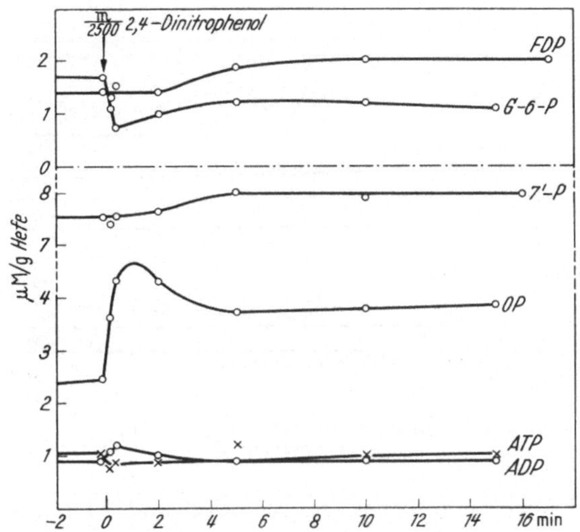

Abb. 10. Veränderung der Zwischenstoffkonzentrationen bei Ausschaltung der oxydativen Phosphorylierung mit 2,4-Dinitrophenol (Endkonzentration m/2500); Versuchsansatz s. Abb. 5

Anstieg des Fructosediphosphats verbunden. Gleichzeitig nehmen als Folge der verstärkten Phosphorylierung durch die Gärung auch ATP, die Polyphosphate und das Glucose-6-phosphat wieder zu. Das Orthophosphat wird erneut verbraucht, pendelt sich aber, so wie es theoretisch verlangt wird, auf ein höheres Niveau ein als vor Zugabe der Blausäure.

Daß für die beobachteten Effekte der Ausfall der Atmungsketten-Phosphorylierung und nicht etwa die Hemmung des O_2-Verbrauchs verantwortlich ist, wird durch den nächsten Versuch (Abb. 10) bewiesen, in welchem die oxydative Phosphorylierung durch Zugabe von 2,4-Dinitrophenol ohne Beeinträchtigung des O_2-Verbrauchs beseitigt wurde. Damit ließen sich bis auf das unterschiedliche Verhalten der labilen Phosphatfraktion die gleichen Effekte induzieren wie durch Zugabe von Blausäure. Am eindrucksvollsten war auch hier die augenblicklich einsetzende Orthophosphat-Zunahme.

Daß die Veränderungen im Orthophosphatgehalt den übrigen Veränderungen vorauseilen und deshalb wohl mit Recht als das auslösende Moment betrachtet werden können, gab sich auch beim Wechsel von Gärung auf Atmung zu erkennen (Abb. 11). An diesem

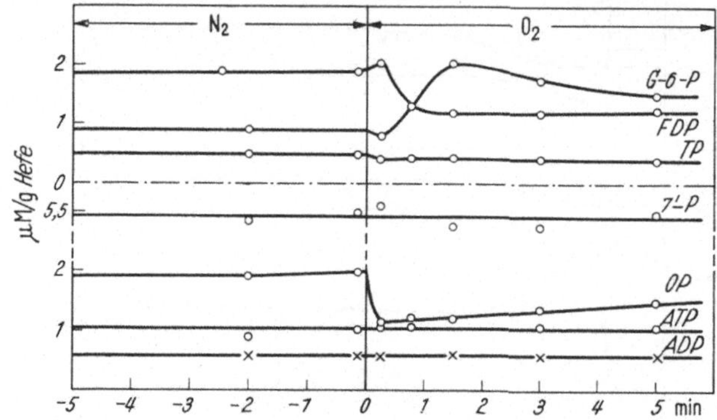

Abb. 11. Veränderung der Zwischenstoffkonzentrationen beim Übergang von Gärung zu Atmung. Versuchsansatz s. Abb. 5

Versuch ist noch bemerkenswert, daß ATP und ADP von diesem Wechsel nicht betroffen werden und somit ein Mangel an ADP, entgegen der Annahme von CHANCE und WILLIAMS[22] für die Kontrolle der Gärungsgeschwindigkeit wohl keine Rolle spielen kann. Der Abfall des Fructose-diphosphats vom anaeroben zum aeroben Niveau erfolgt wiederum mit Verzögerung und könnte als Ausdruck der Erniedrigung des für die Gärung verfügbaren Orthophosphats im Cytoplasma gewertet werden (vgl. S. 161).

Das Verhalten des Glucose-6-phosphats bedarf einer besonderen Erklärung. Wie auch beim Überwechseln von Atmung auf Gärung gefunden wurde, liegt das stationäre Glucose-6-phosphat-Niveau aerob höher als anaerob. Von den beiden Möglichkeiten, der schnelleren Bildung des Zwischenstoffs in der Reaktionskette oder seinem langsameren Verbrauch, scheidet erstere aus. Es ist ja gerade ein charakteristisches Symptom des Pasteur-Effekts, daß die Phosphorylierung der Glucose in atmenden Zellen erniedrigt ist. Eine *Erniedrigung* des Glucose-phosphat-*Verbrauchs*, die demnach als einzige Möglichkeit verbleibt, kann nur durch die Verlangsamung der Phosphorylierung des Hexosephosphats zu Fructosediphosphat (Phosphohexokinase-Reaktion) bedingt sein, wenn man von einer Beeinflussung der vorhergehenden Umwandlung des Glucose-phosphats in Fructose-phosphat, die aus verschiedenen Gründen unwahrscheinlich ist, absieht.

Wir haben daher die Möglichkeit der Hemmung des Enzyms Phosphohexokinase durch die Atmung zu betrachten, was ENGELHARDT und SAKOV[73] ihrer Theorie des Pasteur-Effekts zugrunde legten. Mit der von ihnen angenommenen oxydativen Inaktivierung des Enzyms läßt sich jedoch der Befund, daß 2,4-Dinitrophenol und andere Stoffe auch in Gegenwart von O_2 die Hemmung beseitigen, nicht vereinbaren. AISENBERG und POTTER[74] beobachteten beim Studium des Pasteur-Effekts in künstlichen, aus Rattenleber-Mitochondrien und den löslichen Anteilen von Rattenhirn oder Tumorgewebe aufgebauten Systemen ebenfalls eine Erniedrigung des Fructose-diphosphats. Sie vermuten deshalb, daß ein energiereiches Zwischenprodukt der oxydativen Phosphorylierung, das zwischen der Enzymkette der Atmung und der Phosphorylierung des ADP steht, für die Hemmung verantwortlich sei. Solange aber die stoffliche Grundlage dieser Vorstellung nicht fundiert ist, möchten wir für die Erniedrigung des Fructose-diphosphats in unseren Versuchen eine andere Erklärung geben. Sie bedient sich der oben erwähnten Beobachtung, daß die Ausschaltung der Atmungsketten-Phosphorylierung auf die Bildungsgeschwindigkeit des Fructosediphosphats ohne Einfluß ist (Abb. 8 bis 10). Wenn unsere Schlußfolgerung zutrifft, daß für die Umwandlung des Monophosphats in Fructose-1,6-diphosphat praktisch nur das im Cytoplasma durch die Gärungsvorgänge gebildete ATP verfügbar ist, dann wäre die Erniedrigung der Hexosediphosphatkonzentration unter O_2 durch den Mangel an cytoplasmatischem ATP bedingt und somit eine Folge der Gärungshemmung durch die Atmung.

Ich bin mir bewußt, daß mein Versuch, die verschiedenen Symptome des Pasteur-Effekts aus der gleichen Ursache zu erklären, manchem Leser starr und gezwungen erscheinen wird. Es ist jedoch zu bedenken, daß auch der Biochemiker die Existenz getrennter Räume in den lebenden Zellen nicht mehr übersehen darf und strukturelle Faktoren zur Erklärung metabolischer Regulationen[32] heranziehen kann. Erschwerend fällt ins Gewicht, daß wir über die Verteilung der einzelnen Enzyme in der Zelle — ob sich ein bestimmtes Individuum im Cytoplasma, im Zellkern, in den Mitochondrien oder den Mikrosomen befindet — zwar grob Bescheid wissen, aber eine weitergehende Lokalisierung der Enzyme in den einzelnen Strukturen noch nicht durchführen können. Vorerst müssen wir uns daher mit dem eigenartigen experimentellen Befund begnügen, daß das in den Mitochondrien gebildete ATP zwar zur Hexokinase, aber nicht zur Phosphohexokinase mit nennenswerter Geschwindigkeit gelangen kann, obwohl beide Enzyme nach den Ergebnissen der Zellfraktionierungen im Cytoplasma lokalisiert zu sein scheinen. Leider fehlen noch die Methoden, um in die Details der „Enzym-Topographie" lebender Zellen Einblick zu nehmen. Vielleicht aber kann gerade das Studium der Veränderungen, denen die Zwischenstoffe in lebenden Zellen unterliegen, hier weiterführen.

Zur Methodik

Die Glucosebestimmung erfolgte nach der Methode von HAGEDORN-JENSEN, modifiziert nach GARBADE[76].

Zur Bestimmung der Zwischenstoffkonzentrationen werden dem Ansatz (vgl. Legende zu Abb. 5) Proben zu 5 ml entnommen und zu den angegebenen Zeiten durch Einblasen in 2,5 ml 20%iger Trichloressigsäure abgestoppt. Nach dem Abzentrifugieren wird der Rückstand mit 2 ml 6,67%iger Trichloressigsäure gewaschen, nochmals zentrifugiert, die Überstände werden vereinigt und auf 10 ml aufgefüllt (Lösung I). Der Rückstand wird unter Schütteln bei p_H 8,5 in der Kälte 1 Stunde extrahiert (Gesamtvolumen 5 ml). Nach dem Zentrifugieren wird diese Lösung II mit Lösung I im Verhältnis 1:2 vermischt und zur Entfernung der Trichloressigsäure ausgeäthert. Der restliche Äther wird durch einen CO_2-Strom aus der Lösung geblasen.

In Anwesenheit hoher Cyanidkonzentrationen wird die ausgeätherte neutralisierte Lösung über Nacht mit 20 mg Natriumthiosulfat auf 4 ml Lösung bei 0° aufbewahrt (Entfernung des Cyanids durch Rhodanidbildung).

Phosphatbestimmungen erfolgten nach MARTLAND und ROBISON[29].

Der Gehalt an Glucose-6-Phosphat wurde im Kochsaft mit Zwischenferment und TPN ermittelt[75, 80].

ATP wurde im optischen Test mit DPNH, Phosphoglyceratkinase und Triosephosphat-dehydrogenase bestimmt[77, 79].

Der Gehalt an ADP wurde ebenfalls im optischen Test mit DPNH, Pyruvatkinase und Milchsäure-dehydrogenase ermittelt[78, 79], AMP im gleichen Test unter Zusatz von ATP und Myokinase[79].

TP und FDP wurden im optischen Test mit DPNH, α-Glycerophosphat-dehydrogenase, Triose-isomerase und Aldolase bestimmt[75].

Literatur

1 STADIE, W. C.: Physiologic. Rev. **34**, 52 (1954).
2 PASTEUR, L.: Bull. Soc. Chimique Paris, 28. VI. 1861, p. 79—80.
3 Vgl. auch O. MEYERHOF: Biochem. Z. **162**, 43 (1925).
4 WARBURG, O.: Schwermetalle. Berlin: Saenger 1948, S. 25.
5 STIER, T. J. B., and M. I. NEWTON: J. Cellul. a. Comp. Physiol. **13**, 345 (1939).
6 STIER, T. J. B.: Cold Spring Harbor Symp. Quant. Biol. **7**, 385 (1939).
7 PICKETT, M. J., and C. E. CLIFTON: J. Cellul a. Comp. Physiol. **21**, 77 (1943).
8 WINZLER, R. J., and I. P. BAUMBERGER: J. Cellul. a. Comp. Physiol. **12**, 183 (1938).
9 NIEL, C. B. VAN, and E. H. ANDERSON: J. Cellul. a. Comp. Physiol. **17**, 49 (1941).
10 Übersicht bei F. DICKENS: In The Enzymes. Hsg. von Sumner-Myrbäck, Bd. II, Teil 1, S. 624. New York: Acad. Press 1951.
11 LYNEN, F.: Liebigs Ann. **546**, 120 (1941).
12 JOHNSON, M. J.: Science (Lancaster, Pa.) **94**, 200 (1941).
13 HARDEN, A., and W. I. YOUNG: J. Chem. Soc. (London) **87**, **I**, 189 (1905).
14 WARBURG, O., u. W. CHRISTIAN: Biochem. Z. **303**, 40 (1939).
15 NEGELEIN, E., u. H. BRÖMEL: Biochem. Z. **303**, 132 (1939).
16 BÜCHER, TH.: Biochim. et Biophysica Acta **1**, 292 (1947).
17 LEHNINGER, A. L.: Harvey Lect. **49**, 176 (1953/54).
18 ENGELHARDT, W. A.: Biochem. Z. **251**, 343 (1932).
19 LENNERSTRAND, A.: Biochem. Z. **289**, 104 (1936); Naturwiss. **25**, 347 (1937).
20 BELITZER, V. A.: Enzymologia (Den Haag) **6**, 1 (1939).
21 Übersicht bei H. A. LARDY: Proc. 3rd International Congress of Biochemistry, Brussels 1955, p. 287.
22 CHANCE, B., and G. R. WILLIAMS: Adv. Enzymol. **17**, 65 (1956).
23 DISCHE, Z.: Naturwiss. **22**, 855 (1934); Enzymologia (Den Haag) **1**, 288 (1936).
24 MEYERHOF, O., u. D. NACHMANSOHN: Biochem. Z. **222**, 1 (1930).
25 RONZONI, E., and M. KERLY: J. of Biol. Chem. **103**, 175 (1933).
26 LYNEN, F., u. R. KOENIGSBERGER: Liebigs Ann. **573**, 60 (1951).
27 KREBS, H. A.: Endeavour **16**, 125 (1957).
28 LYNEN, F.: Naturwiss. **30**, 398 (1942).
29 MARTLAND, M., u. R. ROBISON: Biochemic. J. **20**, 848 (1926).
30 KAMEN, M. D., and S. SPIEGELMAN: Cold Spring Harbor Symp. Quant. Biol. **13**, 151 (1948).
31 HOLZER, H.: Liebigs Ann. **564**, 234 (1949).
32 SCHNEIDER, W. C.: Proc. 3rd Internat. Congress of Biochemistry, Brussels 1955, p. 305.
33 NOVIKOFF, A. B.: Proc. 3rd Internat. Congress of Biochemistry, Brussels 1955, p. 315.
34 TREVELYAN, W. E., P. F. E. MANN and J. S. HARRISON: Arch. of Biochem. a. Biophysics **50**, 81 (1954).

35 WHELAN, W. J.: In S. P. COLOWICK and N. O. KAPLAN: Methods in Enzymology, Bd. I, p. 199, 1955.
36 HOLZER, H., u. F. LYNEN: Liebigs Ann. **569**, 138 (1950).
37 LYNEN, F., u. R. KOENIGSBERGER: Liebigs Ann. **569**, 129 (1950).
38 MEYERHOF, O., u. A. KAPLAN: Arch. of Biochem. **37**, 375 (1952).
39 MEYERHOF, O., P. OHLMEYER u. W. MÖHLE: Biochem. Z. **297**, 90, 113 (1938).
40 COLOWICK, S. P., N. O. KAPLAN u. M. M. CIOTTI: J. of Biol. Chem. **191**, 447 (1951).
41 SMITH, M.: Unveröffentlichte Versuche.
42 SCHMIDT, G., L. HECHT and S. J. THANNHAUSER: J. of Biol. Chem. **166**, 775 (1946); **178**, 733 (1949).
43 WIAME, J. M.: Biochim. et Biophysica Acta **1**, 234 (1947); J. Biol. Chem. **178**, 919 (1949).
44 YOSHIDA, A., and A. YAMATAKA: Symposia on Enzym. Chem. **6**, 86 (1953).
45 KORNBERG, A., S. R. KORNBERG and E. S. SIMMS: Biochim. et Biophysica Acta **20**, 215 (1956).
46 HOFFMANN-OSTENHOF, O., J. KENEDY, K. KECK, O. GABRIEL and H. W. SCHÖNFELLINGER: Biochim. et Biophysica Acta **14**, 285 (1954).
47 JUNI, E., M. D. KAMEN, J. M. REINER u. S. SPIEGELMAN: Arch. of Biochem. **18**, 387 (1948).
48 NICKERSON, W. J.: Experientia (Basel) **5**, 202 (1949).
49 HOAGLAND, M. B.: Biochim. et Biophysica Acta **16**, 288 (1954).
50 Zusammenfassung bei J. L. SIMKIN u. T. S. WORK: Nature (London) **179**, 1214 (1957).
51 JUDAH, J. D., and H. G. WILLIAMS-ASHMAN: Biochemic. J. **48**, 33 (1951).
52 SEITS, I. F., u. V. A. ENGELHARDT: Doklady Akad. Nauk SSSR **66**, 439 (1949).
53 LEHNINGER, A. L.: In Phosphorus Metabolism, Bd. I, S. 344, 1951.
54 TERNER, C.: Biochemic. J. **56**, 471 (1954).
55 FIELD, J., A. W. MARTIN and S. M. FIELD: J. of Pharmacol. a. Exper. Ther. **53**, 314 (1935).
56 KRAHL, M. E., and G. H. A. CLOWES: J. of Biol. Chem. **111**, 355 (1935).
57 PICKETT, M. J., and C. E. CLIFTON: Proc. Soc. Exper. Biol. a. Med. **46**, 443 (1941).
58 CLIFTON, C. E.: Adv. in Enzymol. **6**, 269 (1946).
59 WEIL-MALHERBE, H., and A. D. BONE: Biochemic. J. **49**, 339 (1951).
60 CRANE, R. K., and A. SOLS: J. of Biol. Chem. **203**, 273 (1953).
61 CARDINI, C. E.: Enzymologia (Den Haag) **14**, 362 (1950/51).
62 SOLS, A., and R. K. CRANE: Federat. Proc. **12**, 271 (1953).
63 LANG, K., u. G. SIEBERT: In Physiologische Chemie, Bd. II, hsg. von B. FLASCHENTRÄGER u. E. LEHNARTZ. S. 1064. Berlin-Göttingen-Heidelberg: Springer, 1954.
64 NOSSAL, P. M.: Biochemic. J. **57**, 62 (1954).
65 LINNANE, A. W., and J. L. STILL: Arch. of Biochem. a. Biophysics **59**, 383 (1955).
66 HOLZER, H., u. H. W. GOEDDE: Biochem. Z. **329**, 175 (1957).

67 STANBURY, S. W., and G. H. MUDGE: Proc. Exper. Biol. a. Med. **82**, 675 (1953).
68 BARTLEY, W., R. E. DAVIES u. H. A. KREBS: Proc. Roy. Soc. (London) **142 B**, 187 (1954).
69 CRANE, R. K., and F. LIPMANN: J. of Biol. Chem. **201**, 245 (1953).
70 WU, R., and E. RACKER: Federat. Proc. **16**, 274 (1957).
71 CHANCE, B., u. B. HESS: Ann. New York Acad. Sci. **63**, 1008 (1956).
72 NETTER, K. J., u. A. SCHUEGRAF: Unveröffentlichte Versuche.
73 ENGELHARDT, V. A., u. N. E. SAKOV: Biochimija **8**, 9 (1943) (russ.).
74 AISENBERG, A. C., u. V. R. POTTER: J. of Biol. Chem. **224**, 1115 (1957).
75 KORNBERG, A.: J. of Biol. Chem. **182**, 805 (1950).
76 Beschrieben in „Klinisch-chemische Untersuchungsmethoden mit dem Photometer Eppendorf", Netheler und Hinz GmbH, Hamburg.
77 HOLZER, H.: Persönliche Mitteilung.
78 ADAM, H: Dissertation, Marburg 1955.
79 Beschrieben in der Sammlung von Laboratoriumsvorschriften „Biochemica Boehringer" (C. F. Boehringer & Söhne GmbH Mannheim).
80 STIX, G.: Diplomarbeit München 1956.

Bemerkungen zum Vortrag von Prof. LYNEN

Von BENNO HESS, Heidelberg

Im Anschluß an die Ausführungen von Prof. LYNEN möchte ich über den spektrophotometrischen Nachweis des sog. umgekehrten Pasteur-Effekts berichten. Gegen Ende der zwanziger Jahre wurde von CRABTREE beobachtet, daß Glucose die Atmung von Tumorzellen hemmt. Man nennt das Phänomen den umgekehrten Pasteur-Effekt. Zusammen mit CHANCE, Philadelphia, haben wir das Verhalten der Atmungsfermente in Ehrlich-Ascites-Tumorzellen nach Zugabe von Glucose mit spektrophotometrischen Methoden durch Aufnahme von Differenzspektren, durch Messung der Steady state-Änderung der Redoxverhältnisse (Doppelstrahlspektrophotometer) sowie durch Registrierung des Sauerstoffverbrauchs mittels der Platinelektrode beobachtet. In Abb. 1 sind die Änderung des Redoxverhältnisses von Cytochrom b

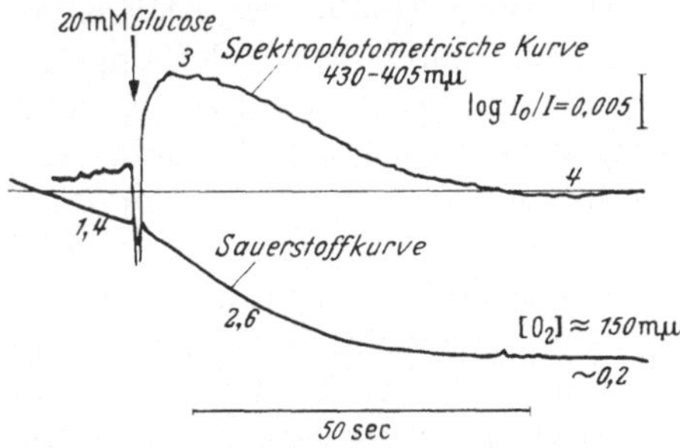

(obere Kurve) sowie der Sauerstoffverbrauch (untere Kurve) nach Zugabe von Glucose dargestellt. Cytochrom b wird als Differenz zwischen der Extinktion seiner γ-Bande (430 mμ) und eines isosbestischen Punktes als Referenzwellenlänge (405 mμ) registriert. Eine Oxydation von Cytochrom b wird durch eine Kurvenabweichung nach oben, eine Reduktion durch eine Abweichung nach unten dargestellt. Die an die Kurve angesetzten Zahlen (3 sowie 4) geben die Steady state-Zustände [s. auch CHANCE und HESS: Ann. N. Y. Acad. Sci. **63**, 1008 (1956)] an. Eine Abnahme des Sauerstoffverbrauchs ist durch eine Kurvenabweichung nach unten dargestellt. Die Kurvenzahlen geben den Sauerstoffumsatz in μ Mol/sec an.

Nach Zugabe von Glucose beobachtet man zunächst in einer von CRABTREE nicht beobachteten schnellen Phase einen sofortigen Anstieg des Sauerstoffverbrauchs sowie eine gleichzeitige Oxydation von Cytochrom b (Änderungen der Steady states können auch bei den Pyridin-Nucleotiden sowie Cytochrom c beobachtet werden). Während dieser Phase kann ein rascher Glucoseabbau, ein Verschwinden von ATP sowie ein Anstieg der ADP-Konzentration (jeweils bei enzymatischer Bestimmung) beobachtet werden. Die schnelle Phase schlägt nach etwa 50—60 sec in die langsame, gehemmte Glucoseatmung um. Bei Abnahme des Sauerstoffverbrauchs kommt es dabei zur Reduktion von Cytochrom b zur Verlangsamung des Glucoseverbrauchs, zum Anstieg der ATP- sowie zum Abfall der ADP-Konzentration. Diese Atmungshemmung kann durch Entkoppelungssubstanzen wie Dicumarol sofort aufgehoben werden. Es kommt dann zur unmittelbaren Oxydation von Cytochrom b, zur Zunahme des Sauerstoffverbrauchs, zur Oxydation der Pyridin-Nucleotide, zur Zunahme des Zuckerverbrauchs sowie zu zehnfacher Steigerung der Brenztraubensäurekonzentration.

Die schnelle Phase der Kinetik wird durch die hohe Affinität der Atmungskette zum ADP verständlich. Die zugesetzte Glucose reagiert im Cytoplasma in der Hexokinasenreaktion mit ATP unter Bildung von Glucose-6-Phosphat und ADP. Das freigesetzte ADP reagiert mit der Atmungskette unter ATP-Bildung, wobei Cytochrom b in den Zustand 3 (der auch an isolierten Mitochondrien unter ADP-Zugabe zu beobachten ist) übergeht. Da bei der schnellen Phase innerhalb der ersten 30 sec ein Glucose-Sauerstoffverhältnis von 2,8—3,2 sowie ein ATP-Sauerstoffverhältnis von 2,7 zu beobachten ist, nehmen wir an, daß der größte Teil des ADP in der ersten Zeit mit der Atmungskette reagiert.

Während nun die schnelle Phase der Atmung mit der Reaktion des ADP in den Mitochondrien verständlich wird, ist der geschwindigkeitsbestimmende Faktor der gehemmten Atmung nicht ohne weiteres zu erkennen. Zusatz von anorganischem Phosphat beschleunigt die Atmung nicht. Da nach den spektrophotometrischen Daten bei Anwesenheit von ATP die Atmungskette unter Glucose mit Substrat gesättigt ist, muß man annehmen, daß der intramitochondriale, langsame ATP-Zerfall die Geschwindigkeit der Atmung bestimmt. Dies setzt eine Art Speicherung von ATP voraus. Eine derartige Speicherung läßt sich aus der Beobachtung entnehmen, daß nach Entkopplung durch Dicumarol die Beschleunigung der Glucose-Utilisation, offensichtlich durch sehr rasche Freigabe von ATP, unmittelbar gezündet wird (eine Hydrolyse von ATP, anschließende glykolytische Rephosphorylierung und Reaktion mit der Hexokinase-Glucose ist ein langsamerer Prozeß und daher als Zündung weniger wahrscheinlich).

Wir beobachten an diesem Beispiel also nach Zugabe von Glucose eine Verteilung des Adenylsäuresystems auf Atmung und Glykolyse bis zur Einstellung eines stationären Gleichgewichtes. Das stationäre Gleichgewicht wird durch die Affinitäten beider Systeme zum Adenylsäuresystem bestimmt. Zerstört man die Atmungskettenphosphorylierung (z. B. durch Dicumarol), so läuft durch Übernahme des mitochondrialen ATP/ADP-Anteils die Glykolyse schneller. Zerstört man die Glykolyse (z. B. durch Jod-Essigsäure), so läuft, wie aus experimentellen Befunden zu schließen ist, auch die Atmung entsprechend schneller. — Die Ergebnisse zeigen, daß das von Lynen und Johnson postulierte Wechselspiel des Adenylsäuresystems zwischen Glykolyse und Atmung mit direkten spektrophotometrischen Beobachtungen sowie Analyse von Transportmetaboliten auch bei komplizierteren Phänomenen wie dem Crabtree-Effekt nachgewiesen werden kann.

Diskussion

RUMMEL (Düsseldorf): Ich möchte fragen, ob Durchtrittsveränderungen der Zellmembran irgendwie mit dem Pasteur-Effekt in Zusammenhang stehen. Sie haben in Ihrem Vortrag dabei an die Glucose gedacht. In Ihrer früheren Arbeit 1941 haben Sie die Durchtrittsänderung im Hinblick auf das Phosphat diskutiert und sind zu folgendem Schluß gekommen: „Es ist bei Versuchen in phosphathaltigen Medien zu erwarten, daß jede Beeinflussung der Zellpermeabilität, sofern die Diffusionsgeschwindigkeit des anorganischen Phosphats dabei geändert wird, auch auf die Pasteursche Reaktion einwirkt."

Wir arbeiten über Resorptionsvorgänge an isolierten Meerschweinchendärmen und haben gefunden, daß der einseitig gerichtete Phosphattransport durch die Darmwand unter anaeroben Bedingungen wider Erwarten ansteigt. Wir wissen schon von anderen Autoren, daß der Phosphatdurchtritt durch die Zellmembran unter oxydativen Bedingungen erstaunlich niedrig ist. Die Zahlen für den Durchtritt durch die Darmwand — also in der physiologischen Richtung von der Mucosaseite nach der Serosaseite — sind im folgenden in μMol $\times$ 10^{-3} angegeben. Unter oxydativen Bedingungen finden wir bei 37° eine Durchtrittslage, bezogen auf mg Trockengewicht und Stunde von 4,2, unter Stickstoff von 13,5 und unter Dinitrophenol von 12,8 bei 37°. Wir müssen hierbei unterscheiden zwischen Zellen, die keinen gerichteten Transport haben, und solchen, die — wie hier die Mucosazellen — einen einseitig gerichteten Transport zeigen. Es ist überraschend, daß unter anaeroben Bedingungen dieser Phosphattransport erhöht ist, und zwar deswegen auch überraschend, weil unter denselben Bedingungen der gerichtete Glucosetransport durch die Darmwand stillsteht.

SEELICH (Wien): Wir haben uns auch mit dem Problem des umgekehrten Pasteur-Effektes beschäftigt. Anschließend an die Gedankengänge von Herrn LYNEN haben wir bei Asciteszellen der Maus zuerst untersucht, ob wir einen Unterschied finden in Gegenwart oder bei Abwesenheit von Phosphat, und waren eigentlich recht erstaunt, daß wir keinen Unterschied gefunden haben. Nun haben wir später noch einige Versuche mit Yoshida-Rattenasciteszellen sowie mit normalen Leukocyten und Leukocyten von lymphatischen Leukämien durchgeführt. Dabei hat sich tatsächlich gezeigt, daß dieser umgekehrte Pasteur-Effekt nur dann auftritt, wenn kein Phosphat in der Suspensionsflüssigkeit vorhanden ist. Hier scheint also doch der Phosphatgehalt bzw. der Phosphatdurchtritt eine Rolle zu spielen. Die Rattenasciteszellen und die Leukocyten unterscheiden sich von den Mäuseasciteszellen anscheinend dadurch, daß sie stärker geschädigt sind. Ich halte es ohne weiteres für möglich, daß tatsächlich bei den Asciteszellen der Maus, im Gegensatz zu denen der Ratte, Phosphat nicht in genügendem Maße durchdringt.

LYNEN: Nur eine Bemerkung zum umgekehrten Pasteur-Effekt: Es ist zweifellos anzunehmen, daß genau so, wie die Atmung die Gärung blockiert, auch die Gärung die Atmung über den Verbrauch von Phosphat und Adenosindiphosphat hemmen kann. Ein solcher Effekt ist immer dann zu erwarten, wenn Zellen ein starkes Gärungsvermögen besitzen, wie dies eben bei den Tumorzellen der Fall ist.

HOLZER (Freiburg): Ich möchte etwas zu den Versuchen über das Gleichgewicht zwischen Glucose-1-phosphat und Phosphat sagen. Sie finden in den lebenden Hefezellen einen Quotienten Phosphat zu Glucose-1-phosphat von 40; mit reiner Phosphorylase bekommt man einen Quotienten von 6. Wir haben uns früher damit beschäftigt, das Aldolasegleichgewicht in den lebenden Hefezellen einerseits und mit dem isolierten Ferment andererseits zu messen. Dabei sind wir darauf gestoßen, daß dieses Aldolasegleichgewicht (Gleichgewicht zwischen Fructosediphosphat und Triosephosphat) stark abhängig ist von der Konzentration an Ionen aller Arten, besonders an Magnesium, von der Anwesenheit von Proteinen usw. Als wir das gesehen hatten, war uns klar, daß wir natürlich nie die Verhältnisse in den lebenden Zellen irgendwie rekonstruieren können, und daß sich die Aldolasegleichgewichtskonstanten in konzentrierten rohen Extrakten von denen im ganz wenig gereinigten Ferment um eine Zehnerpotenz unterscheiden. MEYERHOFF hat vor 10 Jahren auch schon beobachtet, daß Magnesium dieses Gleichgewicht beeinflußt. Daß sich die Gleichgewichtskonstanten der Phosphorylase in der intakten Hefezelle ändern, könnte also durch die Anwesenheit von Proteinen und Magnesium verursacht sein. Wahrscheinlich liegt eine Komplexbildung mit den Partnern der Reaktion — in diesem Falle mit Phosphat und Glucose-1-phosphat — in verschiedenem Maße vor, und solche Komplexbildungen müssen natürlich die Gleichgewichtskonstante beeinflussen. Man darf also nicht ohne weiteres aus den Bestimmungen am isolierten Ferment auf das schließen, was man in der lebenden Zelle zu erwarten hat.

LYNEN: Das mag sein. Ich brachte die Überlegungen TREVELYANS, um zu zeigen, daß die Berechnung absoluter Phosphatkonzentrationen in Versuchen an lebender Hefe gar nichts wert ist, weil sie über die aktive Konzentration am Ort des Ferments nichts aussagen kann.

BÜCHER (Marburg): Wir haben inzwischen die Abhängigkeit des Aldolasegleichgewichts vom Magnesium gemessen und den Faktor 2, und nicht den Faktor 10 erhalten. Wenn man die Zellen mit Perchlorsäure bei 0° tötet, verschiebt sich das Aldolasegleichgewicht wegen des exothermen Charakters der Reaktion bereits in Sekunden, so daß über die Verhältnisse in vivo nichts ausgesagt werden kann.

Es gibt einen umgekehrten Lynen-Effekt, und zwar in jenen Zellen, die das sog. und heute schon oft zitierte Baranowski-Ferment enthalten. Das Baranowski-Ferment ist nämlich ein Teil jenes Systems, das man früher als System der Angärung bezeichnet hat, und das leider allmählich aus den Gärungsschemata wieder verschwunden ist. Wenn Zellen anaerob gehalten werden, und der DPNH-Spiegel im Raum B (Cytoplasma) ansteigt, dann bewirkt dieses Ferment, welches zu den „großen Fermenten" gehört, daß nicht nur Wasserstoff auf Brenztraubensäure, sondern gleichzeitig in einer Art intracellulärer Anaerobiose Wasserstoff auf Dioxyacetonphosphat übertragen wird. Dabei entsteht α-Glycerophosphat, das sich dann in ganz erheblichen Mengen anreichert. Das kann man besonders gut bei Heuschreckenmuskeln sehen, die keine Milchsäure-dehydrogenase enthalten, die also nicht gären können, sondern die kurzfristigen Zustände der Anaerobiose dadurch überwinden, daß eine ,,Glycerophosphat-Brenztraubensäure-Gärung" innerhalb der Zelle abläuft. Dort sinkt unter 2 min Stickstoff schon das anorganische Phosphat (übrigens nicht das Kreatinphosphat, aber die Nucleotide) sehr stark ab, so daß wir also genau das Umgekehrte haben wie bei der Hefegärung. Wenn man die Gedankengänge auf kompliziertere Systeme überträgt, sollte man im Auge behalten, daß ein Kreislauf sich auch nach innen verbluten kann, d. h., daß Phosphat irgendwie verschwinden kann; so, wie es bei Ihrem Modell der Hefe durch die Metaphosphate gegeben war.

BUTENANDT (München): Ich möchte dazu eine Frage stellen. Es eröffnet sich hier eine Möglichkeit, durch die interessante, ja bestechende Trennung der beiden ATP-Räume das Verhalten der Tumorzellen zu erklären, die ja in Gegenwart von Sauerstoff gären. Ist es nicht denkbar, daß die Struktur der Mitochondrien in dem Sinne geändert ist, daß die Permeabilität für ATP größer ist? Dann würde mehr ATP im Raum B zur Verfügung stehen. Das würde also etwa bedeuten, daß das, was WARBURG als ,,Schädigung der Atmung" bezeichnet, vielleicht auch in diesem Sinne ein Strukturfaktor ist.

LYNEN: Ich glaube, daß die Versuche, über die Dr. HESS vorhin berichtet hat, gerade dafür sprechen, daß ATP aus den Mitochondrien nicht herausgeht. Sie haben ja beobachtet, daß nach Zugabe von Glucose zunächst eine explosionsartige Atmung eintritt, die dann aber ganz stehen bleibt. Das deuten Sie doch damit, daß das ATP, das hier im Cytoplasma enthalten ist, mit der Glucose reagieren kann, das gebildete Adenosindiphosphat dann an die Mitochondrien geht, dort zum ATP phosphoryliert wird und in den Mitochondrien bleibt.

HESS (Heidelberg): Das zeigt der "Steady state" der Redoxzustände von Cytochrom b und Cytochrom c an. Beide werden so stark reduziert, daß man annehmen muß, daß erstens kein Adenosindiphosphat in den Mitochondrien ist, und daß zweitens der ATP-Spiegel sehr hoch ist. Das kann man natürlich nicht analytisch erfassen. Es könnte außerdem sein, daß das ATP in den Mitochondrien akkumuliert, weil es schlecht aus ihnen austreten kann, und nur ganz langsam durch den eigenen Umsatz in den Mitochondrien gespalten wird. Es ist wohl eher so, daß das ATP schlechter herausgeht, was z. B. bei Leberzellen der Fall sein soll.

LYNEN: Kann das anorganische Phosphat keine Rolle dabei spielen? Die amerikanischen Biochemiker haben den Hauptwert auf das ADP, also den Phosphatacceptor gelegt. Ich habe mich immer mehr auf das anorganische Phosphat gestützt wegen des Harden-Young-Effekts. So lange Zucker da ist, sollte ADP aus cytoplasmatischem ATP, das sofort mit Glucose reagieren könnte, regeneriert werden. Wir müßten dann ein Ansteigen der Hexosephosphate erwarten. Im übrigen ist in den letzten Federation Proceedings eine Arbeit RACKERs über den Pasteur- und den Crabtree-Effekt erschienen, in der die Veränderungen des anorganischen Phosphats im Vordergrund stehen.

HESS: Wenn ich dazu noch etwas sagen darf: Die von mir eingangs gezeigte Abbildung zeigt ja, daß zum mindesten im Anlauf der Reaktion das

Adenosintriphosphat das führende ist, und zwar deshalb, weil bei der Hexokinasereaktion gar kein anorganisches Phosphat frei wurde, und weil zweitens auch unter Jodessigsäure die Reaktion genau so abläuft, wie es hier dargestellt wurde.

SEELICH: Gründen sich nicht alle diese Überlegungen auf die Annahme, daß die Hexokinase im Raum B und nicht in den Mitochondrien ist? Wer hat das aber wirklich nachgewiesen? Vieileicht sitzt sie sogar an der Zellwand im Raum C?

LEUTHARDT (Zürich): Mein früherer Mitarbeiter, Herr Dr. RAABFLAUT, hat die Komplexkonstante der verschiedenen Adenosinpolyphosphate mit Magnesium und Calcium gemessen. Es zeigt sich nun, daß diese Komplexkonstanten mit wachsender Zahl der Phosphorsäurereste zunehmen. Wenn man die Logarithmen der Komplexkonstanten gegen die Zahl der Phosphorsäurereste aufträgt, dann erhält man etwa eine Gerade. Gegenüber Magnesium und Calcium ist das ATP ungefähr ein gleich guter Komplexbildner wie die Citronensäure. Man kann sich schon ausrechnen, wie die Magnesiumkonzentration in der Zelle geändert wird, wenn das System der Adenosinphosphate über Monophosphat zu Triphosphat phosphoryliert wird. Es zeigt sich unter Zugrundelegung der Zahlen für die Gesamtkonzentrationen des Magnesiums der Adenosinphosphate in der Zelle, daß eine ganz beträchtliche Abnahme der Magnesiumkonzentration bei der Umwandlung von AMP und ADP in ATP zustande kommt, was auf die Geschwindigkeit der Phosphatübertragung Einfluß nehmen könnte. Diese Vorstellung ist zwar mit den tatsächlichen Messungen der ADP- und ATP-Konzentrationen im aeroben und anaeroben Zustand nicht in Übereinstimmung. Aber ich wollte diese Beobachtung doch hier anführen; vielleicht läßt sie sich einmal auf irgendeine Weise in das Bild des Pasteur-Effektes einfügen.

RAPOPORT (Berlin): Zu der Frage von Herrn SEELICH über die Lokalisierung der Hexokinase sind — glaube ich — die Untersuchungen von STRAUB von großem Interesse. Er fand, daß die Mitochondrien von Ascitestumorzellen im Gegensatz zu den normalen Gewebezellen Hexokinase, dafür aber wenig ATPase enthalten. Das kompliziert das Bild sehr und deutet darauf hin, daß wir auf keinen Fall mit einer vereinfachten Lokalisierung von Enzymen in Räumen A und B arbeiten dürfen.

Zu der Bemerkung von Herrn LEUTHARDT: Wir haben Gelegenheit gehabt, ernährungsbedingten experimentellen Magnesiummangel zu untersuchen und haben dabei die Glykolyserate der roten Blutkörperchen gemessen. Dabei ist der intracelluläre Magnesiumgehalt der Erythrocyten ungefähr $^1/_3$ des normalen, und die Glykolyse ist unverändert; so daß zumindest in diesem Bereich das ATP die Glykolyse nicht durch Verminderung des Mg-Spiegels hemmt.

Ich glaube, daß Ihre Untersuchungen, Herr LYNEN, die ja sehr viele Komponenten betreffen, im Grunde Bilanzuntersuchungen der Phosphate in der gesamten Hefezelle darstellen, wobei es sehr darauf ankommt, ob wirklich die Elemente, die bestimmt sind, sich auf ein Ganzes addieren; das heißt, daß nicht noch unbekannte Quellen von labilem oder energiereichem

Phosphat, oder Räume, in die es abgegeben werden kann, existieren. Ich habe nur flüchtig gesehen, daß in der ersten dieser größeren Bilanzkurven, die anorganische Phosphatzunahme und die Glucosephosphatzunahme zusammen beträchtlich mehr ausmachen als die Abnahme des leicht hydrolysierbaren Phosphates. Die Differenz beträgt mehr als 50%.

LYNEN: Das ist leicht zu erklären. Wir haben hier nur den Trichloressigsäure-P angegeben. Daneben haben wir auch einen großen Anteil in Trichloressigsäure unlösliches Polyphosphat in der Hefe, das für die Diskrepanz verantwortlich ist. Das unlösliche Polyphosphat ist nach unseren Erfahrungen ähnlich zusammengesetzt wie das lösliche. Vielleicht kann Dr. NETTER noch etwas dazu sagen, da er die Phosphatbilanz und die Herkunft des anorganischen Phosphates sehr genau untersucht hat.

NETTER (Kiel): Über die Herkunft des Orthophosphates wissen wir nur innerhalb der ersten 20 sec etwas. Das Orthophosphat stammt aus dem 7 Minuten-Phosphat. Was aber nach diesem Zeitraum geschieht, ist unklar. Der weitere Phosphat-Anstieg war sehr hoch.

RAPOPORT: Die zweite sehr interessante, etwas schwer zu deutende Erscheinung betrifft den ADP-Spiegel in diesem Experiment. Gibt es hier keine Myokinase? Können Sie mir sagen, ob das ADP konstant bleibt, oder ist das ungeklärt?

LYNEN: Zuerst nimmt das ADP entsprechend dem Abfall des ATP zu. Dann bleibt es konstant, weil — wie wir glauben — die Myokinase zu wenig aktiv ist. Hier handelt es sich ja um sehr kurz dauernde Versuche. Inwieweit auch die Phosphorylierung des ADP durch das 7 Minuten-Phosphat dabei mitspielt, können wir nicht übersehen.

RAPOPORT: Sie haben einmal anfangs anaerobe und am Ende aerobe und das andere Mal zuerst aerobe und dann im wesentlichen anaerobe Bedingungen gehabt und dabei verschiedene Resultate erhalten.

LYNEN: Hinsichtlich des ATP und des ADP waren sie verschieden, aber nicht hinsichtlich des anorganischen Phosphates.

RAPOPORT: Ich frage mich, wohin das anorganische Phosphat beim Wechsel von der Gärung zur Atmung geht. Außerdem verhalten sich die beiden Versuche im Prinzip nicht reziprok. Es ist möglich, daß die kleine Blausäuremenge dennoch genügt, um Störungen hervorzurufen. Zuletzt ist — glaube ich — diese Frage wichtig bezüglich des Phosphates, ob anorganisches Phosphat oder Phosphat-Acceptor limitierend sind. Ich glaube, daß man das vielleicht nicht so einfach beantworten kann. Wenn man daran denkt, daß die echten ATP-Konzentrationen sich zwischen Geweben wie Niere und Gehirn mit etwa 1—2 mMol/kg und Muskel mit ungefähr 20 mMol sehr wesentlich unterscheiden, dann ist es durchaus möglich, daß je nach dem Gewebe das eine oder das andere zutreffen kann. Die Frage, ob die Phosphatkonzentration im Innern des Gewebes sich wirklich erhöht, wenn man anorganisches Phosphat von außen zugibt, ist nicht immer berechtigt. In dem Zusammenhang möchte ich an die Versuche von RONA et al. erinnern. Bei den roten Blutkörperchen wissen wir, daß bei 37° Phosphat in der Tat eintreten kann, bei 25° dagegen nicht. Hier kann man durch Erhöhung des anorganischen Phosphates eine Steigerung der Glykolyse bewirken, die aber sehr begrenzt ist. Dadurch kommt man nun also zu anderen begrenzenden Faktoren.

LYNEN: 1. Das unterschiedliche Verhalten des ATP, je nachdem, ob von Atmung auf Gärung oder von Gärung auf Atmung gewechselt wird, läßt sich unter Berücksichtigung der Tatsache, daß der Materialtransport zwischen Mitochondrien und Cytoplasma Zeit kostet, meines Erachtens gut erklären. Wenn z. B. im aeroben Versuch die Atmung mit HCN ausgeschaltet wird, so fällt augenblicklich die Atmungsketten-Phosphorylierung aus. Als Folge davon steigt das Orthophosphat im mitochondralen Raum bei gleichzeitiger ATP-Abnahme an. Dann erst setzt der Transport des Orthophosphats von den Mitochondrien ins Cytoplasma ein, der zu gesteigerter Gärung und ATP-Bildung im Cytoplasma führt. Das gibt sich auch im Versuch zu erkennen, denn nach etwa 1—2 min wird Orthophosphat wieder verbraucht und das ATP nimmt wieder zu. Dagegen wird beim Wechsel von Gärung auf Atmung die Geschwindigkeit der gesamten ATP-Bildung nicht wesentlich verändert, sondern nur teilweise vom Cytoplasma in die Mitochondrien verlagert. In dem Maße, in dem die ATP-Bildung im Cytoplasma zurückgeht, steigt sie in den Mitochondrien an.

2. Ich habe niemals anorganisches Phosphat und Phosphatacceptor gegeneinander gestellt. Es war von vornherein klar, daß beide gleichwertig sind. Gerade die Versuche von DISCHE an Erythrocyten haben ja gezeigt, daß dort die Anhäufung des ADP für die Auslösung der verstärkten Glykolyse maßgebend ist. Der Pasteur-Effekt in Hefe läßt sich jedoch nicht als Folge eines ADP-Mangels erklären, weil die Regeneration von ADP aus ATP im Cytoplasma durch die Harden-Young-Gärung gewährleistet sein soll.

HESS: Ich möchte etwas zu der Frage der Strukturkammern sagen. Ich weiß nicht, ob der Begriff besser ist, denn bisher ist es noch nicht gelungen, in sauber präparierten Mitochondrien Hexokinase nachzuweisen. Es ist überhaupt schwer, Mitochondrien sauber aus Asciteszellen herzustellen.

DISCHE (New York): Ich glaube, daß das Problem nicht darin liegt, ob die reinen Mitochondrien Hexokinase enthalten, sondern ob sie in den strukturellen Bestandteilen des Zellinhaltes vorkommt. In den kernhaltigen roten Blutkörperchen z. B. findet sich die Hexokinase zum überwiegenden Teil in den suspendierten Teilchen und nicht im Cytoplasma. Wenn man ein Hämolysat abzentrifugiert, bildet der Überstand auch mit den größten Mengen von ATP nicht so rasch Milchsäure wie das gesamte Hämolysat in Gegenwart von Sauerstoff. Hier muß die Atmung das ATP erst auf eine gewisse Höhe bringen, damit überhaupt Milchsäure gebildet wird. Wenn man das Sediment atmen läßt, ist die aerobe Glykolyse viel größer als in einem Cytoplasma, dem größte Mengen ATP zugesetzt worden sind. Das kann man sich nur so erklären, daß die Hexokinase in diesem Fall hauptsächlich an das "particular matter" gebunden und nicht im Cytoplasma enthalten ist.

HOFMANN (Berlin): Wie erklären Sie sich folgenden Befund von POTTER: Er hat kürzlich beobachtet, daß in partikelfreien, glykolysierenden

Lösungen auf Zugabe von Mitochondrien der Glucose-Verbrauch gehemmt wird und die Milchsäureproduktion verschwindet. Denselben Effekt bekam er, wenn er nicht frische, sondern gealterte Mitochondrien zusetzte, die nicht mehr oxydativ phosphorylieren.

LYNEN: Die Arbeit POTTERs enthält eine Reihe von Widersprüchen. Ich halte deshalb die Diskussion darüber noch für verfrüht. Außerdem glaube ich, daß man bei Versuchen mit solchen künstlichen Systemen, bestehend aus löslichen Zellextrakten und Mitochondrien, vorsichtig sein muß und die Resultate nicht ohne weiteres auf die Verhältnisse in lebenden Zellen übertragen kann. An eine Verschiedenheit des Pasteur-Effektes bei Hefezellen und bei Tumorzellen, mit denen POTTER experimentiert hat, glaube ich nicht; zumal WU und RACKER in dem kürzlich erschienenen Heft der Federat. Proc. **16**, 274 (1957) über Versuche an intakten Tumorzellen berichteten, aus denen zu folgern ist, daß auch dort der Orthophosphatmangel den Pasteur-Effekt verursacht.

DUSPIVA (Heidelberg): Hält man lebende Zellen erst in einer anaeroben und dann in einer aeroben Phase, so ist noch ein weiterer Faktor zu berücksichtigen, der das Problem der verschiedenen Räume betrifft. Man kann elektronenmikroskopisch zeigen, daß in den Mitochondrien der Leberzellen die „cristae" verschwinden, wenn sie eine metoxysche Phase durchlaufen. Ist die anaerobe Phase nur kurz, dann sind die Veränderungen reversibel; bei einer längeren anaeroben Phase werden die Mitochondrien jedoch irreversibel geschädigt. Vielleicht verhalten sich Hefezellen anders als Leberzellen.